数控加工技术

主　　编　关　颖　王素艳
副 主 编　姜　阳　杨志丰　汤振宁
参　　编　李思凯　李晨元　孙　明　林海波　范　达

北京理工大学出版社
BEIJING INSTITUTE OF TECHNOLOGY PRESS

内容简介

本书以培养学生数控机床编程与操作加工能力为核心，以“国家双高”建设为依托，以校企合作的人才培养模式为基础，引入企业典型工作过程，将理论与实践、知识与技能、任务与驱动有机地融为一体，对应职业岗位核心能力培养设置11个项目。

本书的11个项目，分别是数控加工技术基础、数控编程基础、轴类零件的车削加工、盘套类零件的编程与加工、槽类零件的编程与加工、螺纹类零件的编程与加工、宏程序的编程与加工、平面类零件的编程与加工、孔系零件的编程与加工、多个相似轮廓的编程与加工、零件的综合加工。本书内容有两大主线，内容主线：本书内容包括车铣编程的基础内容、车床的阶梯轴、外圆轮廓复合循环、端面循环车削零件、盘套类、槽类、螺纹类及宏程序的加工、铣床的平面类零件、孔系零件、多个相似轮廓中涉及的子程序、坐标系旋转、镜像零件的加工、典型零件的综合加工，教学内容由浅入深，逐层递进；结构主线：从大的方向看，校企深度融合，选取典型的工作零件，从车削零件的加工、铣削零件的加工到零件的综合加工，体现职业教育的特色。

本书可作为高职高专、应用型本科院校机电类相关专业师生教学用书，也可供从事机械设计、制造类的相关技术人员参考学习。

为方便教学，本书配有电子课件、课后习题答案、模拟试卷及答案等教学资源，同时，将相关动画、视频资源以二维码的形式嵌入书中，读者可扫描书中二维码查看相应资源。

图书在版编目（CIP）数据

数控加工技术／关颖，王素艳主编．—北京：北京理工大学出版社，2023.5

ISBN 978-7-5763-2392-4

Ⅰ.①数…　Ⅱ.①关…　②王…　Ⅲ.①数控机床-加工　Ⅳ.①TG659

中国国家版本馆CIP数据核字（2023）第085562号

出版发行／北京理工大学出版社有限责任公司
社　　址／北京市海淀区中关村南大街5号
邮　　编／100081
电　　话／（010）68914775（总编室）
　　　　　（010）82562903（教材售后服务热线）
　　　　　（010）68944723（其他图书服务热线）
网　　址／http：//www.bitpress.com.cn
经　　销／全国各地新华书店
印　　刷／三河市天利华印刷装订有限公司
开　　本／787毫米×1092毫米　1/16
印　　张／19.25
字　　数／452千字
版　　次／2023年5月第1版　2023年5月第1次印刷
定　　价／88.00元

责任编辑／多海鹏
文案编辑／魏　笑
责任校对／周瑞红
责任印制／李志强

图书出现印装质量问题，请拨打售后服务热线，本社负责调换

前 言

《数控加工技术》是以实训为导向的教学改革特色教材，本书是为全面提高学生的职业能力、职业素养，满足学生的职业发展，适应高端制造业的发展而编写的。

“数控加工技术”是智能制造装备技术、机械设计与制造、机械制造及其自动化、机电一体化技术、工业机器人、模具设计与制造等机电类专业的基础课，具有严谨的理论性、较强的实践性和广泛的应用性。通过本书的学习，让学生了解常用的数控机床、掌握数控车削零件和数控铣削零件数控加工技术、刀具的选择、编程与操作加工的方法，使学生最终达到熟练操作机床，对典型零件进行加工，能够进行产品自检的目的，使零件达到图纸上规定的加工要求。

本书按照高等职业院校的人才培养目标，依据沈阳机床集团、沈阳鼓风机集团、沈飞集团、华晨宝马汽车有限公司等企业用人需求，以校企合作的人才培养模式为基础，在内容的选择和组织上，坚持以能力为本，重视实践能力的培养。本书包括11个项目，分别是数控加工技术基础、数控编程基础、轴类零件的车削加工、盘套类零件的编程与加工、槽类零件的编程与加工、螺纹类零件的编程与加工、宏程序的编程与加工、平面类零件的编程与加工、孔系零件的编程与加工、多个相似轮廓的编程与加工、零件的综合加工，每个项目分为多个任务，学生完成每个任务后，即可掌握相关的知识和技能。

为培养学生的职业素养，弘扬爱国主义教育，本书每个项目都融入课程思政元素，让新时代大学生学习专业课程的同时，树立正确的价值观，能够学以致用，报效祖国。为方便师生学习，本书配套电子课件、习题以及与课程相关的微课、动画等。

在本书的编写过程中，参考和借鉴了行业相关书籍和技术标准，企业人员杨巍、孙明、林海波、范达等提供了相关的典型案例。编写期间，各位参编老师付出了诸多辛勤与汗水，再次对相关参与人员表示由衷的感谢！

本书由关颖、王素艳担任主编，姜阳、杨志丰、汤振宁担任副主编，李思凯、李晨元、孙明、林海波、范达参与了本书编写。

虽然我们在教学改革特色教材的建设方面做出了许多努力，但由于编者水平和能力有限，书中难免存在疏漏和不妥之处，恳请读者和专家批评指正，以便进一步修改完善。

编 者

本书二维码

续表

项目	二维码内容	序号	二维码页码
项目 8	直线圆弧图形仿真加工	29	P185
	仿真加工	30	P200
	仿真加工	31	P205
	仿真加工	32	P218
项目 9	仿真加工	33	P230
	仿真加工	34	P237
	仿真加工	35	P246
项目 10	子程序仿真加工	36	P257
	坐标系仿真加工	37	P266
	镜像仿真加工	38	P270
项目 11	综合训练仿真加工	39	P274
	内轮廓仿真加工	40	P292
	外轮廓仿真加工	41	P292

目　录

学习笔记

项目1　数控加工技术基础

项目描述

通过学习数控机床的基本操作，了解数控机床，数控机床的分类，了解数控机床的加工过程，掌握数控机床的结构与组成。

学习目标

（1）了解常用的数控机床。
（2）掌握数控机床的分类。
（3）掌握数控机床的结构与组成。
（4）学习安全操作常识。

任务1.1　认识数控机床

任务目标

知识目标

（1）数控机床面板功能。
（2）数控机床分类。
（3）数控机床结构组成。
（4）数控机床案例操作规程。

技能目标

（1）数控机床开关机，回零操作。
（2）手动方式移动各进给轴。
（3）手动方式进行主轴正反转操作。

素质目标

（1）使用前检查设备是否存在安全隐患。

（2）使用后注意关掉机床及电源总开关。

任务实施

机床数控系统为FANUC0i MF Plus，学习数控机床的开关机，完成机床的回零件操作，在手动方式下移动各轴，并进行主轴正反转及停止操作，了解机床的主运动及进给运动。通过本任务，了解什么是数控机床，机床的分类及结构组成。

一、开机操作

（1）检查机床初始状态，冷却液、润滑油是否正常，够用，是否存在安全隐患。

（2）打开机床侧面主电源开关，将主电源开关处于ON位置。

（3）打开操作面板上的系统电源开关，松开急停按钮，按下复位键。

二、回参考点操作

按下操作面板上的 回参考点 键，按 *Z* 轴，等待机械坐标中的 *Z* 值显示为“0”，再按 *X* 轴及 *Y* 轴，直到 *X* 值和 *Y* 显示为“0”，即完成了机床回参考点操作。

回参考点操作

三、手动操作

1. 进给轴的手动操作

按下操作面板上 手动 键，再按 Z 和 − 键，*Z* 轴向下移动，同理，再按下 X 或 Y 键，按下 + 或 − 键，机床就会向 *X* 轴或 *Y* 轴正向或负向移动。

注意：进给倍率开关不能在0状态。

2. 主轴的手动操作

数控机床开机后第一次手动主轴运转，需要在MDI状态下，设定主轴速度，即按下操作面板上的 MDI 键和系统面板上的PROG键，输入M03S200；再按 循环启动 ，机床就会转动起来，按下复位键，机床就会停止转动。按下操作面板上 手动 键，再按下 主轴正转 ，主轴就会转动起来，按下 主轴停止 ，主轴会停止转动，同理，进行主轴反转操作。

相关知识

一、数控机床

数控机床是数字控制机床（Computer Numerical Control Machine Tools）的简称，是一种装有程序控制系统的自动化机床。该控制系统能够逻辑地处理具有控制编码或其他符号指令规定的程序，并将其译码，用代码化的数字表示，通过信息载体输入数控装置。经运算处理由数控装置发出各种控制信号，控制机床的动作，按图纸要求的形状和尺寸，自动地将零件加工出来。

二、常用的数控系统

1. 日本 FANUC 数控系统

PowerMate 0 系列，CNC 0-C、0-D、0-F 和 0-F Plus 系列，CNC 16i 系列、18i 系列、21i 系列等，除此之外，还有实现机床个性化的 CNC 16 系列、18 系列、160 系列、180 系列。

2. 德国西门子数控系统

SIEMENS 公司 CNC 装置主要有 SINUMERIK 3 系列、8 系列、810 系列、820 系列、850 系列、880 系列、805 系列、802 系列、840 系列。

3. 日本三菱数控系统

工业中常用的三菱数控系统有 M700V 系列、M70V 系列、M70 系列、M60S 系列、E68 系列、E60 系列、C6 系列、C64 系列、C70 系列。其中 M700V 系列属于高端产品，完全纳米控制系统，高精度高品位加工，支持 5 轴联动，可加工复杂表面形状的工件。

4. 德国海德汉数控系统

Heidenhain 的 iTNC 530 控制系统是适合铣床、加工中心或需要优化刀具轨迹控制之加工过程的通用性控制系统，属于高端数控系统。

5. 法国 NUM 数控系统

NUM 公司是法国著名的一家国际性公司，专门从事 CNC 数控系统的开发和研究，是施耐德电气的子公司，欧洲第二大数控系统供货商。主要产品有 NUM1020、NUM1040、NUM1020M、NUM1020T、NUM1040M、NUM1040T、NUM1060、NUM1050、NUM 驱动及电机。

6. 西班牙 FAGOR 数控系统

发格自动化（FAGOR AUTOMATION）是世界著名的数控系统（CNC）、数显表（DRO）和光栅测量系统的专业制造商。发格隶属于西班牙蒙德拉贡集团公司，成立于 1972 年，发格侧重于在机床自动化领域的发展，其产品涵盖了数控系统、伺服驱动/电机/主轴系统、光栅尺、旋转编码器及高分辨率高精度角度编码器、数显表等产品。

7. 日本 MAZAK 数控系统

山崎马扎克公司成立于 1919 年，主要生产 CNC 车床、复合车铣加工中心、立式加工中心、卧式加工中心、CNC 激光系统、FMS 柔性生产系统、CAD-CAM 系统、CNC 装置和生产支持软件等。

Mazatrol Fusion 640 数控系统在世界上首次使用了 CNC 和 PC 融合技术，实现了数控系统的网络化、智能化功能。数控系统直接接入因特网，即可接受到小巨人机床有限公司提供的 24 小时网上在线维修服务。

8. KND 数控系统

北京凯恩帝数控技术有限责任公司成立于 1993 年，是从事数控系统及工业自动化产品研制、生产及营销服务一体的高科技现代化公司。由于技术、品质、服务和价格上的竞争优势，实现了年年有新产品推出的良性发展，近年已发展在为中国数控行业的领先品牌，并且在市场占有、市场表现等方面持续呈现出强劲的增长势头。

数控系统以 KND0、KND1、KND10、KND100、KND1000、K2000 系列为主，其中 K2000 系列中 K2000Ci 为总线系统；步进驱动器有 BD3H-C 及 BD3D-C，伺服驱动器有 SD200、SD300、SD310（配总线系统），伺服主轴驱动器有 ZD200、ZD210（配总线系统），以及各系列伺服电机及伺服主轴电机。

9. 华中数控

华中数控具有自主知识产权的数控装置形成了高、中、低 3 个档次的系列产品，研制了华中 8 型系列高档数控系统新产品，已有数十台套与列入国家重大专项的高档数控机床配套应用，具有自主知识产权的伺服驱动和主轴驱动装置性能指标达到国际先进水平。

HNC-848 数控装置品是全数字总线式高档数控装置，瞄准国外高档数控系统，采用双 CPU 模块的上下位机结构，模块化、开放式体系结构，基于具有自主知识产权的 NCUC 工业现场总线技术，具有多通道控制技术、五轴加工、高速高精度、车铣复合、同步控制等高档数控系统的功能，采用 15 液晶显示屏。主要应用于高速、高精、多轴、多通道的立式、卧式加工中心，车铣复合，5 轴龙门机床等。

10. 广州数控

广州数控系统包含很多系统，其中车床的有 GSK980T 系列、GSK988T 系列等；铣床系统有 GSK25i、GSK218MC、GSK990MC、GSK988MA 等等；磨床数控系统有；GSK 986G、GSK 986Gs 等。广州数控 GSK27 系统采用多处理器实现纳米级控制，人性化人机交互接口，可根据人体工程学设计配置菜单，更符合操作人员的加工习惯；开放式软件平台可轻松与第三方软件连接；高性能硬件支持最大 8 通道和 64 轴控制。

三、数控机床的结构与组成

数控机床，如图 1-1 所示，一般由控制介质、数控系统、伺服系统、强电控制柜、机床本体和辅助装置组成。

1. 控制介质

控制介质亦称信息载体，是人与数控机床之间联系的中间媒介物质，反映了数控加工中全部信息。

2. 数控系统

机床实现自动加工的核心。主要由输入装置、监视器、主控制系统、可编程控制器、各类输入–输出接口等组成。

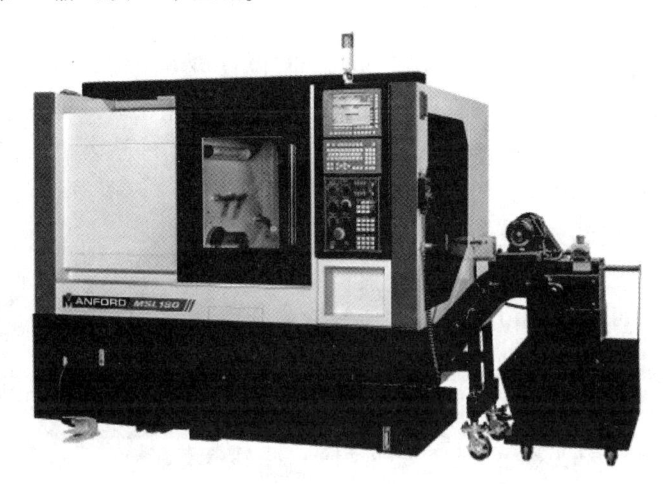

图 1–1 数控机床

3. 伺服系统

数控系统和机床本体之间的电传动联系环节。主要由伺服电动机、驱动控制系统和位置检测与反馈装置等组成。伺服电动机是系统的执行元件，驱动控制系统则是伺服电动机的动力源。

4. 强电控制柜

强电控制柜主要用于安装机床强电控制的各种电气元器件，起到桥梁连接作用，控制机床辅助装置的各种交流电动机、液压系统电磁阀或电磁离合器等。

5. 机床本体

机床的本体主要包括主轴、进给机构等完成切削加工的主运动部件、工作台、刀架等进给运动部件和床身、立柱等支撑部件。

6. 辅助装置

辅助装置主要包括自动换刀装置、自动交换工作台机构 ATC 、工件夹紧机构、回转工作台、液压控制系统、润滑装置、切削液装置、排屑装置、过载和保护装置等。

四、数控机床的分类

1. 数控机床按控制方式分

（1）开环控制数控机床。这类机床不带位置检测反馈装置，通常用步进电机作为执行机构。输入数据经过数控系统的运算，发出脉冲指令，使步进电机转过一个步距角，再通过机械传动机构转换为工作台的直线移动，移动部件的移动速度和位移量由输入脉冲的频率和脉冲个数所决定。

（2）半闭环控制数控机床。在电机的轴端或丝杠的一端安装检测元件（如感应同步器或光电编码器等），通过检测其转角来间接检测移动部件的位移，然后反馈到数控系统中。由于大部分机械传动环节未包括在系统闭环环路内，因此可获得较稳定的控制特性。其控制精度虽不如闭环控制数控机床，但调试比较方便，因而被广泛采用。

（3）闭环控制数控机床。这类数控机床带有位置检测反馈装置，其位置检测反馈装置采用直线位移检测元件，直接安装在机床的移动部件上，将测量结果直接反馈到数控装置中，通过反馈可消除从电动机到机床移动部件整个机械传动链中的传动误差，最终实现精确定位。

2. 数控机床按运动方式分

（1）点位控制数控机床。数控系统只控制刀具从一点到另一点的准确位置，而不控制运动轨迹，各坐标轴之间的运动是不相关的，在移动过程中不对工件进行加工。这类数控机床主要有数控钻床（见图 1-2）、数控坐标镗床、数控冲床等。

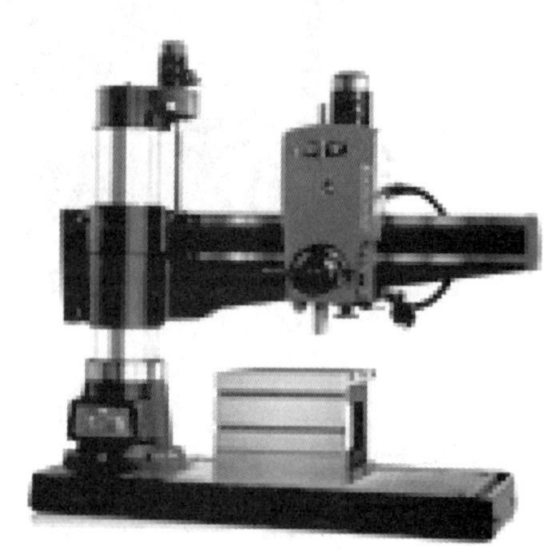

图 1-2　数控钻床

（2）直线控制数控机床。数控系统除了控制点与点之间的准确位置外，还要保证两点间的移动轨迹为一直线，并且对移动速度也要进行控制，也称点位直线控制。这类数控机床主要有比较简单的数控车床（见图 1-3）、数控铣床（见图 1-4）、数控磨床等。

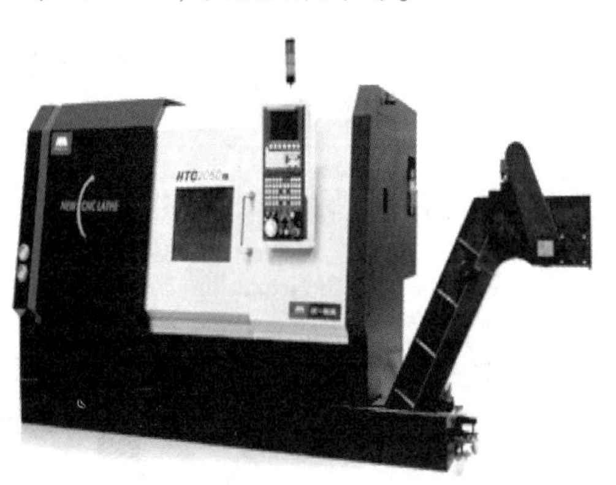

图 1-3　数控车床

图 1-4　BVK650 立式铣床

（3）轮廓控制数控机床。轮廓控制的特点是能够对两个或两个以上的运动坐标的位移和速度同时进行连续相关的控制，它不仅要控制机床移动部件的起点与终点坐标，而且要控制整个加工过程的每一点的速度、方向和位移量，也称为连续控制数控机床。这类数控机床主要有数控车床、数控铣床、数控线切割机床（见图 1-5）、加工中心（见图 1-6）等。

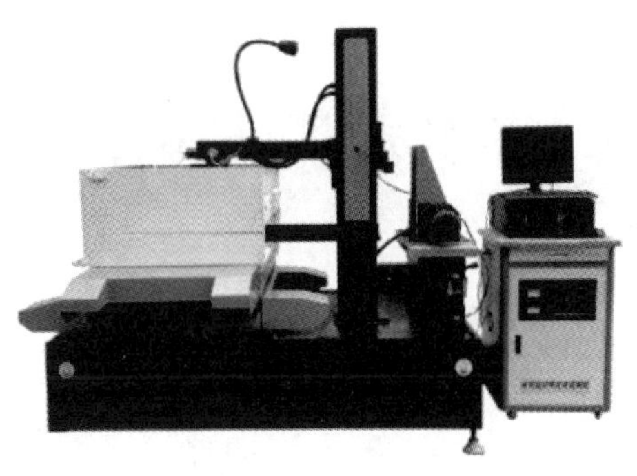

图 1-5　数控线切割机床

图 1-6　数控加工中心

学习笔记

知识拓展

一、数控机床的产生

帕森斯公司正式接受委托，与麻省理工学院伺服机构实验室合作，于 1952 年试制成功世界上第一台数控机床试验性样机。1959 年，美国克耐-杜列克公司首次成功开发了加工中心（Machining Center）。

二、数控机床的发展

第 1 代数控机床：1952—1959 年采用电子管元件构成的专用数控装置（NC）。

第 2 代数控机床：从 1959 年开始采用晶体管电路的 NC 系统。

第 3 代数控机床：从 1965 年开始采用小、中规模集成电路的 NC 系统。

第 4 代数控机床：从 1970 年开始采用大规模集成电路的小型通用电子计算机控制的系统（CNC）。

第 5 代数控机床：从 1974 年开始采用微型计算机控制的系统（MNC）。

三、数控机床与智能制造

高档数控机床是设备制造业智能制造的主机，是衡量国家设备制造业发展水平和产品质量的重要标志。随着市场竞争的加剧，高档数控机床技术将进一步发展为高速、高精度、高可靠性。通过提高主轴转速、工作台移动速度，降低制造成本，提高产品竞争力；高精度反映在加工零件的质量和几何精度，特别是对小型金属结构零件和精密加工需求；可靠性主要反映在数控机床的无障碍工作时间上，数控机床需要长时间工作，设备的可靠性对提高工作效率和节约生产成本有重大影响。数控机床的技术水平可以反映在机床的精度、分辨率、进给速度、多轴联动功能、显示功能和通信功能上。

学习笔记

任务 1.2　典型零件数控加工常用刀具选用

任务目标

知识目标

（1）了解常用刀具种类。

（2）掌握常用的数控铣刀。

技能目标

（1）能够正确选用刀具。

（2）掌握顺铣逆铣的加工选择方法。

素质目标

（1）选择刀具时要了解零件的材质。

（2）加工零件的公差和表面质量。

任务实施

根据传动轴零件图 1-7，选择加工零件用的刀具。

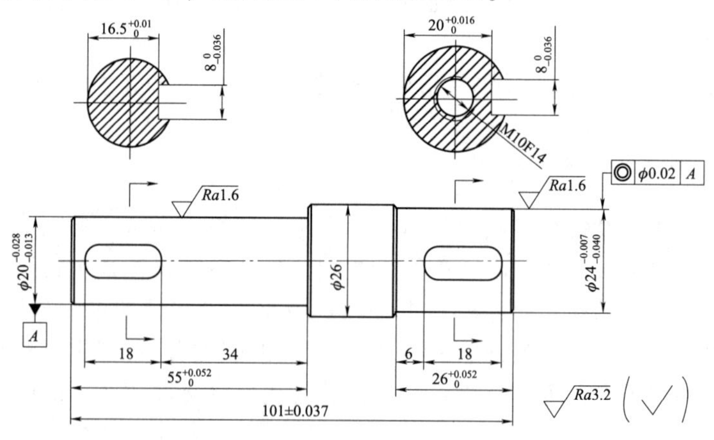

技术要求：

1. 去毛刺，锐边倒钝；
2. 未注倒角 $C0.5$；
3. 未注公差尺寸按 GB/T 1804-m

图 1-7　传动轴零件

根据任务图纸，加工本零件首先使用外圆车刀（见图 1-8）加工 $\phi26$ 和 $\phi24$ 阶梯轴外圆、端面及倒角，调头加工 $\phi26$ 外圆、端面及倒角，并用百分表校正保证同轴度要求。

其次选用 $\phi8$ 键槽铣刀（见图 1-9），用于铣削 $\phi26$ 和 $\phi24$ 上的键槽。

图 1-8　93°外圆车刀

图 1-9　键槽铣刀

相关知识

一、车刀

1. 数控车床切削类型

（1）普通车削。

外圆车削：仿型车刀、端面车刀、外圆车刀、外圆端面车刀。

内圆车削：仿型车刀、端面车刀、内圆车刀、内圆端面车刀。

（2）切断切槽：常规切槽刀、常规切断刀。

（3）螺纹切削：内螺纹车刀、外螺纹车刀。

2. 数控车刀的种类

数控机床刀具有整体式、焊接式、机夹式。

目前数控机床加工中使用机用机夹刀片的比较多，常用的刀片形状及刀具的主偏角有，图 1-10 所示几种形式。

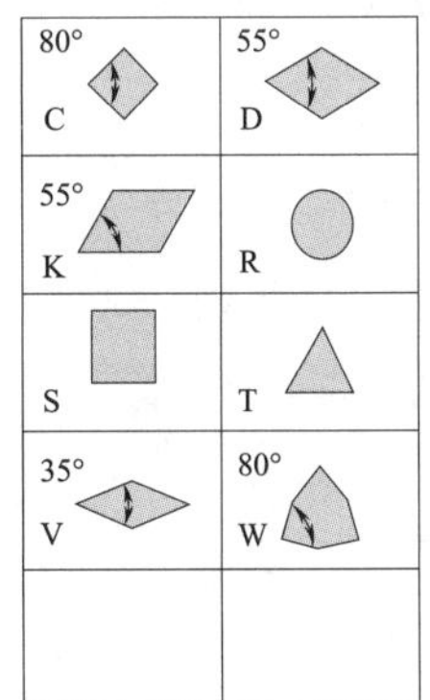

图 1-10　常用的刀片形状及刀具的主偏角形式

3. 车刀的组成

车刀是由刀头和刀杆两部分组成，刀头是车刀的切削部分，刀杆是车刀的夹持部分。车刀的切削部分由以下几部分组成，如图 1-11 所示。

（1）前刀面。

刀具上切屑流过的表面，也是车刀刀头的上表面。

（2）主后刀面。

刀具上同前面相交形成主切削刃的后面。

（3）副后刀面。

刀具上同前面相交形成副切削刃的后面。

（4）主切削刃。

起始于切削刃上主偏角为零的点且至少有一段切削刃拟用来在工件上切出过渡表面的那个整段切削刃。

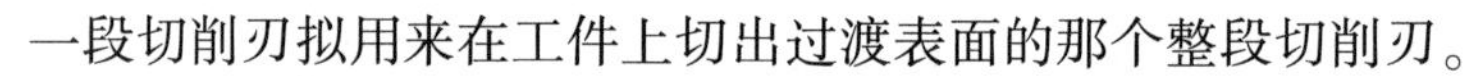

图 1-11　车刀的组成

（5）副切削刃。

切削刃上除主切削刃部分以外的刃，它起始于主偏角为零的点，但该刃是向着背离主切削刃的方向延伸的。

（6）刀尖。

刀尖指主切削刃与副切削刃的连接处相当少的一部分切削刃，实际上刀尖是一段很小的圆弧过渡刃。

4. 车刀的几何角度

为了确定车刀切削刃和其前后面在空间的位置，即确定车刀的几何角度，有必要建立三个互相垂直的坐标平面（辅助平面）：基面、切削平面和正交平面，如图 1-12 所示。车刀在静止状态下，基面是过工件轴线的水平面，主切削平面是过主切削刃的铅垂面，正交平面是垂直于基面和主切削平面的铅垂剖面。

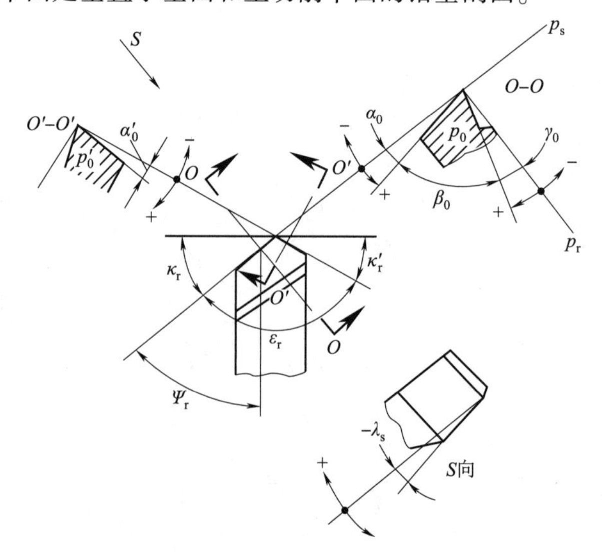

图 1-12　正交平面参考系的刀具标注角度

(1) 前角 γ_0。

前角是指前面与基面间的夹角，其角度可在正交平面中测量。增大前角会使前面倾斜程度增大，切屑易流经刀具前面，且变形小而省力；但前角也不能太大，否则会削弱刀刃强度，容易崩坏。一般前角 $\gamma_0=-5°\sim20°$，前角的大小还取决于工件材料、刀具材料及粗、精加工等情况，如工件材料和刀具材料硬，前角 γ_0 应取小值，而在精加工时，前角 γ_0 取大值。

(2) 后角 α_0。

后角是指后面与切削平面间的夹角，其角度在正交平面中测量，其作用是减少车削时主后面与工件间的摩擦，降低切削时的振动，提高工件表面加工质量。一般 $\alpha_0=3°\sim12°$，粗加工或切削较硬材料时后角 α_0 取小值，精加工或切削软材料时取大值。

(3) 主偏角κ_r。

主偏角是指主切削平面与假定工作平面（平行于进给运动方向的铅垂面）间的夹角，其角度在基面中测量。减小主偏角，可使刀尖强度增大，散热条件改善，提高刀具使用寿命，但同时也会使刀具对工件的背向力增大，使工件变形而影响加工质量，如不易车削细长类工件等，所以通常主偏角 κ_r 取 45°、60°、75°和 90°等几种。

(4) 副偏角κ_r'。

副偏角是指副切削平面（过副切削刃的铅垂面）与假定工作平面（平行于进给运动方向的铅垂面）间的夹角，其角度在基面中测量，其作用是减少副切削刃与已加工表面间的摩擦，以提高工件表面加工质量，一般副偏角 $\kappa_r'=5°\sim15°$。

二、常用数控铣刀

铣刀是多刃刀具，它的每一个刀齿相当于一把车刀，它的切削基本规律与车削相似，但铣削是断续切削，切削厚度和切削面积随时在变化，因此，铣削具有一些特殊性。铣刀在旋转表面上或端面上具有刀齿，铣削时，铣刀的旋转运动是主运动，工件的直线运动是进给运动。其运动和加工形式见图 1-13、图 1-14。具体如下：

1. 圆柱平面铣刀

圆柱平面铣刀用于在卧式铣床上加工平面。可用高速钢制造，也可镶焊硬质合金，为提高铣削加工时的平稳性，以螺旋形刀齿居多。

2. 端铣刀

端铣刀用于在立铣床上加工平面。端铣刀的主切削刃分布在圆锥表面或圆柱表面上，端部切削刃为副切削刃。端铣刀主要采用硬质合金刀齿，所以有较高的生产率。

3. 加工沟槽用的铣刀

(1) 盘形铣刀：盘形铣刀包括用于加工浅槽的槽铣刀；用于加工台阶面的两面刃铣刀；用于切槽和加工台阶面的三面刃铣刀以及为改善这种铣刀端部切削刃的工作条件而将刀齿交错成左斜或右斜的错齿三面刃铣刀。

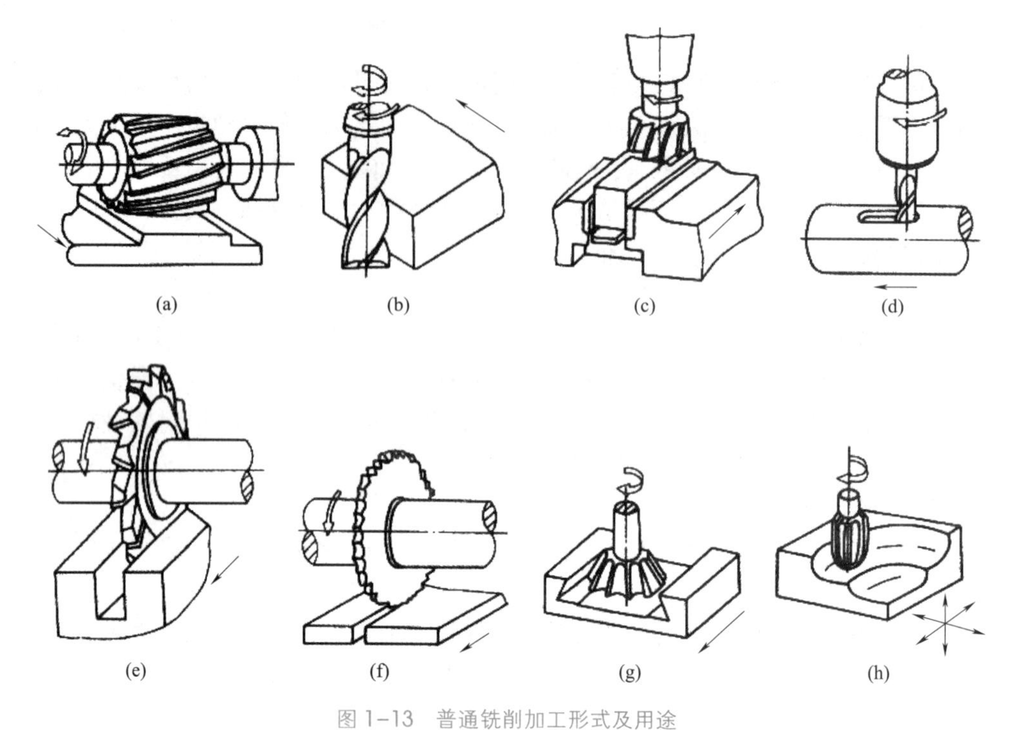

图 1-13 普通铣削加工形式及用途

(a) 圆柱平面铣刀；(b) 端铣刀；(c) 圆盘端铣刀；(d) 键槽铣刀；(e) 三面刃铣刀；(f) 锯片铣刀；(g) 角度或燕尾槽铣刀；(h) 球头铣刀图

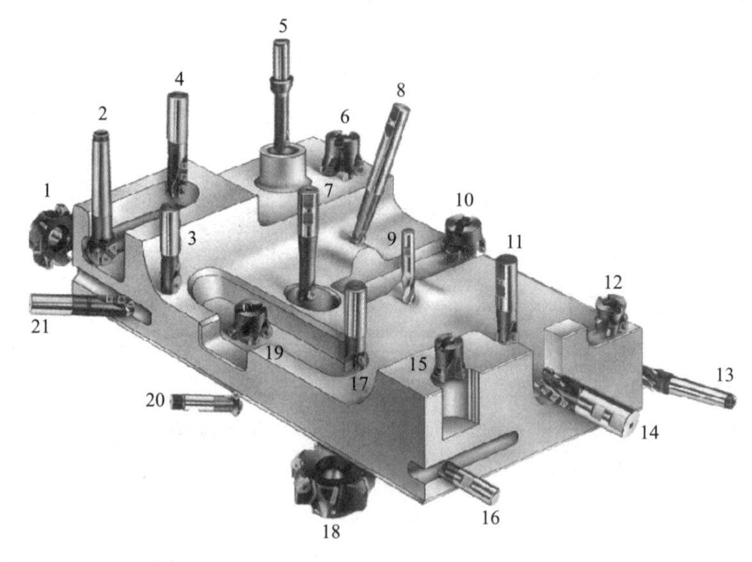

图 1-14 数控铣削加工形式及用途

(2) 立铣刀：立铣刀用于加工平面、台阶、槽和相互垂直的平面。圆柱表面上的切削刃是主切削刃，端刃是副切削刃。铣槽时，槽宽有扩张，应取直径比槽宽略小的铣刀（0.1 mm 以内）。

(3) 键槽铣刀：键槽铣刀仅有两个刀瓣，既像立铣刀又像钻头，它可以用轴向进给钻孔，然后沿键槽方向运动铣出键槽全长。重磨只磨端刃。

（4）T 型槽铣刀：T 型槽铣刀用于铣削 T 型槽。

（5）角度铣刀：角度铣刀用于铣削沟槽和斜面，有单角铣刀和双角铣刀两种。

三、数控加工常用的刀具材料及刀具的选择

1. 刀具材料的性能

在刀具材料研发时，我们希望刀具材料在切削加工时具有极高的硬度和韧性。刀具在切削加工中要承受很大的切削力，受到冲击载荷及震动，从切削加工实际出发，刀具材料应具备以下性能：

（1）耐磨性：刀具抵抗摩擦的能力，刀具材料的硬度越高，耐磨性越好。

（2）耐崩刃性和耐破损性：刀具的韧性越好，在承受各种应力及冲击载荷和震动的能力越强，越不容易产生破坏。

（3）耐热冲击性、耐热裂纹性：刀具的热传导能力有关，指刀具在高温下，仍能保持较高的硬度。

（4）耐塑性变形性：指刀具材料本身具有较高的耐热性。

（5）耐氧化性和耐扩散性：指刀具材料具有良好的化学稳定性。

（6）耐溶着性和凝着性：指刀具材料在一定温度和压力 下具有较低的亲和力。

（7）良好的工艺性：金属材料是否易于加工成形的性能称为工艺性。为使刀具加工制造方便，刀具材料具有良好的锻造、焊接、磨削等性能。

2. 常用的刀具材料

（1）高速工具钢（High speed steel）。

高速钢通常是型坯材料，韧性比硬质合金好，硬度、耐磨性和高温硬度比硬质合金差，不适于切削硬度较高的材料，也不适于进行高速切削。高速钢刀具使用前通常需生产者自行刃磨，且刃磨方便，适用于各种特殊需要的非标准刀具。

（2）硬质合金（Cemented　Carbide）。

硬质合金刀具切削性能好，在数控车削中被广泛使用。硬质合金刀具有标准规格系列产品，具体技术参数和切削性能由刀具生产厂家提供。硬质合金刀具按国际标准把所有牌号分成用颜色标志的三大类，分别用 P、M、K 表示。

1）P 类，蓝色（包括 P01～P50），系高合金化的硬质合金牌号。其成分为 5%～40%TiC+Ta（Nb）C，其余为 WC+Co。这类合金主要用于加工长切屑的黑色金属。

2）M 类，黄色（包括 M10～M40），系中合化的硬质合金牌号。其成分为 5%～10%TiC+Ta（Nb）C，其余为 WC+Co。这类合金为通用型，适于加工长切屑或短切屑的黑色金属及有色金属。

3）K 类，红色（包括 K10～K40），系单纯 WC 的硬质合金牌号。其成分为 90%～98%WC+2%～10%Co2，个别牌号含约 2%的 Ta（Nb）C。主要用于加工短切屑的黑色金属、有色金属及非金属材料。

每一种中的各个牌号分别以 01～50 的一个数字表示从最高硬度到最大韧性之间的一系列合金，以供各种被加工材料的不同切削工序及加工条件时选用。根据使用需要，在两个相邻的分类代号之间，可插入一个中间代号，如在 P10 和 P20 之间插

入 P15、K20 和 K30 之间插入 K25 等，但不能多于一个。在特殊情况下，P01 分类代号可再细分，即在其后再加一位数字，并以一小数点隔开，如 P01.1、P01.2 等，以便在这一用途小组作精加工时能进一步区分不同程度的耐磨性与韧性。

（3）陶瓷刀具（Ceramic）。

由于 Al_2O_3 硬度高且耐热性好，通常不容易与被切削材料产生黏结，已被广泛应用于砂轮磨削加工。因此，能耐高速下切削热的材料——熔融氧化铝受到了广泛关注，并由此产生了陶瓷刀具材料。

以陶瓷作为切削工具的研究始于 20 世纪 30 年代，1947 年开始实用；50 年代后期以纯 Al_2O_3 的“白色陶瓷”为主；60—70 年代以 Al_2O_3+TiC 的“黑色陶瓷”为主；70 年代后期到 80 年代初期发展了 Si_3N_4 基陶瓷；80 年代后期到 90 年代，添加晶须 SiCw 增韧陶瓷刀具材料成为开发的核心。

目前，陶瓷刀具基本上由 3 大类组成：第 1 类为纯氧化铝（Al_2O_3）类的白色陶瓷；第 2 类为 Al_2O_3+TiC 的黑色陶瓷，或添加晶体 SiCw、青色陶瓷 ZeO_2；第 3 类为以 Si_3N_4 为主体的氮化硅基陶瓷工具。

陶瓷刀具的室温硬度（91~95 HRA）与硬质合金基本上在同一范畴内，抗弯强度是硬质合金的三分之一左右，故为高脆性材料。

陶瓷刀具主要的优点是：

①硬度和抗弯强度能保持到比硬质合金更高的温度（800 ℃时的硬度为 87 HRA，1 200 ℃时还有 80 HRA），同时抗氧化性能特别好。

②在钢中的溶解度比任何硬质合金都低很多，实际上不与钢发生反应，不与金属产生黏结。

③陶瓷刀具与金属的亲和力小，摩擦系数低，可以降低切削力和切削温度。

④陶瓷刀具可用于比硬质合金高得多得速度切削钢、铸铁以及耐热合金等材料，几乎都是采用负前角的不重磨刀片。

（4）超硬刀具。

随着现代机械制造与加工工业的迅猛发展，自动机床、数控加工中心、无人加工车间的广泛应用，为了进一步提高加工精度，减少换刀时间，提高加工效率，越来越迫切要求有耐用度更高、性能更稳定的刀具材料。在这种情况下超硬刀具迅速发展。

目前，一般将聚晶立方氮化硼 PCBN（Polycrystalline Cubic Boron Nitride）和聚晶金刚石 PCD（Poly-Crystalline Diamond）统称为“超硬材料”。

1954 年，美国通用电气公司（GE）采用高温高压的方法成功地合成了人造金刚石。1954 年，该公司采用与金刚石制造方法相似的技术合成了第二种超硬材料——立方氮化硼 CBN，超硬材料系列便随之形成。1977 年，美国 GE 成功制成了聚晶金刚石 PCD 和聚晶立方氮化硼 PCBN，我国从 1961 年开始设计制造超高压高温装置，1963 年合成出第一颗人造金刚石。

目前金刚石主要用于磨具及磨料，用作刀具时多用于在高速下对有色金属及非金属材料进行精细车削及镗孔。

学习笔记

（三）数控机床刀具装夹方式

1. 刀具夹紧系统

图 1-15 所示常用的机夹刀具装夹方式有 M 类夹紧、S 类夹紧、P 类夹紧。

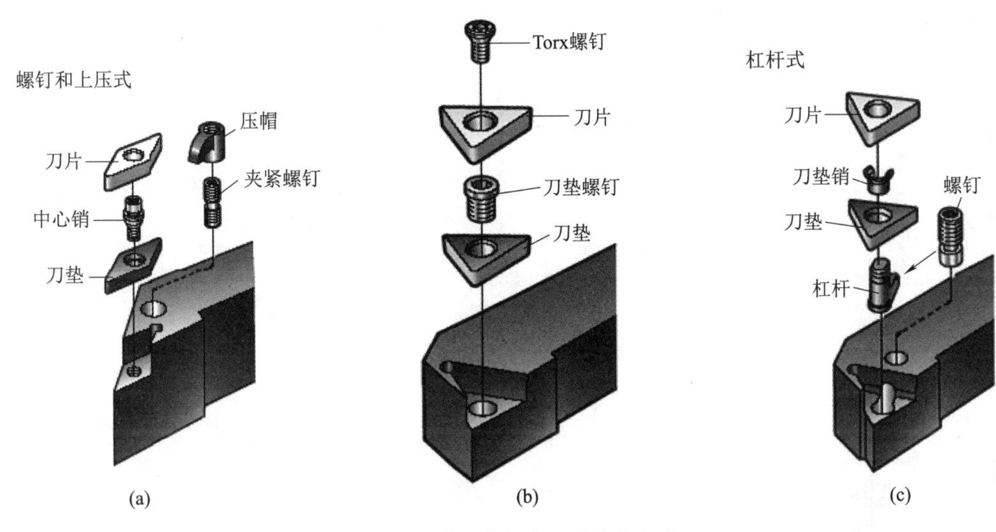

图 1-15　常用的机夹刀具装夹方式

（a）M 类夹紧；（b）S 类夹紧；（c）P 类夹紧

2. 外圆车刀片的应用

车刀刀片的形状及应用如表 1-1 所示。

表 1-1　车刀刀片的形状及应用

外圆车削		刀片形状							
		80° C	55° D	— R	90° S	60° T	80° W	35° V	55°
工序	纵向车削/端面车削	✦✦	✦	✦	✦	✦	✦		✦
	仿形切削		✦✦	✦		✦		✦	✦
	端面车削	✦	✦	✦	✦✦	✦	✦		✦
	插入车削			✦✦		✦			

学习笔记

3. 内孔的车刀的选择

(1) 内孔车刀刀片的形状及应用，如表 1-2 所示。

表 1-2　内孔车刀刀片的形状及应用

内圆车削		刀片形状							
		80° C	55° D	— R	90° S	60° T	80° W	35° V	
工序	纵向车削	✦	✦	✦	✦	✦✦	✦		
	仿形切削		✦✦			✦		✦	
	端面车削	✦✦	✦	✦		✦	✦		
✦✦=推荐刀片的形状				✦=补充选择刀片形状					

(2) 内孔车刀杆的选择原则。

内孔车刀杆如图 1-16 所示。

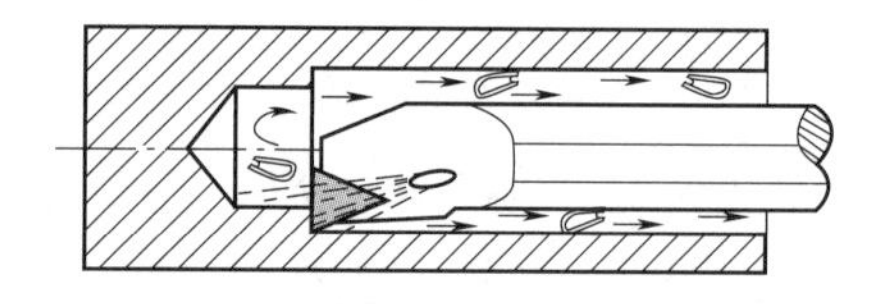

图 1-16　内孔车刀杆

选择尽可能大的直径；

选择尽可能小的镗杆悬伸；

选择刚性尽可能大的夹紧，以减少震动的危险；

冷却液（或压缩空气）可提高排屑能力和表面质量，特别是在深孔加工中。

四、数控机床刀具选择实例

完成如图 1-17 所示零件的加工，毛坯尺寸 ϕ50×114 mm。

(1) 加工内容：此零件加工包括车端面，外圆，倒角，圆弧，螺纹，槽等。

(2) 刀具的选择和切削用量的确定，根据加工内容确定所用刀具如图 1-18 所示。

T0101——外轮廓粗加工：刀尖圆弧半径 0.8 mm，切深 2 mm，主轴转速 800 r/min，进给速度 150 mm/min。

T0202——外轮廓精加工：刀尖圆弧半径 0.8 mm，切深 0.5 mm，主轴转速 1 500 r/min，进给速度 80 mm/min。

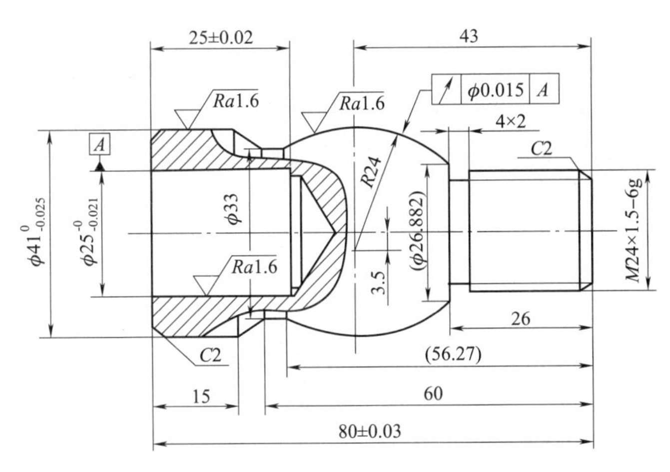

图 1-17　车削加工实例

T0303——切槽：刀宽 4 mm，主轴转速 450 r/min，进给速度 20 mm/min。

T0404——加工螺纹：刀尖角 60°，主轴转速 400 r/min，进给速度 2 mm/r（螺距）。

T0505——钻孔：钻头直径 16 mm，主轴转速 450 r/min。

T0606——内轮廓粗加工：刀尖圆弧半径 0. 8 mm，切深 1 mm，主轴转速 500 r/min，进给速度 100 mm/min。

T0707——内轮廓精加工：刀尖圆弧半径 0. 4 mm，切深 0. 4 mm，主轴转速 800 r/min，进给速度 60 mm/min。

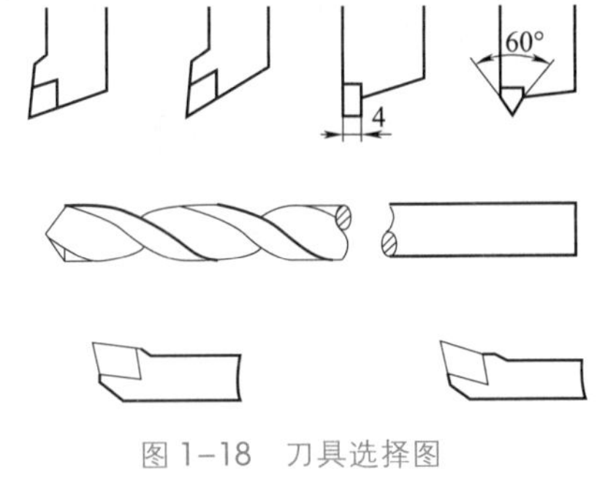

图 1-18　刀具选择图

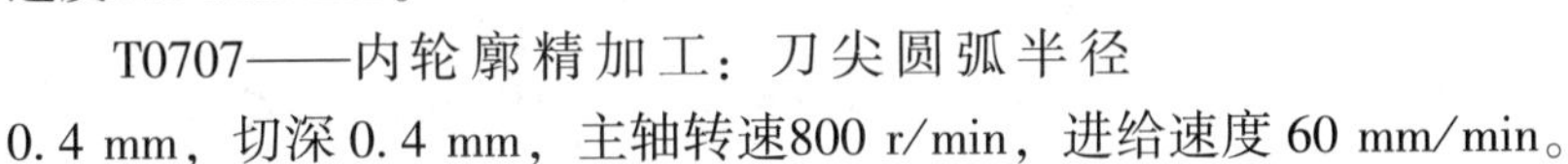

铣刀的正确选择

1. 铣刀刀体

首先，在选择一把铣刀时，要考虑它的齿数。例如直径为 100 mm 的粗齿铣刀只有 6 个齿，而直径为 100 mm 的密齿铣刀却可有 8 个齿。齿距的大小将决定铣削时同时参与切削的刀齿数目，影响到切削的平稳性和对机床切率的要求。每个铣刀生产厂家都有它自己的粗齿、密齿面铣刀系列。

在进行重负荷粗铣时，选用粗齿铣刀可以减低对机床功率的要求，当主轴孔规格较小时（30#、40#锥孔），可以用粗齿铣刀有效地进行铣削加工。

精铣时切削深度较浅，一般为 0. 25 ~ 0. 64 mm，每齿切削负荷小，所需功率不大，可以选用密齿铣刀，而且选用较大的进给量。

学习笔记

2. 铣刀刀片的选择

某些加工场合选用压制刀片是比较合适的，有时也需要选择磨制的刀片。粗加工最好选用压制的刀片，这可使加工成本降低。压制刀片的尺寸精度及刃口锋利程度比磨制刀片差，但是压制刀片的刃口强度较好，粗加工时耐冲击并能承受较大的切深和进给量。压制的刀片时前刀面上有卷屑槽，可减小切削力，同时可减小与工件、切屑的摩擦，降低功率需求。

但是压制的刀片表面不像磨制刀片那么紧密，尺寸精度较差，在铣刀刀体上各刀尖高度相差较多。由于压制刀片便宜，所以在生产上得到广泛应用。

对于精铣，最好选用磨制刀片。这种刀片具有较好的尺寸精度，所以刀刃在铣削中的定位精度较高，可得到较好的加工精度及表面粗糙度。另外，精加工所用的磨制铣刀片发展趋势是磨出卷屑槽，形成大的正前角切削刃，允许刀片在小进给、小切深上切削。而没有尖锐前角的硬质合金刀片，当采用小进给小切深加工时，刀尖会摩擦工件，刀具寿命短。

磨过的大前角刀片，可以用来铣削黏性的材料（如不锈钢）。通过锋利刀刃的剪切作用，减少了刀片与工件材料之间的摩擦，并且切屑能较快地从刀片前面离开。

3. 顺铣和逆铣的选择

顺铣法切入时的切削厚度最大，然后逐渐减小到零，如图 1-19（a）所示。因而避免了在已加工表面的冷硬层上滑走过程。实践表明，顺铣法可以提高铣刀耐用度 2~3 倍，工件的表面粗糙度值可以降低些，尤其在铣削难加工材料时，效果更为显著。

逆铣时，每齿所产生的水平分力均与进给方向相反，如图 1-19（b）所示，使铣刀工作台的丝杠与螺母在左侧始终接触。而顺铣时，由于水平分力与进给方向相同，铣削过程中切削面积又是变化的，因此，水平分力是忽大忽小的，由于进给丝杆和螺母之间不可避免有一定间隙，故当水平分力超过铣床工作台摩擦力时，使工作台带动丝杆向左窜动，丝杆与螺母传动右侧出现间隙，造成工作台颤动和进给不均匀，严重时会使铣刀崩刃。

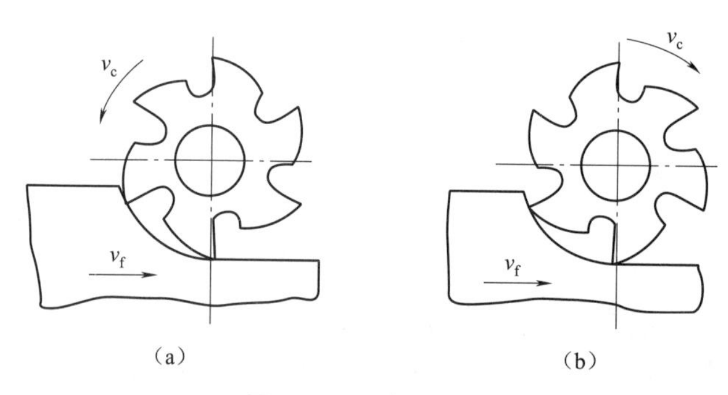

图 1-19 顺铣和逆铣

（a）顺铣图；（b）逆铣

此外，在进行顺铣时，遇到加工表面有硬皮，会加速刀齿磨损。在逆铣时工作台不会发生窜动现象，铣削较平稳，但在逆铣时，刀齿在加工表面上挤压、滑行，不易下屑，使已加工表面产生严重冷硬层。

一般情况下，尤其是粗加工或是加工有硬皮的毛坯时，多采用逆铣。精加工时，加工余量小，铣削力小，不易引起工作台窜动，可采用顺铣。

任务 1.3 典型零件数控加工常用夹具选用

任务目标

知识目标

（1）了解夹具的种类及特点。

（2）掌握机床常用的夹具。

技能目标

（1）能够更具图纸选用夹具。

（2）掌握常用夹具的种类。

素质目标

（1）良好的安全意识。

（1）与人沟通能力。

任务实施

请选取任务图 1-20 中的夹具。

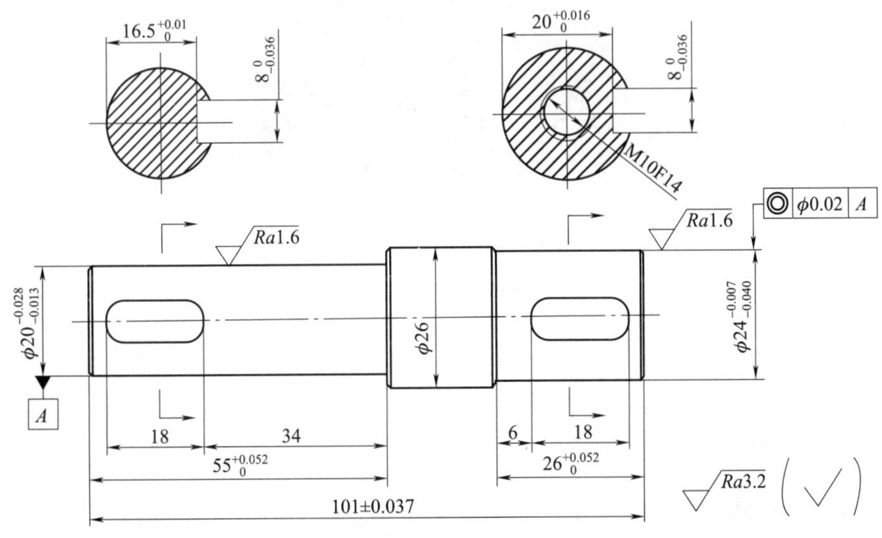

图 1-20 传动轴

传动轴部分选用数控车床加工时，夹具使用三爪自定心卡盘或四爪卡盘，如图1-21和图1-22所示，键槽部分使用数控铣床或加工中心加工，夹具选用图1-23的V形块及图1-24的压板，在装夹过程中一定要夹紧工件，避免因工件未夹紧造成的人员和设备损坏。

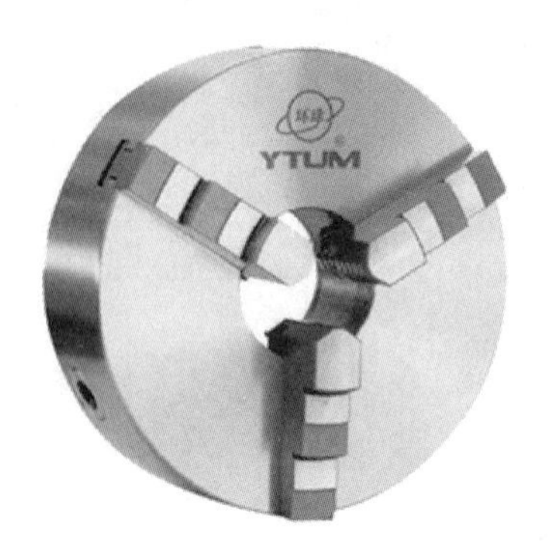

图1-21　三爪自定心卡盘图

图1-22　四爪单动卡盘

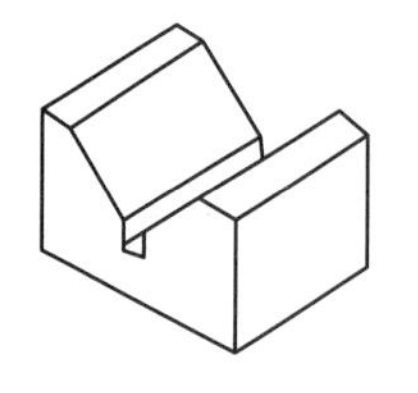

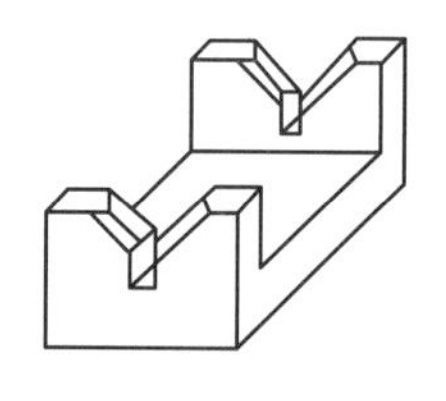

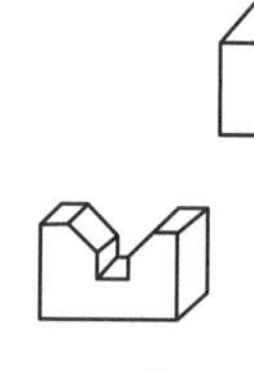

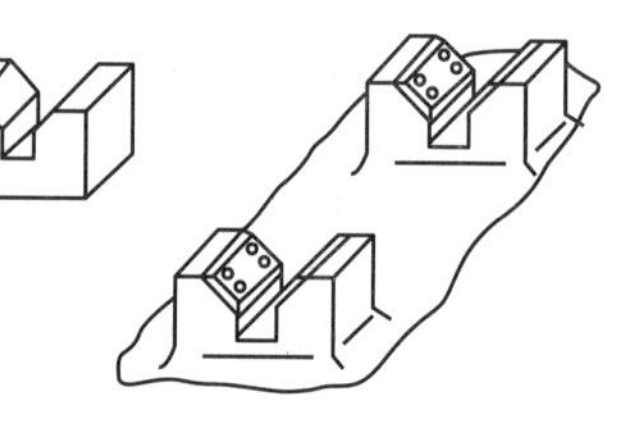

图1-23　V形块

图1-24　铣床压板

相关知识

一、夹具概述

夹具是指机械制造过程中用来固定加工对象，使之占有正确的位置，以接受加工或检测的装置，又称卡具。从广义上说，在工艺过程中的任何工序，用来迅速、方便、安全地安装工件的装置，都可称为夹具。

学习笔记

夹具通常由定位元件、夹紧装置 、对刀引导元件、分度装置（使工件在一次安装中能完成数个工位的加工，有回转分度装置和直线移动分度装置两类）、连接元件以及夹具体（夹具底座）等组成。

二、夹具种类按使用特点分类

1. 万能通用夹具

虎钳如图 1-25 所示，吸盘如图 1-26 所示，万能分度头如图 1-27 所示，回转工作台如图 1-28 所示，有很大的通用性，能较好地适应加工工序和加工对象的变换，其结构已定型，尺寸、规格已系列化，其中大多数已成为机床的一种标准附件。

2. 专用夹具

为某种产品零件在某道工序上的装夹需要而专门设计制造，服务对象专一，针对性很强，一般由产品制造厂自行设计。常用的有车床夹具、铣床夹具、钻模（引导刀具在工件上钻孔或铰孔用的机床夹具）、镗模（引导镗刀杆在工件上镗孔用的机床夹具）和随行夹具（用于组合机床自动线上的移动式夹具），专用夹具如图 1-29 所示。

图 1-25　平口虎钳

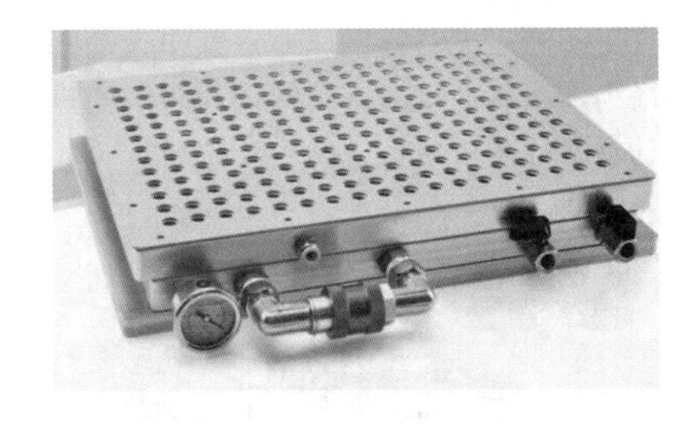

图 1-26　多孔式真空吸盘

图 1-27　万能分度头

图 1-28　回转工作台

图 1-29　专用夹具

3. 可调夹具

通过调整或更换个别零部件，能适用多种工件加工的可调夹具，如图 1-30 所示。可调夹具是可以作用于多种零件的加工，适合多品种、小批量的需要；同时也适合在少品种、大批量生产需要的夹具。

4. **组合夹具**

组合夹具是由可以循环使用的标准的夹具零部件组装成容易联接和拆卸夹具。组合夹具的柔性大，适于单件小批生产，是一种标准化、系列化、通用化程度高的工艺装备，如图 1-31 所示。

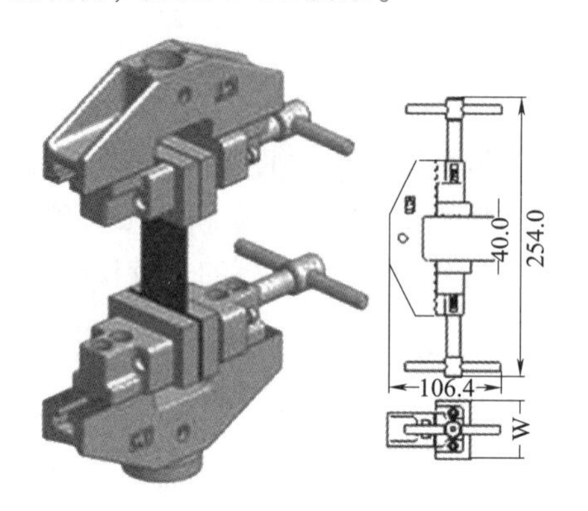

图 1-30　可调夹具

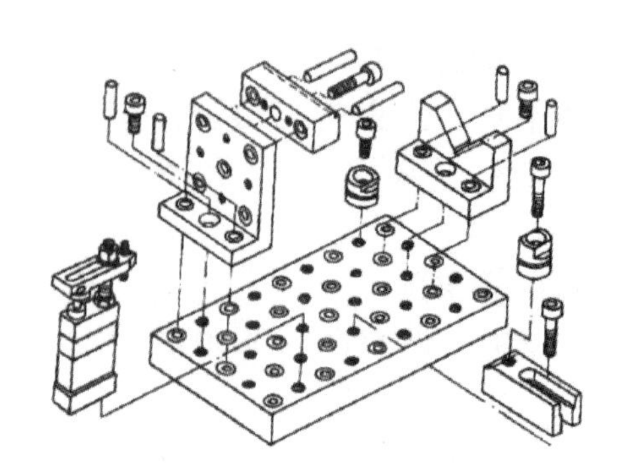

图 1-31　组合夹具

5. **气动液压夹具**

气动液压夹具是以压缩空气作为动力，油液作为传递动力的介质，通过气动液压增力器，将低压的空气转化为高压油进入夹具的工作油缸，将工件夹紧。常见的气动夹具如图 1-32、图 1-33 所示。

图 1-32　油压虎钳

图 1-33　气动虎钳

除此之外，夹具按使用机床不同，可分为车床夹具、铣床夹具、钻床夹具、镗床夹具、齿轮机床夹具、数控机床夹具、自动机床夹具、自动线随行夹具以及其他机床夹具等。按夹紧的动力源分类，可分为手动夹具、气动夹具、液压夹具、气液增力夹具、电磁夹具以及真空夹具等。

知识拓展

工件的定位与夹紧

使工件在夹具上迅速得到正确位置的方法叫定位。工件用来定位的各表面叫定位基准面。在夹具上用来支持工件定位基准面的表面叫支承面。基准面的选定应尽可能与工件的原始基准重合，以减少定位误差。工件的定位要符合六点定位原理。

1. 工件的自由度

任何一个位置尚未确定的工件，均具有六个自由度，如图 1-34（a）所示。在空间直角坐标系中，工件可沿 x、y、z 轴有不同的位置，如图 1-34（b）所示，也可以绕 x、y、z 轴回转方向有不同的位置，如图 1-34（c）所示。这种工件位置的不确定性，通常称为自由度。沿空间三个直角坐标轴 x、y、z 方向的移动和绕它们的转动的自由度分别以 $\vec{x}$、$\vec{y}$、$\vec{z}$、$\hat{x}$、$\hat{y}$、$\hat{z}$ 表示。要使工件在机床夹具中正确定位，必须限制或约束工件的这些自由度。

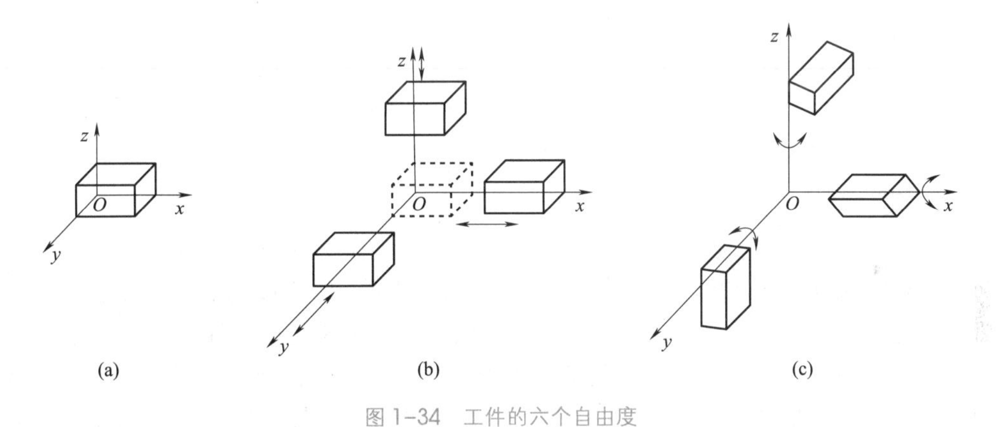

图 1-34 工件的六个自由度

2. 六点定位原理

定位，就是限制自由度。用合理设置的六个支承点，限制工件的六个自由度，使工件在夹具中的位置完全确定，这就是工件定位的“六点定位原理”。

在夹具上布置了六个支承点，当工件基准面靠紧在这六个支承点上时，就限制了它的全部自由度。在图 1-35 所示的长方体体上定位时，工件底面紧贴在三个不共线的支承点 1、2、3 上，限制了工件的 $\hat{x}$、$\hat{y}$、$\vec{z}$ 三个自由度；工件侧面紧靠在支承点 4、5 上，限制了 $\vec{x}$、$\hat{z}$ 两个自由度；工件的端面紧靠在支承点 6 上，限制了 $\vec{y}$ 自由度，实现工件的完全定位。

如图 1-34 所示，工件上布置三个支承点的面称为主要定位基准。选择定位基准时，一般应选择较大的表面作为主要定位基准。有利于保证工件各表面间的位置精度。同时，对承受外力也有利。

工件上布置两个支承点的面称为导向定位基准。4、5 二支承点之间距离越大，

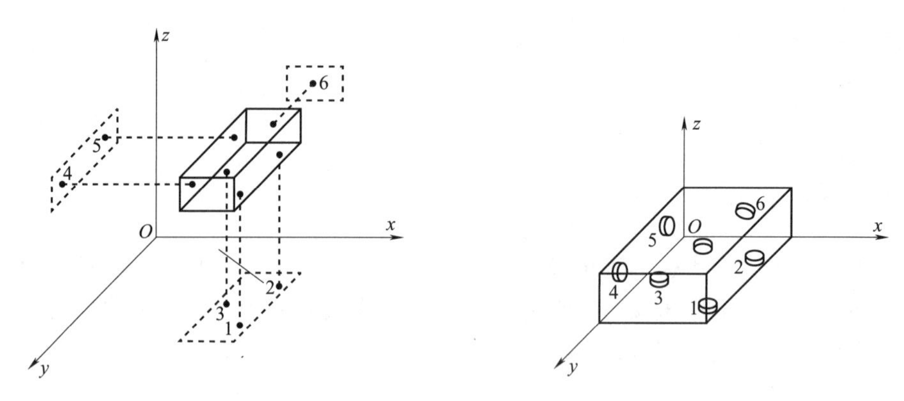

图 1-35　长方体定位时支承点的分布

长度不超过导向工件的轮廓，且二支承点置于垂直 z 轴的直线上时，则几何体沿 y 轴的导向越精确（即沿 x 轴的线性位移及沿 z 轴的转角误差越小）。显然，此时应尽量选窄长表面作为导向定位基准。

工件上布置一个支承点的面称为止推定位基准。由于只有一个支承点接触，工件在加工时，常常还要承受加工过程中的切削力和冲击等，因此可选工件上窄小且与切削力方向相对的表面作为止推定位基准。

支承点位置的分布必须合理，上例中支承点 1、2、3 不能在一条直线上，支承点 4、5 的连线不能与支承点 1、2、3 所决定的平面垂直，否则它不仅没有限制 $\hat{z}$ 自由度，还重复限制了 $\hat{y}$ 自由度，一般情况下是不允许的。

3. 定位元件

在图 1-35 所示的定位方案中，按六点定位原则布置支承点，设置了六个支承钉作为定位元件，在实际夹具结构中支承点是以定位元件来体现的。例如在盘类工件上钻孔，其工序如图 1-36（a）所示。按六点定位原则夹具上布置了六个支承点，如图 1-36（b）所示，工件端面紧贴在支承点 1、2、3 上，限制了 $\vec{x}$、$\hat{y}$、$\hat{z}$ 三个自由度，工件内孔紧靠支承点 4、5，限制了 $\vec{y}$、$\vec{z}$ 两个自由度，键槽侧面靠在支承点 6 上，限制了 $\hat{x}$ 自由度，实现工件的完全定位。实际的夹具结构如图 1-36（c）所示，夹具上以台阶面 A 代替 1、2、3 三个支承点，限制了 $\vec{x}$、$\hat{y}$、$\hat{z}$ 三个自由，短销 B 代替 4、5 两个支承点，限制了 $\vec{y}$、$\vec{z}$ 两个自由度，插入键槽中的防转销 C 代替支承点 6，限制了 $\hat{x}$ 自由度。

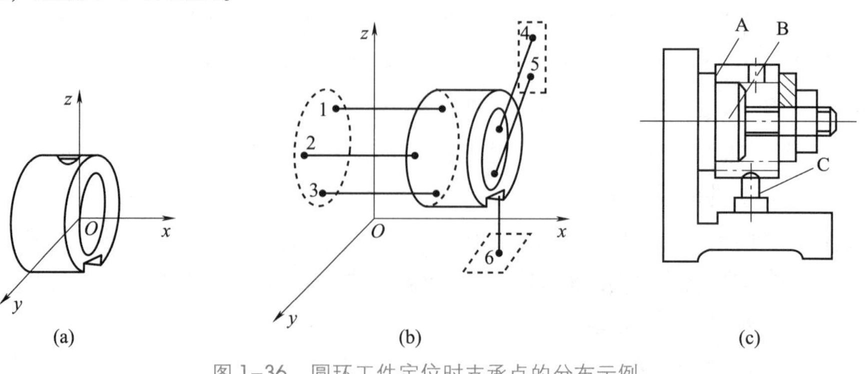

图 1-36　圆环工件定位时支承点的分布示例

4. 工件的定位

(1) 完全定位。

工件的六个自由度全部被夹具中的定位元件所限制，而在夹具中占有完全确定的位置，称为完全定位。

(2) 不完全定位。

根据工件加工表面的不同加工要求，定位支承点的数目可以少于六个。有些自由度对加工要求有影响，有些自由度对加工要求无影响，这种定位情况称为不完全定位。不完全定位是允许的。例如在车床上加工轴的通孔，根据加工要求，不需要限制 $\vec{x}$、$\hat{x}$ 的自由度，故使用三爪卡盘夹外圆，限制工件的四个自由度，采用四点定位可以满足加工要求，如图 1-37（a）所示。

工件在平面磨床上采用电磁工作台装夹、磨平面，工件只有厚度及平行度要求，故只用三点定位，如图 1-37（b）所示。

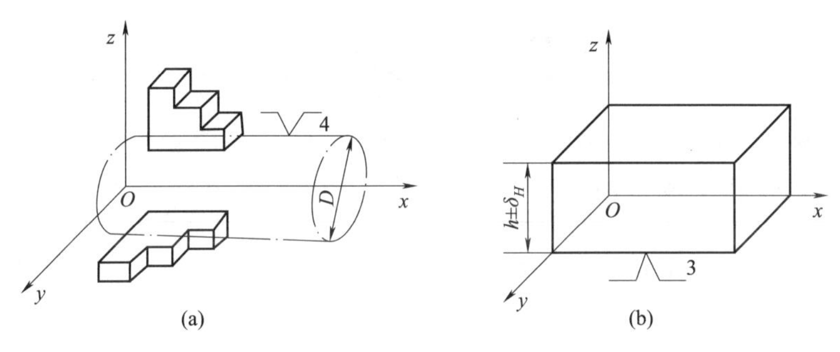

图 1-37　不完全定位

(3) 欠定位。

按照加工要求应该限制的自由度没有被限制的定位称为欠定位。欠定位是不允许的。因为欠定位保证不了加工要求。如图 1-36（a）所示，钻孔工序按工序尺寸要求，需要采用完全定位，如果夹具定位中无防转销 4，仅限制工件的五个自由度，工件绕 y 轴回转方向上的位置将不确定，则属于欠定位，钻出孔的位置与键槽不能达到对称要求，是不允许的。

(4) 过定位。

夹具上的两个或两个以上的定位元件，重复限制工件的同一个或几个自由度的现象，称为过定位。过定位会导致重复限制同一个自由度的定位支承点之间产生干涉现象，从而导致定位不稳定，破坏定位精度。如图 1-38 所示，为加工连杆小头孔工序中以连杆大头孔和端面定位的两种情况。如图 1-38（b）所示，长圆柱销限制了 $\vec{x}$、$\vec{y}$、$\hat{x}$、$\hat{y}$ 四个自由度，支承板限制了 $\vec{z}$、$\hat{x}$、$\hat{y}$ 三个自由度。显然 $\hat{x}$、$\hat{y}$ 被两个定位元件重复限制，出现了过定位。如果工件孔与端面垂直度保证很好，则此过定位是允许的。但若工件孔与端面垂直度误差较大，且孔与销的配合间隙很小时，定位后会造成工件歪斜及端面接触不好的情况，压紧后就会使工件产生变形或圆柱销歪斜。结果将导致加工后的小头孔与大头孔的轴线平行度达不到要求。这种情况下应避免过定位的产生。最简单的解决办法是将长圆柱定位销改成短圆柱销，如

图 1-38（a）所示，由于短圆柱销仅限制 $\vec{x}$、$\vec{y}$ 两个移动自由度，$\hat{x}$、$\hat{y}$ 的重复定位被避免了。

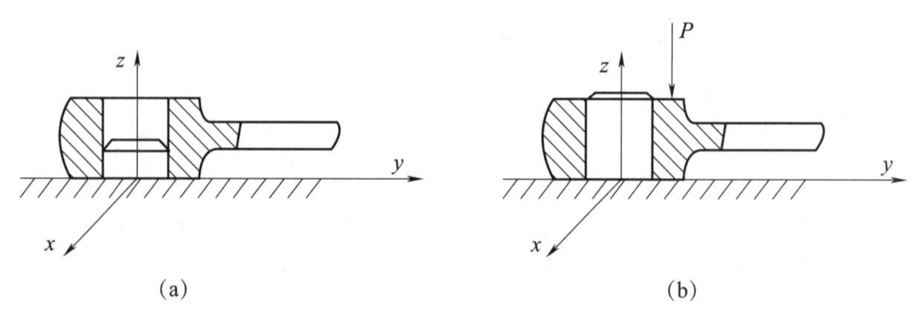

图 1-38　连杆定位

（a）短圆柱销定位；（b）长圆柱销定位

数控车间操作安全常识

数控实训车间要做到“三不伤害原则。不伤害自己，不伤害他人，不被他人伤害”。

（1）学生进入数控车间实习，必须经过安全文明生产和机床操作规程的学习。未经许可，不得擅自启动机床进行零件加工。

（2）实习操作时，长发同学一定要戴工作帽后再工作。操作开关时不得戴手套。否则，很可能引起误动作等。

（3）数控机床控制微机上除进行程序操作和程序拷贝外，不允许作其他操作。严禁将未经指导老师验证的程序输入控制微机进行零件加工。

（4）加工零件时，必须关上防护门，加工过程中不允许打开防护门。不要用手或以其他方式去触摸加工中的工件或转动的主轴。从机床上卸下工件时应使刀具及主轴停止转动。在卸下工件后，一定要将扳手从卡盘上拿下来。

（5）应定期检查硬超程开关、急停按钮等器件的有效性，以保证机床的紧急停止功能始终处在正常状态。应当熟悉急停按钮开关的位置。以便在任何需要使用它时，无须寻找就会按到它。

（6）加工零件时，必须严格按照规定操作步骤进行，不允许跳步骤执行。

（7）严禁在未熟悉使用步骤的情况下，触摸各按钮开关。如果一项任务需由两个以上的人来完成，那么，在操作的每一个步骤上都应当规定出协调的信号，除非已给出了规定的信号，否则就不要进行下一步操作。

（8）只关闭 CNC 的电源，动力电源仍有些部分供电，即使关闭机床总电源，用户向机床提供的动力电仍然存在危险，必须给予注意。关闭电源后，伺服放大器和变频器内的电压仍能保留一段时间，不适当的维修行为存在被电击的危险。带电操

学习笔记

作检查要注意强电部分，触摸端子存在被电击的严重危险。严禁私自打开数控系统控制柜进行观看和触摸。

(9) 安装或卸下刀具都应在停车状态下进行。在没有关好安全防护装置的前提下，不得操作机床，在切削工件期间不要清理切屑，应当用刷子清理刀头上的切屑，严禁用手清理。

(10) 本机床完成加工任务之后，操作者离开机床前，应将操作盘上的电源开关关闭，同时将主线路开关关闭。

(11) 严格按机床的安全规程操作，工作完毕后要关闭机台电源，气源开关，机床停机后，一定要收拾好工具，清理机台卫生。停机前，不得清理。

课后习题

一、问答题

1. 数控机床由哪几部分组成的？
2. 世界上第一台数控机床是哪一年研究成功的？
3. 数控机床按伺服驱动装置分可以分为哪几种类型？
4. 目前常用的数控系统有哪些？
5. 数控机床常用的刀具有哪些类型？
6. 数控机床常用的夹具有哪些类型？

二、单项选择题

1. 点位控制机床所指的数控机床（　　）

A. 仅控制刀具相对于工件的定位点坐标，不规定刀具的运动轨迹

B. 必须采用开环控制

C. 刀具沿各坐标轴的运动之间有确定的函数关系

D. 必须采用闭环控制

2. 刀具的主偏角是指（　　）。

A. 前刀面与加工基面之间的夹角

B. 后刀面与切削平面之间的夹角

C. 主切削平面与假定进给运动方向之间的夹角

D. 主切削刃与基面之间的夹角

3. 下面哪一个不是切削用量三要素的内容（　　）。

A. 切削速度　　B. 进给量　　C. 背吃刀量　　D. 退刀量

4. 以下描述错误的是（　　）。

A. 车削、镗削的主运动是机床主轴的旋转运动

B. 机床的发展趋势是高速化、高精度化、复合化、高科技含量化和环保化

C. 切削加工的发展有超高速切削、硬切削和干切削

D. 刀具材料一般是指刀体部分的材料

学习笔记

项目 2　数控编程基础

项目描述

学习数控加工技术首先要了解数控机床，数控机床的分类，掌握常用编程常用的基本知识，程序的结构和程序字，数控机床的坐标系。

学习目标

（1）掌握程序结构与程序字。

（2）掌握数控机床坐标系统。

（3）中国近代机床。

任务 2.1　程序结构与程序字

任务目标

知识目标

（1）掌握加工程序的组成。

（2）掌握程序段格式。

（3）掌握常用功能指令。

（4）脉冲数编程与小数点编程。

（5）掌握绝对值编程和增量值编程的方法。

技能目标

（1）学会程序的录入与编辑、修改。

（2）了解常用的功能字。

素质目标

（1）一丝不苟的学习态度。

（2）与人沟通的能力。

学习笔记

任务实施

请分析图 2-1 中字母 SZY 的加工程序的结构，刀具半径为 2 mm，字母深度 1 mm，并按给定程序录入到 FANUC 数控系统中。

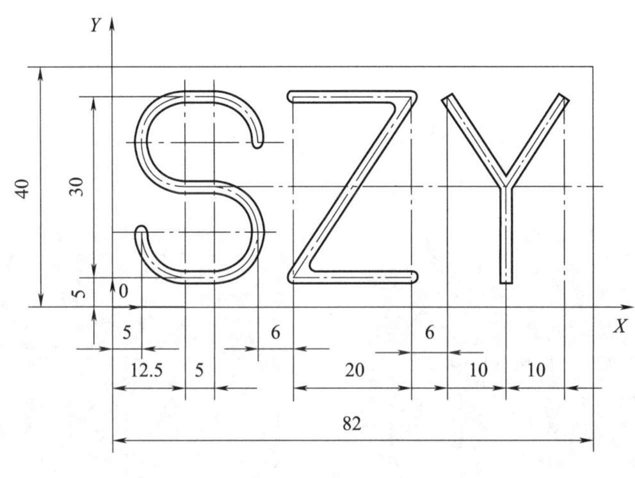

图 2-1　字母 SZY

程序的新建与编辑视频

程序的导入及对刀仿真操作

字母 SZY 参考程序：

```
%
O0003;（SZY 程序）
G54 G17 G80 G40 G49;
G00 X0 Y0 Z50;
M03 S2000;
G00 X5 Y12.5;
G43 G00 Z10 H01;
G01 Z-1 F80;
G03 X12.5 Y5 R7.5 F300;
G01 X17.5;
G03 X17.5 Y20 R7.5;
G01 X12.5;
G02 X12.5 Y35 R7.5;
G01 X17.5;
G02 X25 Y27.5 R7.5;
G01 Z10;
G00 X31 Y35;
G01 Z-1 F80
G91 G01 X20 F300;
X-20 Y-30;
X20;
G90 G00 Z10;
G00 X57 Y35;
G01 Z-1 F80;
G01 X67 Y20 F300;
G01 X77 Y35;
G01 Z10;
G00 X67 Y20;
G01 Z-1 F80;
G01 Y5 F300;
G01 Z10;
G49 Z50;
G00 X0 Y0;
M05;
M30;
%
```

1. 程序结构分析

若使用记事本编写程序，则程序头和程序尾均由%开始或结束。

O0003 表示程序名；中间部分程序内容由若干个程序段组成的，此处程序内容省略了程序段的顺序号；M30 表示程序结束，光标回到程序头。

在【编辑】模式下，按【PROG】键，在地址 O 后键入新建的程序名如 O0003 后，按下【INSERT】键，新的程序就会创建出来，再按【EOB】输入分号进行换行。

按上面的程序顺序输入程序段，注意这里键入【EOB】表示分号“;”，直到输入最后一段程序。在程序的录入过程中，一定要认真，一丝不苟，不能输入错误，若程序输入错误会造成程序不执行或执行错误，在真实加工时会造成刀具、设备或人身的伤害，若出现错误一定要修改正确，程序字的修改、插入和删除的步骤如下所示。

2. 字的插入、修改及删除步骤

（1）插入字的步骤。

搜索或扫描想要插入字前面，键入想要插入的地址，键入数据，按下编辑键【INSERT】或【INPUT】。

例：若想在 M03S2000 前面的分号处，输入 G97，如图 2-2 所示，则将光标移到 M03 处，输入 G97，再按【INSERT】键。

图 2-2　插入字的步骤

（2）修改字的步骤。

搜索或扫描想要修改的字，输入想要插入的地址，键入数据，按下编辑键【ALTER】。

例：将 S2000 改为 S1500，搜索或扫描 S2000，由地址/数值键输入 S1500，如图 2-3 所示，按下编辑键【ALTER】。

图 2-3　修改字的步骤

（3）删除字的步骤。

搜索或扫描想要删除的字，按下编辑键【DELETE】。

学习笔记

例：将前面程序中的 G97 删除，搜索或扫描 G97，按下编辑键【DELETE】，如图 2-4 所示。

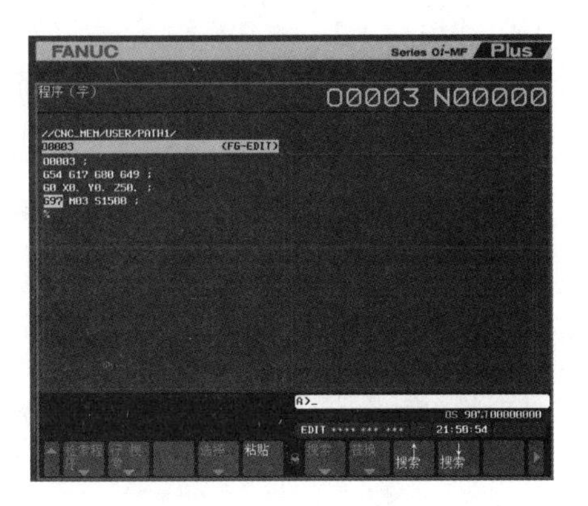

图 2-4　删除字的步骤

相关知识

一、加工程序的组成

为运行机床而送到 CNC 的一组指令称为程序。用指定的指令刀具沿着直线或圆弧移动主轴电机按照指令旋转或停止在程序中以刀具实际移动的顺序指定指令。

程序是由一系列加工的一组程序段组成的，如表 2-1 所示，用来表示完成一定动作、一组操作的全部指令称为程序段。用于区分每个程序段的号叫作顺序号；用于区分每个程序的号叫作程序号。程序段中用来完成一定功能的某一具体指令（字母、数字组成）又称为字。

表 2-1　加工程序的组成

加工程序	说明
%	程序开始
O0004;	程序名
N0010 G90 G54 M03 S1000;	N0010 程序段顺序号
N0020 G00 X0 Y0 Z100;	
（注释）	
…	
N0680 G00 X0 Y0 Z100;	
N0690 M30;	M30 程序结束
%	程序结束

二、程序段格式

文字地址程序段格式是目前最常用的程序段格式，即：

N__	G__	X__	Y__	Z__	……	F__	S__	T__	M__	;

式中 N——表示语句号；

G——表示准备功能字（对机床的操作）；

X、Y、Z——表示尺寸字；

F——表示进给功能字，(mm/min)；

S——表示主轴转数字，(r/min)；

T——表示刀具功能字；

M——表示辅助功能字；

；——表示结束。

1. 顺序功能字 N

表示程序段的顺序号，由 N 加上 1 至 4 位数字构成。在许多情况下，顺序功能字可以省略。

2. 准备功能字 G

准备功能是将控制系统预先设置为某种预期的状态或者某种加工模式。一般用程序地址 G 来表示，通常称为 G 代码。G 代码有两种模态：模态代码和非模态代码。00 组的 G 代码属于非模态代码，只在被指定的程序段中有效，其余组的 G 代码属于模态 G 代码，具有续效性，在后续程序段中，只要同组其他 G 代码未出现之前一直有效。

G 代码按其功能的不同分为若干组。不同组的 G 代码在同一程序段中可以指令多个，但如果在同一程序段中指令了两个或两个以上属于同一组的 G 代码时，只有最后的 G 代码有效。如果在程序段中指令了 G 代码表中没有列出的 G 代码，则显示报警。FANUC-0i 系统常用的准备功能见表 2-2。

表 2-2　FANUC-0i 系统常用的准备功能

序号	代码	组别	功能
1	G00	01	快速点定位
2	G01		直线插补
3	G02		顺时针圆弧插补或螺旋线插补
4	G03		逆时针圆弧插补或螺旋线插补
5	G04	00	程序暂停（作为单独程序段使用）
6	G10		可编程数据输入
7	G11		取消可编程数据输入

学习笔记

续表

序号	代码	组别	功能
8	G12. 1	21	极坐标插补模式
9	G13. 1		取消极坐标插补模式
10	G17	16	X_PY_P 平面选择
11	G18		Z_PX_P 平面选择
12	G19		Y_PZ_P 平面选择
13	G20	06	英制输入
14	G21		米制输入
15	G22	09	存储行程检查
16	G23		存储行程检查功能取消
17	G25	08	取消主轴转速波动检测
18	G26		主轴转速波动检测生效
19	G27	00	返回参考点位置检查
20	G28		返回机床参考点
	G29		从机床原点返回
21	G30		返回到第 2、第 3、第 4 参考点
22	G31		跳过功能
23	G33	01	螺纹切削（固定导程）
24	G34		变螺距螺纹切削
25	G36	00	自动刀具补偿 *X*
26	G37		自动刀具补偿 *Z*
27	G40	07	刀具半径补偿取消
28	G41		刀尖圆弧半径左补偿
29	G42		刀尖圆弧半径右补偿
30	G50	00	1. 坐标系设定 2. 最高主轴速度限定
31	G50. 3		工件坐标系预置
32	G50. 2	20	取消多边形车削
33	G51. 2		多边形车削
34	G52	00	局部坐标系设定
35	G53		机床坐标系设定
36	G54	14	选择工件坐标系设定 1
37	G55		选择工件坐标系设定 2
38	G56		选择工件坐标系设定 3
39	G57		选择工件坐标系设定 4
40	G58		选择工件坐标系设定 5
41	G59		选择工件坐标系设定 6

续表

序号	代码	组别	功能
42	G65	00	宏程序调用
43	G66	12	宏程序模态调用
44	G67		取消宏程序模态调用
45	G70	00	精车循环
46	G71		粗车外圆复合循环
47	G72		粗车端面复合循环
48	G73		固定形状粗加工复合循环
49	G74		端面深孔钻削循环
50	G75		外径、内径钻削循环
51	G76		螺纹切削复合循环
52	G80	10	取消固定钻削循环
53	G83		端面钻削循环
54	G84		端面功丝循环
55	G86		端面镗孔循环
56	G87		侧面钻削循环
57	G88		侧面功丝循环
58	G89		侧面镗孔循环
59	G90	01	单一形状外径、内径切削循环
60	G92		螺纹切削循环
61	G96	02	端面切削速度控制
62	G97		取消端面切削速度控制
63	G98	05	每分钟进给量
64	G99		每转进给量
65	—	11	返回初始平面
66	—		返回 R 平面

注：00 组的 G 代码为非模态代码，其他均为模态代码。

3. 尺寸字

程序中用来描述运动轨迹的字母 X、Y、Z、U、V、W 称为尺寸字。

4. 主轴功能字 S

在进行加工外圆、端面、退刀槽和螺纹时必需根据不同的要求控制主轴转速，方法有如下两种：

G96——恒线速度切削指令，模态指令，单位为米/每分钟（m/min）。如 G96 S150 表示恒线速度切削，主轴每分钟转动的线速度为 150 米。

G97——取消恒线速度切削，单位为转/每分钟（r/min）。

主轴线速度与主轴每分钟转速的关系是 $V=\pi dn/1\ 000$ 为主轴的直径，单位为 mm，n 表示主轴的转速，单位为 r/min。

S 是模态指令，S 功能只有在主轴速度可调节时有效。S 所编程的主轴转速可以借助机床控制面板上的主轴倍率开关进行修调。

G50 有两种含义，一种表示建立工件坐标系，另一种表示设定主轴最高转速，例 G50 S3000，表示限制主轴最高转速为 3 000 r/min。

5. 进给速度字 F

F 表示工件被加工时刀具相对于工件的合成速度，F 的单位取决于 G94（每分钟进给量 mm/min）或 G95（主轴每转一转刀具的进给量 mm/r）。

使用下面的公式可以实现每转进给量与每分钟进给量的转化：

$$f_m=f_r\times S$$

式中 f_m——每分钟进给量，（mm/min）；

f_r——每转进给量，（mm/r）；

S——主轴转速，（r/min）。

在 G01、G02、G03 方式下，编程的 F 一直有效，直到被新的 F 值所取代，而在快速定位指令 G00 工作方式下，各轴以系统默认的各轴最快速度移动，与编程时所给的 F 值无关。通过控制面板上的倍率按键，F 可以在一定范围内修调。但当执行加工螺纹 G32、G92 或 G76 时，F 无效。进给倍率固定在 100%。

6. 刀具功能字 T

T 代码用于选刀，其后的四位数字分别表示刀具号和刀具补偿寄存器中补偿值的该值（刀具的几何补偿即偏置补偿与磨损补偿之和），该值不立刻移动，而是当后面有移动指令时一并执行。

T XX XX，前面的 XX 表示刀具号，后面的 XX 表示刀补号。

例：T0101 前一个 01 表示刀具号为 1 号刀，后一个 01 表示 1 号刀具补偿。

T0101 表示 1 号刀，取消刀补。

7. 辅助功能字 M

辅助功能是用地址 M 及二位数字表示的。它主要用于机床加工操作时的工艺性指令。其特点是靠继电器的通断来实现其控制过程，如表 2-3 所示。

表 2-3　辅助功能

序号	代 码	功能	序号	代 码	功能
1	M00	程序停止	10	M11	车螺纹直退刀
2	M01	选择停止	11	M12	误差检测
3	M02	程序结束	12	M13	误差检测取消
4	M03	主轴正转	13	M19	主轴准停
5	M04	主轴反转	14	M20	ROBOT 工作启动
6	M05	主轴停止	15	M30	纸带结束
7	M08	切削液开	16	M98	调用子程序
8	M09	切削液关	17	M99	子程序结束返回主程序
9	M10	车螺纹 45°退刀			

M00——程序暂停。

完成编有 M00 指令的程序段中的其他指令后主轴停止，进给停止，冷却液关断，程序停止。此时可执行某一手动操作，如工作调头，手动变速等。重新按“循环启动”按钮，机床将继续执行下一程序段。

M01——计划停止（任选暂停）。

M01 与 M00 相似，不同处在于必须在操作面板上，预先（程序起动前）按下任选停止开关按钮，使其相通，当执行完编有 M01 指令的程序段的其他指令后，程序停止。如不按任选停止，则 M01 指令不起作用，程序继续执行。当零件加工时间较长，或要在加工过程中需要停机检查，测量关键部位以及交接班等情况使用该指令很方便。

M02——程序结束。

执行该程序后，表示程序内所有指令均已完成，因此切断机床所有动作，机床复位。但程序结束后，不返回到程序开头的位置。

M30——程序结束。

在完成程序段的所有指令后，使主轴进给、冷却液停止，机床复位，与 M02 相似，不同在于该指令还使光标回到起始位置。

知识拓展

一、绝对方式编程与增量方式编程

数控车床编程时，可采用绝对值编程、增量值编程和两者混合编程。由于被加工零件的径向尺寸在图样的标注和测量时，都是以直径值表示，所以，直径方向用绝对值编程时，X 以直径值表示。用增量值编程时，以径向实际位移量的二倍值表示，并带上方向符号。

1. 绝对值编程

绝对值编程是根据预先设定的编程原点计算出绝对值坐标尺寸进行编程的一种方法。首先找出编程原点的位置，并用地址 X、Z 进行编程，例如 X 50.0　Z 80.0，语句中的数值表示终点的绝对值坐标。

2. 增量值编程

增量值编程是根据与前一位置的坐标值增量来表示位置的一种编程方法。即程序中的终点坐标是相对于起点坐标而言的。采用增量值编程时，用 U、W 代替 X、Z 进行编程。U、W 的正负由行程方向来确定，行程方向与机床坐标方向相同时为正，反之为负。例如 U 50.0　W 80.0 表示终点相对于前一加工点的坐标差值在 X 轴方向为 50，Z 轴方向为 80。

3. 混合编程

设定工件坐标系后，绝对值编程与增量值编程混合起来进行编程的方法叫混合编程。

4. 编程举例

如图 2-5 所示，应用以上三种不同方法编程时精加工程序分别如下。

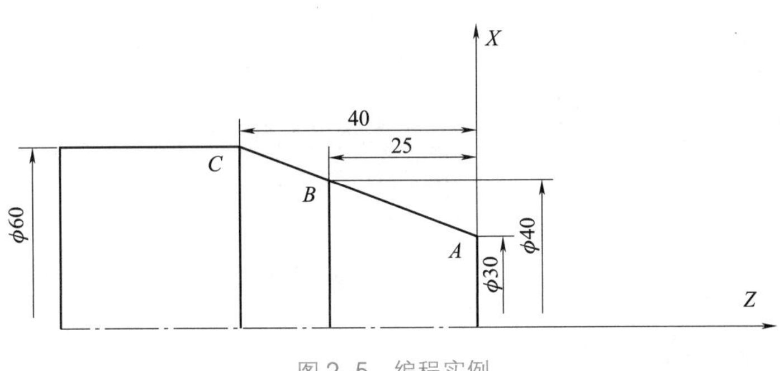

图 2-5　编程实例

（1）绝对值编程见表 2-4。

表 2-4　绝对值编程

程序	说明
O0001;	O0001 号程序
G54;	建立工件坐标系
G00 X80 Z30;	绝对方式编程，快速定位到（X80 Z30）处
M03 S800 T0101;	主轴正转，主轴转速 800 r/min，换 1 号车刀
G00 X30 Z2;	快速定位到（X30 Z2）处
G01 X30.0 Z0 F100;	直线插补到（X30.0 Z0）处，进给速度为 100 mm/min
X40.0 Z-25.0;	直线插补到（X40.0 Z-25.0）处
X60.0 Z-40.0;	直线插补到（X60.0 Z-40.0）处
G00 X80;	快速定位到（X80）处
G00 Z30;	快速定位到（Z30）处
M05;	主轴停
M30;	程序停，光标返回到程序头

（2）增量值编程见表 2-5。

表 2-5　增量值编程

程序	说明
O0001;	O0001 号程序
G54;	建立工件坐标系
G00 X80 Z30;	增量方式编程，快速定位到（X80 Z30）处
M03 S800 T0101;	主轴正转，主轴转速 800 r/min，换 1 号车刀
G00 X30 Z2;	快速定位到（X30 Z2）处
G01 Z0 F100;	直线插补到（Z0）处，进给速度为 100 mm/min
U10.0 W-25.0;	直线插补
U20.0 W-15.0;	直线插补到（X60.0 Z-40.0）处

续表

程序	说明
G00 X80;	绝对方式编程，快速定位到（X80）处
G00 Z30;	快速定位到（Z30）处
M05;	主轴停
M30;	程序停，光标返回到程序头

（3）混合编程见表 2-6。

表 2-6　混合编程

程序	说明
O0002;	O002 号程序
G54;	建立工件坐标系
G00 X80 Z30;	增量方式编程，快速定位到（X80 Z30）处
M03 S800 T0101;	主轴正转，主轴转速 800 r/min，换 1 号车刀
G00 X30 Z2;	快速定位到（X30 Z2）处
G01 Z0 F100;	直线插补到（Z0）处，进给速度为 100 mm/min
X30.0 W-25.0;	直线插补到（Z30.0 Z-27.0）处
X40.0 W-15.0;	直线插补到（X60.0 Z-40.0）处
G00 X80;	绝对方式编程，快速定位到（X80）处
G00 Z30;	快速定位到（Z30）处
M05;	主轴停
M30;	程序停，光标返回到程序头

以上三段用不同方法编程的程序都表示从 *A* 点经过 *B* 点运动到 *C* 点。

二、半径编程与直径编程

数控车床中经常有两种编程方式，即半径编程与直径编程。

例：G00 X(U) _ Z(W) _ ;

如图 2-5 所示，表中的程序是用直径编程方式编写的，若用半径方式编程，则从 *A* 到 *B* 的程序段应该是 G01 X20 Z-25 F100;

但习惯上 *X* 值表示的是轴类零件的直径值。

三、脉冲数编程与小数点编程

数控编程时，可以用脉冲数编程，也可以使用小数点编程。

当使用脉冲数编程时，与数控系统最小设定单位（脉冲当量）有关，当脉冲当量为 0.001 时，表示一个脉冲，运动部件移动 0.001 mm。程序中移动距离数值以 μm 为单位，例如 X60000 表示移动 60 000 μm，即移动 60 mm。若小数点后面的数位超过 4 位时，数控系统则按四舍五入处理。

当使用小数点输入编程时，以 mm 为单位，要特别注意小数点的输入。例如 X60.0 表示移动距离为 60 mm，而 X60 则表示采用脉冲数编程，移动距离为 60 μm（0.06 mm）。小数点编程时，小数点后的零可省略，如 X60.0 与 X60 是等效的。

FANUC 系统编程时尺寸字是否使用小数点可以用参数 3401#0 是否为 1 设置。

四、公制英制的输入

如果一个程序段开始用 G20 指令，则表示程序中相关的一些数据为英制（in）；如果一个程序段开始用 G21 指令，则表示程序中相关的一些数据为米制（mm）。在我国机床出厂时一般设为 G21 状态，机床刀具各参数以米制单位设定。两者不能同时使用，停机断电前后 G20、G21 仍起作用除非再重新设定

FANUC 可以选择下面任何一种输入模式，但千万不要在同一程序中混合使用公制和英制单位。

G20：选择英制（英寸），G21：选择公制（毫米），FANUC 数控系统公制和英制设置用参数 0000#2 是否为 1 切换。

英制与公制的换算：

1 英尺=12 英寸，1 英寸=2.54 厘米。

1 毫米=0.039 4 英寸，1 厘米=0.393 7 英寸。

任务 2.2　数控机床的坐标系统

任务目标

知识目标

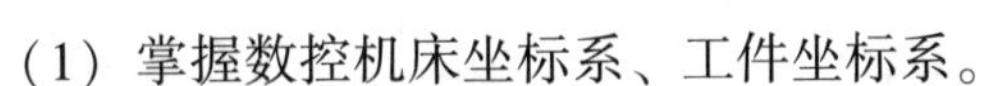

（1）掌握数控机床坐标系、工件坐标系。

（2）了解机床的参考点，掌握参考点返回指令。

技能目标

（1）掌握数控铣床机床坐标系的确定方法。

（2）掌握数控铣床工件坐标系的确定方法。

素质目标

（1）钻研的学习态度。

（2）培养学生的敬业精神。

学习笔记

任务实施

分析图 2-7 所示的工件坐标系，刀具半径为 2 mm，字母深度 1 mm。

1. 机床坐标系的建立

开机后，我们进入 FANUC 0i-MF plus 系统，在参考点方式下，按 *Z* 轴，再按 *X* 轴和 *Y* 轴按键，机床移动到参考点，这就是手动回参方式。机床参考点和机床原点之间的相对位置在机床出厂时就已经由机床厂家设定好了，回参后，就确定了机床原点和机床坐标系。

2. 工件坐标系的建立

数控机床加工时，工件可以夹持于机床坐标系的任意位置，这校用机床坐标系来描述刀具轨迹很不方便，因此我们需要使用工件坐标系。工件坐标系是人为设定的，工件原点也称编程原点，工件坐标系的选择主要是为了编程计算方便。

工件坐标系的建立一般通过对刀实现的，对刀完成，也就建立好了工件坐标系。

由图 2-7 我们可知工件坐标系 *XY* 平面的坐标原点建立在工件左下角点处，*XOZ* 平面建立工件的上表面。我们也可以将工件坐标系建立在毛坯的中心，但对刀时输入的坐标值和编程的尺寸坐标都会相应地变化。图 2-6 使用 G54 方法如下：

假设塞尺厚度为 0. 1 mm，

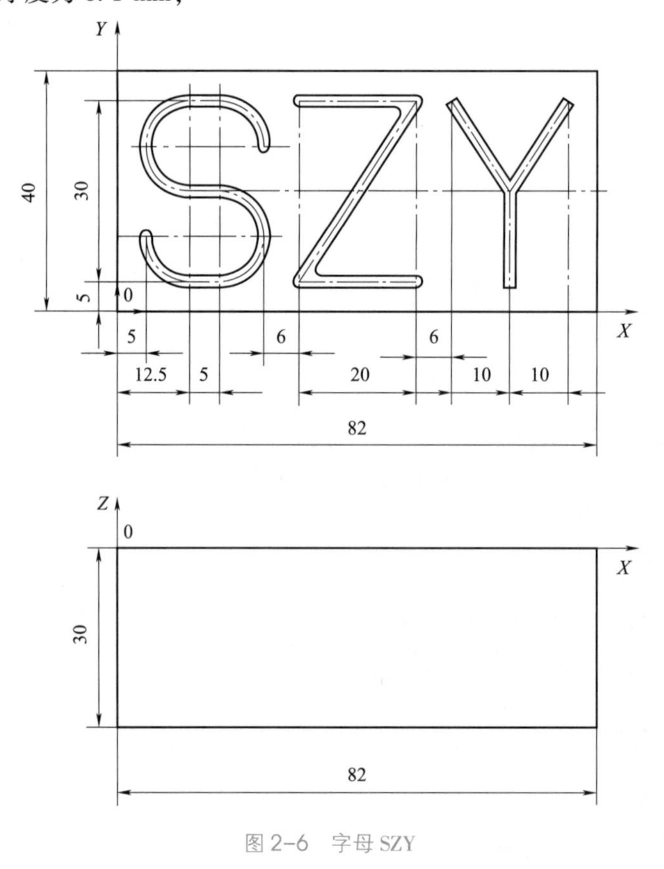

图 2-6　字母 SZY

将刀具移动到工件的左侧，在 G54 界面 *X* 处，输入-1.0，按测量；

将刀具移动到工件的下方，在 G54 界面 *Y* 处，输入-1.0，按测量；

将刀具移动到工件的上方，在 G54 界面 *Z* 处，输入 0，按测量。

此方法适合批量加工零件，对刀后，再开机时，对刀数值不会丢失。结合习题在不同位置设置工件坐标系，并加以训练强化。

对刀操作

相关知识

给 CNC 预设一个刀具到达的位置，刀具就能移动到该位置。这样的刀具所到达的位置，用某一坐标系中的坐标值来给定。坐标值由程序轴的分量来指定。

在有 3 个程序轴的情况下（如 *X*、*Y*、*Z* 轴），如下指定坐标值。X_ Y_ Z_ ，该指令叫做维数字。

铣削加工时（用 X40.0 Y50.0 Z25.0 指定的刀具位置），如图 2-7 所示。

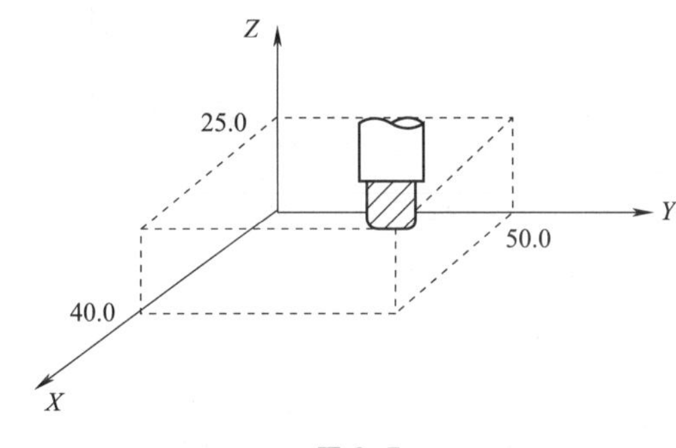

图 2-7

车削加工时（用 X50.0 Z40.0 指定的刀具位置），如图 2-8 所示。

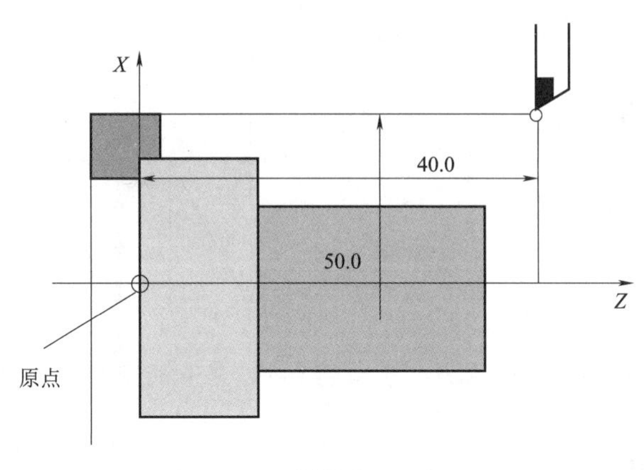

图 2-8

可以用以下三种坐标系的一种来指定坐标值：

（1）机床坐标系。

（2）工件坐标系。

（3）局部坐标系。

一、机床坐标系、工件坐标系、局部坐标系

1. 机床坐标系

本书以 FANUC 系统为例介绍坐标系的概念与格式。

(1) 机床原点、机床坐标系。

机床坐标系、机床原点和参考点如图 2-9 所示。机床上某一特定点，可作为该机床的基准点，该点就称为机床原点。机床原点由机床制造商根据机床予以设定。把机床原点设定为坐标系原点的坐标系称为机械坐标系。

接通电源后，通过手动参考点返回来建立机械坐标系。机械坐标系一旦被建立之后，在切断电源之前，一直保持不变。参考点并不总是机械坐标系的原点。

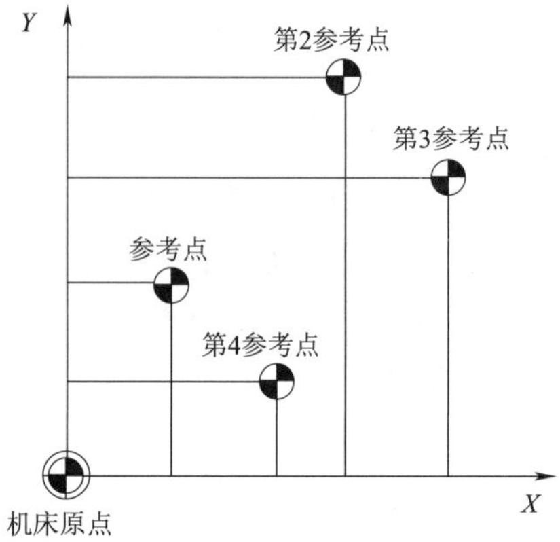

图 2-9　机床坐标系、机床原点和参考点

(2) 机械坐标系的设定。

如图 2-10 所示，若在接通电源后进行手动参考点返回，机械坐标系应该这样设定：使参考点处于坐标值（α，β）处。（α，β）值用参数（No. 1240）设定。

例 2-1 基于进给速度指令的机械坐标系选择，如图 2-11 所示。

N1 G90 G01；

N2 G53. 2 X50. 0 Y100. 0 F1000；　　进给速度 F1000 的绝对指令

N3 G53. 2 X150. 0 F500；　　进给速度 F500 的绝对指令

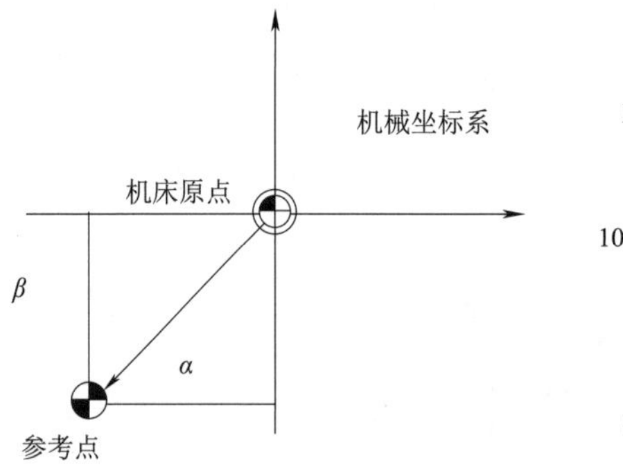

图 2-10　机械坐标系的设定

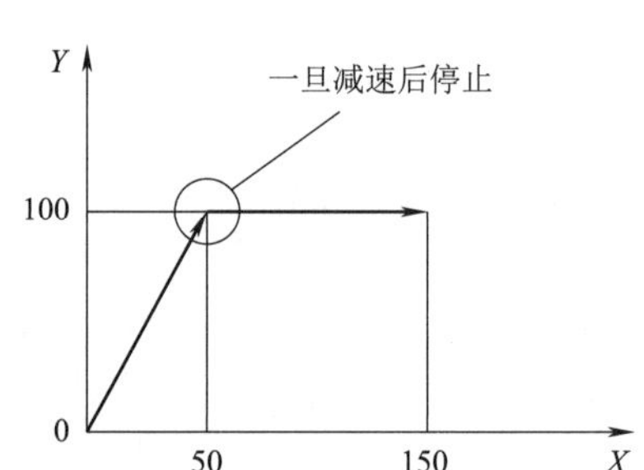

图 2-11　基于进给速度指令的机械坐标系选择

2. 工件坐标系

为加工一个工件所使用的坐标系称为工件坐标系。工件坐标系事先设定在 CNC 中（设定工件坐标系）。

在所设定的工件坐标系中编制程序并加工工件（选择工件坐标系）。

移动所设定的工件坐标系的原点，可以改变工件坐标系（改变工件坐标系）。

（1）设定工件坐标。

可用以下三种方法来设定工件坐标系。

使用工件坐标系设定 G 代码的方法通过程序指令，以紧跟工件坐标系设定 G 代码的值建立工件坐标系。

自动设定的方法

参数 ZPR（No. 1201# 0）为 1 时，在执行手动参考点返回时，自动地确定工件坐标系。

使用工件坐标系选择 G 代码的方法如下：

事先通过 MDI 单元的设置设定 6 个工件坐标系，并通过程序指令 G54~G59，来选择使用哪个工件坐标系（见显示和设定工件原点偏置值项）。

当使用绝对指令时，工件坐标系必须用上述方法之一来建立。

设定工件坐标系格式

铣床：（G90） G92 IP

车床：G50 IP

解释：工件坐标系是这样建立的——使目前时刻的刀具上的一个点（如刀尖）成为一个指定的坐标值。

M（铣）：如果在偏置中用 G92 来设定坐标系，即设定这样一个坐标系：有关刀具长度补偿，其偏置之前的位置是用 G92 指定的位置。在刀具径补偿过程中，用 G92 来暂时取消偏置。

例 2-2：基于 G92 X25. 2 Z23. 0；指令的坐标系设定（刀尖位置为程序的起点），如图 2-12 所示。

例 2-3：基于 G92 X600. 0 Z1200. 0；指令的坐标系设定（刀架上的基准点为程序的起点），如图 2-13 所示。

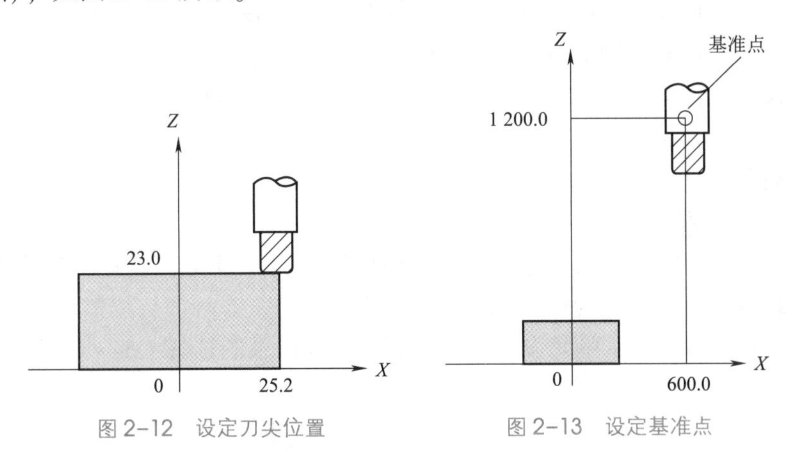

图 2-12　设定刀尖位置　　图 2-13　设定基准点

如果直接执行绝对指令，基准点会移动到所指定的位置。为使其指定刀尖位置再移动时，通过刀具长度补偿对基准点和与刀尖位置的差进行补偿。

T（车）：IP_ 为增量指令值时，指令前的刀具坐标值和指令的增量相加的坐标值，作为刀具当前位置的工件坐标系予以设定。若设定为参数 WAB（No. 11279#0）= 1，即使在车床系统 G 代码体系 B/C 下在增量模式（G91）中指令了工件坐标系设定

（G92）的情况下，也可以用绝对值来设定工件坐标系设定。

如果在偏置中用 G50 来设定坐标系，即设定这样一个坐标系：应用偏置之前的位置是用 G50 指定的位置。

例 2-4：基于 G50 X128. 7 Z375. 1；指令的坐标系设定直径指定（刀尖位置为程序的起点），如图 2-14 所示。

例 2-5：基于 G50 X1200. 0 Z700. 0；指令的坐标系设定直径指定（转塔的基准点为程序的起点），如图 2-15 所示。

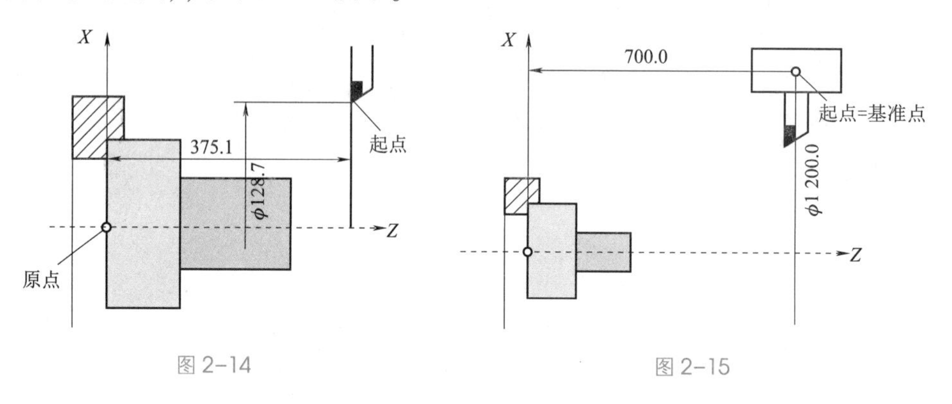

图 2-14　　图 2-15

注意：已经建立的坐标系取决于直径编程/半径编程。

关于进行手动参考点返回的情形：

进行手动参考点返回时，G 代码指令（G92、车床系统 G 代码体系 A 情形下 G50）下设定的工件坐标系将被清除。此外，在进行自动参考点返回（G28）时，将会保持上述工件坐标系而不予清除。

刀具长度补偿模式中的工件坐标系设定指令/主轴最高转速钳制：

刀具长度补偿模式中通过 G 代码指令（G92、车床系统的 G 代码体系 A 的情形为 G50）设定工件坐标系时，设定成为应用补偿前的位置所指定的位置的坐标系。但是，无法与刀具长度补偿矢量发生变化的程序段同时指令本工件坐标系设定/主轴最高转速钳制。

（2）选择工件坐标系。

1）若以工件坐标系设定 G 代码或工件坐标系自动设定来设定工件坐标系，以后指定的绝对指令，就成为该坐标系中的位置。

2）选择指定在 MDI 单元设定的、6 个工件坐标系的选择 G54～G59，即可选择 1～6 工件坐标系之一。

G54………工件坐标系 1　　G55………工件坐标系 2

G56………工件坐标系 3　　G57………工件坐标系 4

G58………工件坐标系 5　　G59………工件坐标系 6

工件坐标系 1～6 在接通电源和参考点返回之后正确建立。接通电源后，G54 坐标系被选定。G54～G59 的设定界面如图 2-16 所示。在数控系统面板中，绝对坐标数值表示的是刀具所处位置相对于编程坐标系原点的相对位置。如果需要用到其他坐标系如 G55 时，可以让机床执行一下 G55 指令，此时绝对坐标就切换成了 G55 坐标了，系统将会从 G55 坐标系下的寄存器中去调用数据，如图 2-17 所示。

此外，为了预防坐标系的混乱，通过将参数 G92（No. 1202 #2）设为 1，可以在指令工件坐标系设定 G 代码时，使其发出报警（PS0010）“G 代码不正确”。

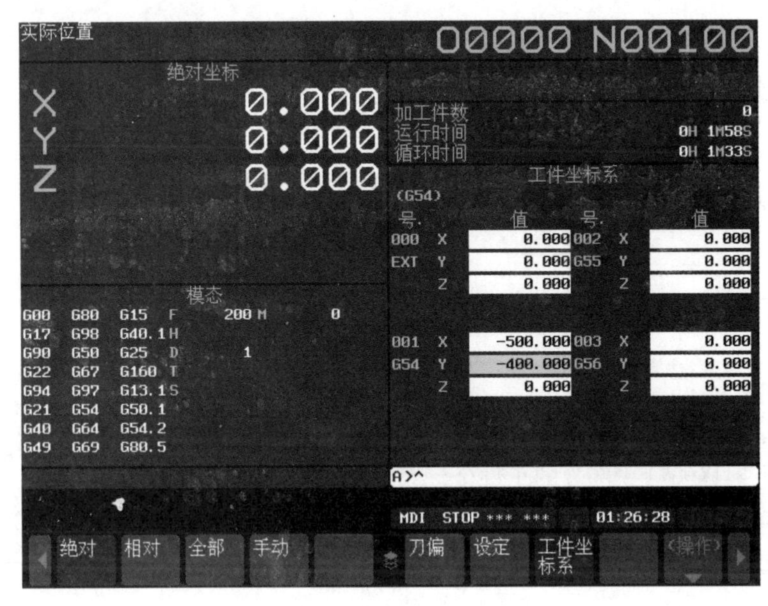

图 2-16　工件坐标系 G54 ~G59 的设定界面

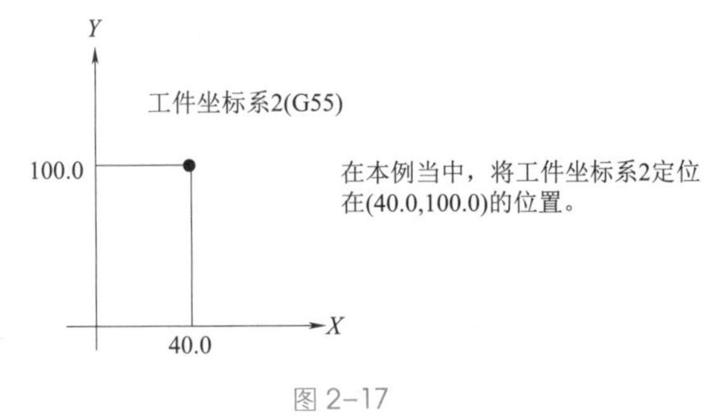

图 2-17

（3）利用工件坐标系设定的方法。

铣：G92 IP；

车：G50 IP；

利用工件坐标系设定的方法

用工件坐标系设定 G 代码加以指定，工件坐标系（G54 ~ G59 中选定的坐标系）将变换到新的工件坐标系，使当前的刀具位置与所指定的坐标值 IP_ 相适应。

这时，坐标系的移动值加到之后的所有工件原点偏置值上，因此，所有工件坐标系也都仅移动相同的值。

注意：外部工件原点偏置值被设定之后，利用工件坐标系设定 G 代码设定坐标系时，设定一个不受外部原点偏置值影响的坐标系。例如当指定 G92 X100.0

Y80. 0；时，设定一个坐标系，使当前的刀具基准位置为 X = 100. 0、Y = 80. 0，如图 2-18 所示。

例 2-6：

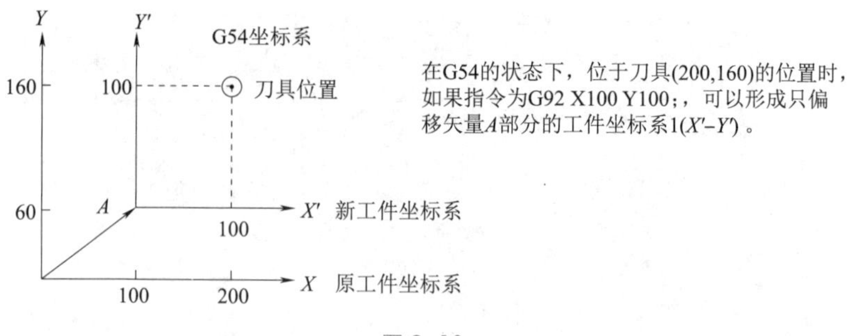

图 2-18

例 2-7：

在 G54 的状态下，位于刀具（200，160）的位置时，如果指令为 G50×100 Z100;，可以形成只偏移矢量 A 部分的工件坐标系 1（X'-Z'），如图 2-19 所示。

G50×600. 0 Z1200. 0；

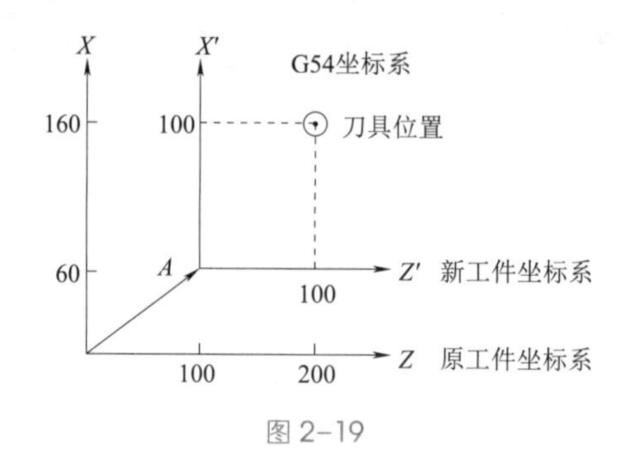

图 2-19

3. 局部坐标系

在工件坐标系上编程时，为了方便起见，可以在工件坐标系中再创建一个子工件坐标系。这样的子坐标系称为局部坐标系，如图 2-20 所示。

格式：

G52 IP_ ;　　　　设定局部坐标系

……

G52 IP0;　　　　取消局部坐标系

IP_ ;　　　　局部坐标系的原点

说明：使用 G52IP_ ；指令，可在所有的工件坐标系内（G54 ~ G59）设定局部坐标系。每个局部坐标系的原点，可设在由 IP_ 在工件坐标系标定的位置。

一个局部坐标系一旦被设定，在之后指定的轴移动指令就成为局部坐标系中的坐标值。想要改变局部坐标系时，可以与 G52 一起，在工件坐标系中指定新局部坐标系的原点位置。

要取消局部坐标系，或在工件坐标系中指定坐标值时，应使局部坐标系的原点与工件坐标系的原点相重合。

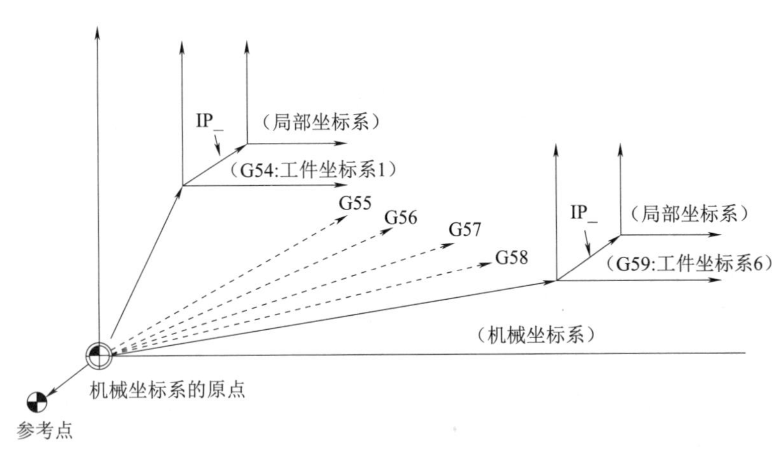

图 2-20　局部坐标系

注意：(1) 在参数（No. 1201#2）为 1 的情形下，通过手动参考点返回到参考点时。返回到参考点的轴的局部坐标系原点与工件坐标系原点一致。与指定 G52 a0；（a：返回到参考点的轴）时相同。

(2) 即使设定局部坐标系，工件坐标系和机械坐标系也不会改变。

(3) 复位之后局部坐标系是否被取消。根据参数而定。当参数（No. 3402#6）或参数（No. 1202#3）设为 1 时，复位后局部坐标系被取消。但是，在三维坐标变换模式中，当参数（No. 5400#2）设为 1 时，局部坐标系不会被取消。

(4) 以 C92（T 系 G 代码体系 A 的情形下为 G50）的指令设定工件坐标系时，局部坐标系被取消。没有以 G92（T 系 G 代码体系 A 的情形下为 G50）的程序段指定坐标系的轴的局部坐标系保持不变。

(5) 在刀具半径补偿和刀尖半径补偿中，以 G52 取消偏置。

(6) 请在绝对模式下指定 G52 程序段之后的移动指令。

二、参考点

参考点是机床上的某一固定位置，利用参考点返回功能就容易把刀具移动到该处。通过在参数（No. 1240～1243）中设定的坐标值，最多可以指定机械坐标系的 4 个参考点，如图 2-21 所示。

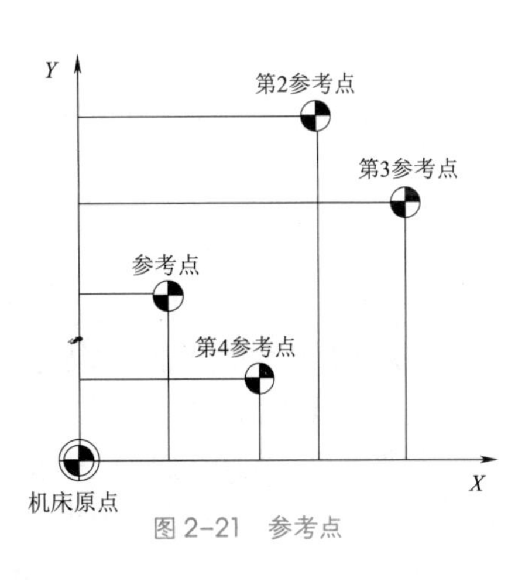

图 2-21　参考点

1. 自动参考点返回（G28）

以各轴的快速进给速度进行中间点或参考点的定位。

在执行该指令前，原则上应取消刀具径补偿及刀具长度偏置等补偿功能。

只有在 G28 的程序段中指定的移动指令的

坐标值作为中间点的坐标值而被存储在CNC中。即有关尚未在G28的程序段中指定的轴，之前所指定的G28的中间点的坐标值成为该轴的中间点坐标值。

格式：G28 IP；参考点返回；

IP：通过绝对坐标系指定中间点位置。不需要计算中间点和参考点之间具体的移动量。

例：N1 G28 X40.0；　　（*X*轴移动到参考点，中间点（X40.0）被存储起来）
N2 G28 Y60.0；　　（*Y*轴移动到参考点，中间点（Y60.0）被存储起来）
N3 G29 X10.0 Y20.0；　　（*X*轴、*Y*轴从参考点经过以前所指定的G28的中间点（X40.0 Y60.0）后，返回到由G29指定的位置）

2. 从参考点的移动（G29）

通过G28或G30，在刀具返回到参考点的状态下指定。若是增量指令，该指令值指定从中间点的增量值。

移动到中间点和指令点时，以参数中设定的速度移动。

若利用G28在通过中间点并在来到参考点后改变工件坐标系时，中间点也移动到新的坐标系。之后在指定G29时，通过移动到新的坐标系的中间点而定位到指定的位置。

G30指令，与G28指令相同。

通电后，若在尚未执行一次G28（自动参考点返回）以及第2、第3、第4参考点返回（G30）的状态下执行G29（从参考点返回的移动），就会发出报警（PS0305）“中间点未指令”。

格式：

G29 IP；

IP：通过绝对坐标系指定想要定位的位置。

中间点为之前指定的G28、G30的中间点。

3. 第2、第3、第4参考点返回（G30）

第2、第3、第4参考点返回（G30），可在已经建立起参考点的状态下使用。

第2、第3、第4参考点返回（G30），通常在自动换刀（ATC）位置与参考点不同时才使用。

格式：

自动参考点返回和第2、第3、第4参考点返回。

G30 P2IP；　　（第2参考点返回（可省略P2））
G30 P3IP；　　（第3参考点返回）
G30 P4IP；　　（第4参考点返回）

IP：通过绝对坐标系指定中间点位置。

不需要计算中间点和参考点之间具体的移动量。

4. 参考点返回检查（G27）

参考点返回检查（G27）是用来检查为返回到参考点而编写的程序是否正确返回到参考点的功能。如果轴已正确返回到参考点，该轴的参考点返回完成指示灯就会点亮。

尚未到达参考点时，会有报警（PS0092）“回零检查（G27）错误”发出。没有轴移动时，检查当前位置是否为参考点。

格式：

G27 IP；

IP：通过绝对坐标系制定参考点的定位指令，以便返回参考点。

通过指定 G27，刀具以快速进给速度定位到指定的位置。如刀具已到达参考点，参考点返回完成指示灯点亮。如只有一个轴返回到参考点，唯有表示已经完成该轴参考点返回的指示灯点亮。

此外，在定位结束后，若指定轴尚未到达参考点，则会有报警（PS0092）“回零检查（G27）错误”发出。没有轴移动时，检查当前位置是否为参考点。

5. 参考点返回速度设定

在为参考点返回速度设定的参数（No. 1428）设定了某一值时，在接通电源后的第 1 次参考点返回后建立机械坐标系之前的手动以及自动参考点返回速度、自动快速进给速度，在每个轴上均与参数（No. 1428）一致。

此外，在完成参考点返回，建立参考点之后，手动参考点返回速度成为每个轴的参数（No. 1428）。

知识拓展

常见的对刀方法

在数控加工中，对刀的基本方法有试切法、对刀仪对刀和自动对刀等。本书以数控铣床为例，介绍几种常用的对刀方法。

1. 试切对刀法

这种方法简单方便，但会在工件表面留下切削痕迹，且对刀精度较低。以对刀点（此处与工件坐标系原点重合）在工件表面中心位置为例采用双边对刀方式。

2. 塞尺、标准芯棒、块规对刀法

此法与试切对刀法相似，只是对刀时主轴不转动，在刀具和工件之间加入塞尺（或标准芯棒、块规），以塞尺恰好不能自由抽动为准。注意，计算坐标时这样应将塞尺的厚度减去。因为主轴不需要转动切削，这种方法不会在工件表面留下痕迹，但对刀精度也不够高。

3. 采用寻边器、偏心棒和轴设定器等工具对刀法

寻边器如图 2-22 所示，操作步骤与采用试切对刀法相似，只是将刀具换成寻边器或偏心棒。这是最常用的方法。效率高，能保证对刀精度。使用寻边器时必须小心，让其钢球部位与工件轻微接触，同时被加工工件必须是良导体，定位基准面有较好的表面粗糙度。*Z* 轴设定器，如图 2-23 所示，一般用于转移（间接）对刀法。

4. 转移（间接）对刀法

加工一个工件常常需要用到不止一把刀，第二把刀的长度与第一把刀的装刀长度

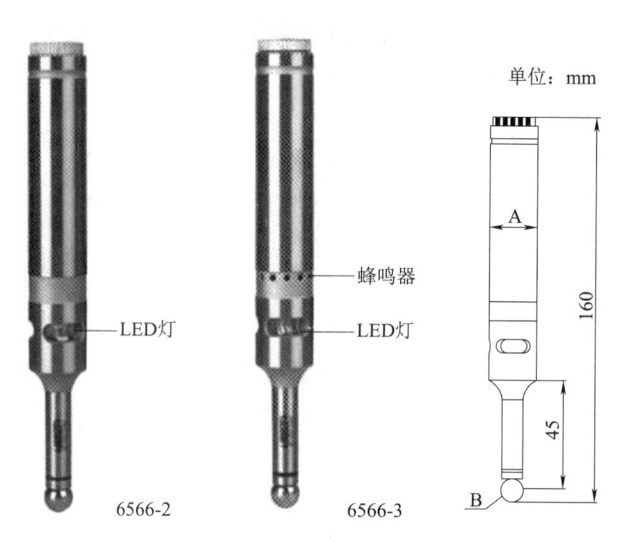

图 2-22　寻边器

①柄部通过夹头和工作台与金属工件导通，当球测头接触到工件时，LED 灯亮起，同时蜂鸣器响起（仅适用于 6566-3）；②不可旋转使用；③柄部和球测头淬火

图 2-23　Z 轴设定器

不一样，需要重新对零，但有时零点被加工掉，无法直接找回零点，或不容许破坏已加工好的表面，还有某些刀具或场合不好直接对刀，这时候可采用间接找零的方法。

（1）对第一把刀。

1）对第一把刀的时仍然先用试切法、塞尺法等。记下此时工件原点的机床坐标 Z_1。第一把刀加工完后，停转主轴。

2）把对刀器放在机床工作台平整台面上（如虎钳大表面）。

3）在手轮模式下，利用手摇移动工作台至适合位置，向下移动主轴，用刀的底端压对刀器的顶部，表盘指针转动，最好在一圈以内，记下此时轴设定器的示数并将相对坐标轴清零。

4）确抬高主轴，取下第一把刀。

（2）对第二把刀。

1）装上第二把刀。

2）在手轮模式下，向下移动主轴，用刀的底端压对刀器的顶部，表盘指针转动，指针指向与第一把刀相同的示数 A 位置。

3）记录此时轴相对坐标对应的数值 Z_0（带正负号）。

4）抬高主轴，移走对刀器。

5）将原来第一把刀的 G5＊里的 Z_1 坐标数据加上 Z_0（带正负号），得到一个新的坐标。

6）这个新的坐标就是要找的第二把刀对应的工件原点的机床实际坐标，将它输入到第二把刀的 G5＊工作坐标中，这样，就设定好第二把刀的零点。其余刀与第二把刀的对刀方法相同。

注：如果几把刀使用同一 G5＊，则步骤 5)、6）改为把 Z_0 存进二号刀的长度参数里，使用第二把刀加工时调用刀长补正 G43H02 即可。

5. 百分表（或千分表）对刀法

百分表（或千分表）对刀法（一般用于 圆形工件的对刀）。

（1）X、Y 向对刀。

将百分表的安装杆装在刀柄上，或将百分表的磁性座吸在主轴套筒上，移动工作台使主轴中心线（即刀具中心）大约移到工件中心，调节磁性座上伸缩杆的长度和角度，使百分表的触头接触工件的圆周面，（指针转动约 0.1 mm）用手慢慢转动主轴，使百分表的触头沿工件的圆周面转动，观察百分表指针的便移情况，慢慢移动工作台的轴和轴，多次反复后，待转动主轴时百分表的指针基本在同一位置（表头转动一周时，其指针的跳动量在允许的对刀误差内，如 0.02 mm），这时可认为主轴的中心就是轴和轴的原点。

（2）卸下百分表装上铣刀，用其他对刀方法如试切法、塞尺法等得到 Z 轴坐标值。

6. 专用对刀器对刀法

传统对刀方法有安全性差（如塞尺对刀，硬碰硬刀尖易撞坏）占用机时多（如试切需反复切量几次），人为带来的随机性误差大等缺点，已经适应不了数控加工的节奏，更不利于发挥数控机床的功能。对刀仪如图 2-24 所示，对刀有对刀精度高、效率高、安全性好等优点，把烦琐的靠经验保证的对刀工作简单化了，保证了数控机床的高效高精度特点的发挥，已成为数控加工机上解决刀具对刀不可或缺的一种专用工具。

图 2-24　对刀仪

素养拓展

中国近代机床

我国第一个五年计划两个重要任务（1953—1957 年）。

1. 集中力量进行工业化建设

（1）集中主要力量，进行 156 个项目建设。

（2）对重工业和轻工业进行技术改造。

（3）用现代化的生产技术装备农业。

（4）加强国防建设。

（5）保证人民生活水平的不断提高。

2. 加快推进各经济领域的社会主义改造

要建立对农业、手工业、私营工商业社会主义改造的基础。

3. “一五时期”奠定了我国良好的工业基础

（1）关注机床技术和人才的培养，派出技术人员学习机床制造技术。

（2）成功打造了一批机床制造骨干企业。

（3）逐步成立了 7 个综合性机床研究所、37 个各类专业机床研究所。

4. 建成沈阳第一机床厂国家重点项目

中国第一个制造机床的工厂——沈阳第一机床厂被列入新中国的 156 项重点建设项目之一，于 1953 年春开始改建，1955 年底建成投产。1957 年，沈阳第一机床厂率先试制成功丝杠六尺皮带车床 C620-0，定型为 CA6140A，如图 2-25 所示，车床照片印在第三套两元面值人民币正面，显示该机床诞生的重要意义。

图 2-25　丝杠六尺皮带车床 CA6140A

学习笔记

课后习题

1　试述完整的程序结构。
2　请写出完整程序段的格式。
3　什么是机床坐标系？一般通过什么方式建立机床坐标系？
4　什么是工件坐标系？一般通过什么方式建立工件坐标系？
5　回参有几种方式？
6　常见对刀的方法有哪些？

项目3　轴类零件的车削加工

项目描述

掌握G00、G01、G02、G03、G90、G41、G42、G40、G70、G71、G73指令的格式及具体应用，掌握轴类零件的数控加工方法，掌握轴类零件的检测方法。

学习目标

（1）掌握G00、G01、G02、G03、G90、G41、G42、G40、G70、G71、G73、G76指令的格式。

（2）掌握轴类、盘类零件的数控加工方法。

（3）掌握轴类、盘类零件的检测方法。

任务3.1　阶梯轴的数控车削编程与仿真加工

任务目标

知识目标

（1）阶梯轴车削工艺。

（2）G00、G01、G90指令的格式。

（3）轴类零件的测量。

技能目标

（1）能正确编制阶梯轴车削工艺。

（2）能按零件图样要求编程并加工阶梯轴。

（3）能按零件图样要求对阶梯轴进行检测及加工误差分析。

素质目标

（1）培养学生的沟通能力。

学习笔记

（2）在实际加工中的质量意识。

任务实施

仿真操作

一、加工任务

如图 3-1 所示，已知阶梯轴材料为 45#热轧圆钢，毛坯为 $\phi45\times100$ mm 的棒料。要求制定零件的加工工艺，编写零件的数控加工程序，通过数控仿真加工优化程序，并进行零件的机床加工，最后进行零件的检验及质量分析。

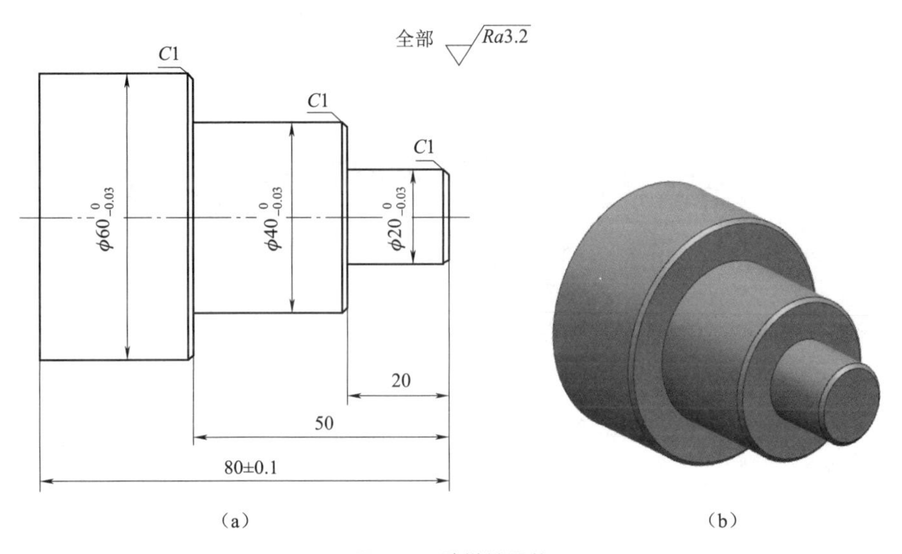

图 3-1　阶梯轴零件

二、任务分析

该任务为直线轮廓零件阶梯轴的编程与加工。工艺方面着重介绍数控车削加工方案和加工路线的确定。编程方面，在熟悉程序及程序段基本格式及编程规则的基础上，学习并应用 G00、G01、G90、S、T、F、M 等指令编写数控加工程序。并通过仿真软件，进行零件的虚拟加工与程序校验。最后进行实际加工并进行质量分析。

三、任务准备

1. 量具准备

（1）轴类零件的测量。

如图 3-2、图 3-3 所示，阶梯轴检验时常用测量工具有游标卡尺和外径千分尺。

学习笔记

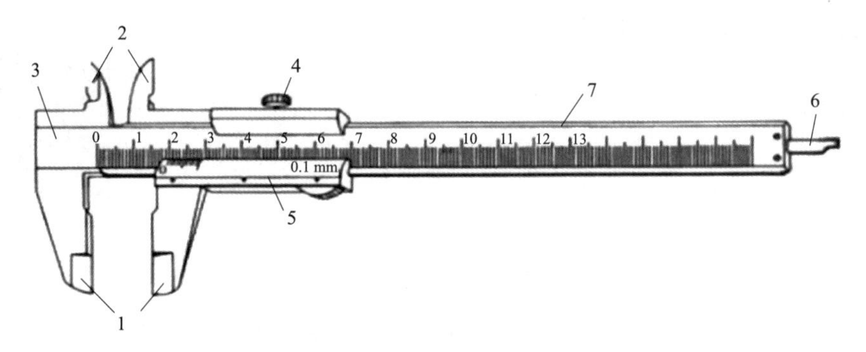

图 3-2　游标卡尺

1—外测量爪；2—内测量爪；3—尺身；4—螺钉；5—游标尺；6—深度尺；7—主尺

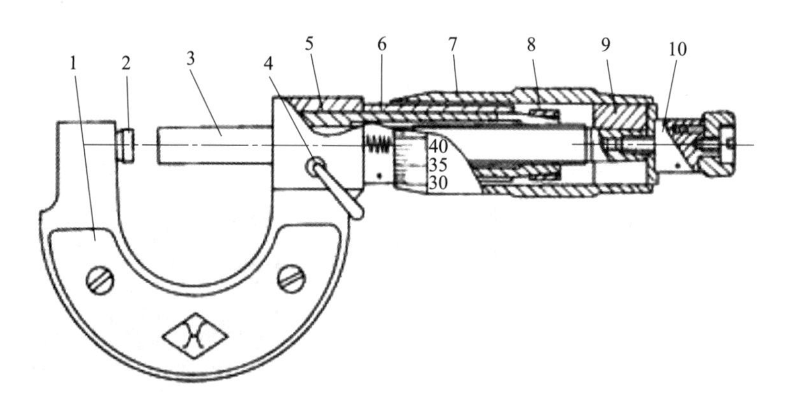

图 3-3　外径千分尺

1—尺架；2—固定量杆；3—测微螺杆；4—锁紧装置；5—螺纹轴套；6—固定套管；7—微分筒；8—螺母；9—接头；10—测力装置

（2）测量工具的规格。

本任务所需测量工具的规格见表 3-1。

表 3-1　任务所需测量工具的规格

序号	名称	规格/mm	数量	备注
1	游标卡尺	0~150，精度为 0.02	1	
2	外径千分尺	0~25，精度为 0.01	1	
3	外径千分尺	25~50，精度为 0.01	1	

2. 制定零件的加工工艺

（1）零件图工艺分析。

如图 3-1 所示，阶梯轴零件形状简单，结构尺寸变化不大。该零件有 3 个阶梯面、3 处倒角，表面粗糙度值 Ra 不大于 3.2 μm。

（2）确定装夹方案。

采用三爪自动定心卡盘夹紧。

（3）确定加工顺序及走刀路线。

根据零件的结构特征，可先粗、精加工右端外圆表面及端面，然后切断。

（4）刀具选择。

选择外圆车刀加工外圆面和端面，选用切槽刀切断。阶梯轴数控加工刀具卡片见表 3-2。

表 3-2　阶梯轴数控加工刀具卡片

<table>
<tr><td colspan="2">产品名称或代号</td><td>阶梯轴加工实例</td><td>零件名称</td><td>阶梯轴</td><td>零件图号</td><td>图 3-1</td></tr>
<tr><td>序号</td><td>刀具号</td><td>刀具名称及规格</td><td>数量</td><td>加工表面</td><td>刀尖半径/mm</td><td>备注</td></tr>
<tr><td>1</td><td>T01</td><td>硬质合金 93°外圆车刀</td><td>1</td><td>粗车外轮廓</td><td>0.4</td><td></td></tr>
<tr><td>2</td><td>T01</td><td>硬质合金 93°外圆车刀</td><td>1</td><td>精车外轮廓</td><td>0.4</td><td></td></tr>
<tr><td>3</td><td>T01</td><td>刀宽 3 mm 切槽刀</td><td>1</td><td>切断</td><td></td><td></td></tr>
<tr><td>编制</td><td></td><td>审核　　｜　　批准</td><td colspan="2"></td><td>共 1 页</td><td>第 1 页</td></tr>
</table>

（5）填写数控加工工序卡。

阶梯轴数控加工刀具卡片见表 3-3。

表 3-3　阶梯轴数控加工刀具卡片

<table>
<tr><td rowspan="2">单位名称</td><td rowspan="2"></td><td colspan="2">产品名称或代号</td><td colspan="3">零件名称</td><td colspan="2">零件图号</td></tr>
<tr><td colspan="2">阶梯轴加工实例</td><td colspan="3">阶梯轴</td><td colspan="2">图 3-1</td></tr>
<tr><td>工序号</td><td>程序编号</td><td colspan="2">夹具名称</td><td colspan="3">使用设备</td><td colspan="2">车间</td></tr>
<tr><td>01</td><td>O0001</td><td colspan="2">三爪卡盘</td><td colspan="3">CAK6150Di</td><td colspan="2">数控</td></tr>
<tr><td rowspan="2">工步号</td><td rowspan="2">工步内容</td><td colspan="2">刀具</td><td colspan="3">切削用量</td><td rowspan="2">量具名称</td><td rowspan="2">备注</td></tr>
<tr><td>刀具号</td><td>刀具规格/mm</td><td>主轴转速 n/（$r \cdot min^{-1}$）</td><td>进给速度 f/（$mm \cdot min^{-1}$）</td><td>背吃刀量 a_p/mm</td></tr>
<tr><td>1</td><td>平右端面</td><td>T01</td><td>25×25</td><td>800</td><td></td><td></td><td>游标卡尺</td><td>手动</td></tr>
<tr><td>2</td><td>粗车右外轮廓，X 向留余量 0.5 mm（双边）</td><td>T01</td><td>25×25</td><td>800</td><td>0.25</td><td>1.5</td><td>游标卡尺</td><td>自动</td></tr>
<tr><td>3</td><td>精车右外轮廓</td><td>T01</td><td>25×25</td><td>1 200</td><td>0.1</td><td>0.5</td><td>外径千分尺</td><td>自动</td></tr>
<tr><td>4</td><td>切断</td><td>T02</td><td>25×25</td><td>400</td><td></td><td></td><td>游标卡尺</td><td>手动</td></tr>
<tr><td>编制</td><td></td><td colspan="2">审核　　｜　　批准</td><td></td><td colspan="2">年　月　日</td><td>共　页</td><td>第　页</td></tr>
</table>

学习笔记

四、编程加工

1. 编制加工程序

阶梯轴数控加工程序单见表 3-4。

表 3-4　阶梯轴数控加工程序单

<table>
<tr><td>零件号</td><td>01</td><td>程序名称</td><td>阶梯轴</td><td>编程原点</td><td>安装后右端面中心</td></tr>
<tr><td>程序号</td><td>O0001</td><td>数控系统</td><td>FANUC 0i mate-TC</td><td>编制</td><td></td></tr>
<tr><td colspan="3">程序</td><td colspan="3">说明</td></tr>
<tr><td colspan="3">N1;</td><td colspan="3">粗车右外轮廓程序</td></tr>
<tr><td colspan="3">G00 G40 G97 G99;</td><td colspan="3">程序初始化</td></tr>
<tr><td colspan="3">T0101 M3 S800;</td><td colspan="3">选 1 号刀，建立工件坐标系，主轴正转</td></tr>
<tr><td colspan="3">G00 X47 Z2;</td><td colspan="3">刀具快速定位至固定循环起点</td></tr>
<tr><td colspan="3">G90 X42 Z-80 F0.25;</td><td colspan="3" rowspan="8">固定循环切削右外轮廓</td></tr>
<tr><td colspan="3">X40.5;</td></tr>
<tr><td colspan="3">X37 Z-50;</td></tr>
<tr><td colspan="3">X34;</td></tr>
<tr><td colspan="3">X30.5;</td></tr>
<tr><td colspan="3">X27 Z-20;</td></tr>
<tr><td colspan="3">X24;</td></tr>
<tr><td colspan="3">X20.5;</td></tr>
<tr><td colspan="3">N2;</td><td colspan="3">精车右外轮廓程序</td></tr>
<tr><td colspan="3">S1200;</td><td colspan="3" rowspan="9">精车右外轮廓</td></tr>
<tr><td colspan="3">G01 X16 F0.1;</td></tr>
<tr><td colspan="3">Z0;</td></tr>
<tr><td colspan="3">X20 C1;</td></tr>
<tr><td colspan="3">Z-20;</td></tr>
<tr><td colspan="3">X30 C1;</td></tr>
<tr><td colspan="3">Z-50;</td></tr>
<tr><td colspan="3">X40 C1;</td></tr>
<tr><td colspan="3">Z-80;</td></tr>
<tr><td colspan="3">G00 X100;</td><td colspan="3" rowspan="2">刀具回到安全位置（换刀位置）</td></tr>
<tr><td colspan="3">Z100;</td></tr>
<tr><td colspan="3">M05;</td><td colspan="3">主轴停</td></tr>
<tr><td colspan="3">M30;</td><td colspan="3">程序结束</td></tr>
</table>

2. 零件的仿真加工

G01 动画

（1）进入数控车仿真软件。
（2）选择机床，机床各轴回参考点。
（3）安装工件，安装刀具并对刀。
（4）输入程序，模拟加工，检测、调试程序。
（5）自动加工，测量工件，优化程序。

3. 零件的实操加工

（1）毛坯、刀具、工具准备。
（2）程序输入与编辑。
（3）机床锁住、空运行，利用数控系统图形仿真，进行程序校验及修整。
（4）安装刀具，对刀操作，建立工件坐标系。
（5）启动程序，自动运行。为了安全，可选择单段运行功能执行程序加工。
（6）停车后，按图纸要求检测工件，对工件进行误差与质量分析。

五、检测与分析

1. 按图纸要求检测工件，填写工件质量评分表

（1）操作技能考核总成绩见表 3-5。

表 3-5　操作技能考核总成绩

班级		姓名		学号		日期	
实训课题	阶梯轴的编程与加工				零件图号		1
序号	项目名称			配分	得分		备注
1	工艺及现场操作规范			12			
2	工件质量			88			
合计				100			

（2）工艺及现场操作规范评分见表 3-6。

表 3-6　工艺及现场操作规范评分

序号	项目	考核内容	配分	学生自评分	教师评分
工艺程序	1	切削加工工艺制定正确	2		
	2	程序正确、简单、明确	2		
现场操作规范	3	正确使用机床	2		
	4	正确使用量具	2		
	5	合理使用刃具	2		
	6	设备维护保养	2		
合计			12		

（3）工件质量评分见表3-7。

表3-7　工件质量评分

检测项目	序号	检测内容	配分		评分标准	学生自测	小组互测	教师检测
			IT	Ra				
外圆尺寸	1	$\phi 20_{-0.03}^{0}/Ra3.2$	15	8	超差不得分，Ra 不合格不得分			
	2	$\phi 30_{-0.03}^{0}/Ra3.2$	15	8				
	3	$\phi 40_{-0.03}^{0}/Ra3.2$	15	8				
长度尺寸	4	20	6		超差不得分			
	5	50	6					
	6	80	7					
总配分			88		总分			
评分人		年　月　日		核分人		年　月　日		

2. 加工误差分析

数控车床在加工外圆的过程中会遇到各种各样的加工误差问题，表3-8对外圆加工中较常出现的问题、产生的原因、预防及解决方法进行了分析。

表3-8　加工误差分析

问题现象	产生原因	预防和消除
工件外圆尺寸超差	1. 刀补数控不正确 2. 程序错误 3. 切削用量选择不合理	1. 重新对刀 2. 检查、模拟修改程序 3. 选择合适切削用量
外圆表面粗糙度超差	1. 切削速度过低 2. 工艺安排不合理 3. 切屑形状差 4. 刀尖产生积屑瘤	1. 选择合适的切削用量 2. 安排粗、精车 3. 选择合适的切削深度 4. 选择合适的切速范围

相关知识

一、加工准备

1. 阶梯轴切削工艺

（1）轴类零件的结构工艺特点。

轴机械加工中常见的典型零件之一。它在机械中主要用于支承齿轮、带轮、凸轮以及连杆等传动件，以传递扭矩、承受载荷。按结构形式不同，轴类零件可分为光轴、阶梯轴、空心轴和异形轴（曲轴、凸轮轴、偏心轴等）四种，如图3-4所示。阶梯轴应用较广，其加工工艺能较全面地反映轴类零件的加工的规律。

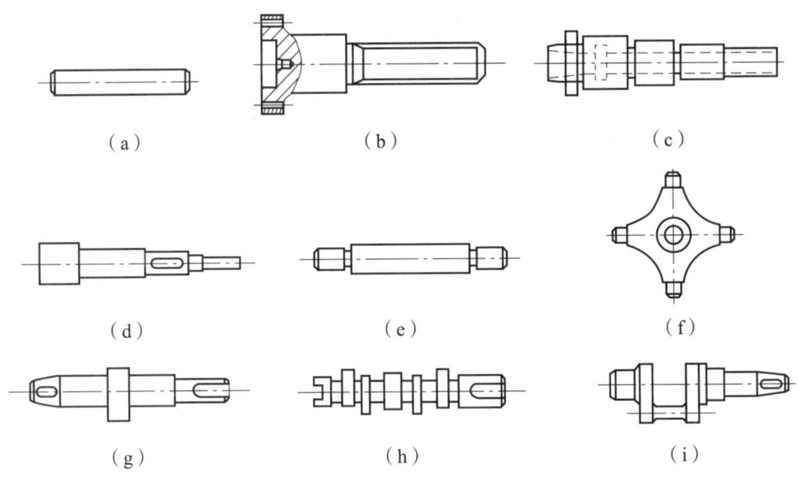

图 3-4　轴的种类

(a) 光轴；(b) 空心轴；(c) 半轴；(d) 阶梯轴；(e) 花键轴
(f) 十字轴；(g) 偏心轴；(h) 曲轴；(i) 凸轮轴

轴类零件的结构特点均为长度大于直径的回转体，长径比小于 6 的称为短轴，大于 20 的称为细长轴。轴类零件一般由同轴线的外圆柱面、圆锥面、圆弧面、螺纹及键槽等组成。

2. 主要技术要求

轴类零件的技术要求是设计者根据轴的主要功用以及使用条件确定的，通常有以下几方面的内容。

(1) 尺寸精度。

主要指结构要素的直径和长度的精度。直径精度由使用要求和配合性质确定；对于主要支承轴颈，常为 IT9~IT6；特别重要的轴颈，可为 IT5。轴的长度精度按未注公差尺寸加工，要求较高时，其允许偏差为 0.05~0.2 mm。

(2) 形状精度。

主要指轴颈的圆度、圆柱度等，因轴的形状误差直接影响与之相配合零件的接触质量和回转精度，因此一般限制在公差范围内，要求较高时可取直径公差的 1/2~1/4，或另外规定允许偏差。

(3) 位置精度。

包括装配传动件的配合轴颈对于支承轴颈的同轴度、圆跳动及端面对轴心线的垂直度等。普通精度的轴配合轴颈对支承轴颈的径向圆跳动一般为 0.01~0.03 mm，高精度的轴为 0.005~0.01 mm。

(4) 表面粗糙度。

轴类零件主要工作表面的粗糙度，根据其运动速度和尺寸精度等级决定。支承轴颈的表面粗糙度值 *Ra* 一般为 0.2~0.8 μm；配合轴颈的表面粗糙度值 *Ra* 一般为 0.8~3.2 μm。

(5) 其他要求。

为改善轴类零件的切削加工性能或提高综合力学性能及使用寿命等，还必须根据

轴的材料和使用条件，规定相应的热处理、倒角、倒棱和平衡要求。

3. 定位基准的选择

对实心的轴类零件，精基准面就是顶尖孔，满足基准重合和基准统一，而对于空心主轴，除顶尖孔外还有轴颈外圆表面并且两者交替使用，互为基准。

4. 加工顺序的安排和工序的确定

轴类零件各表面先后加工顺序，在很大程度上与定位基准的转换有关。当零件加工用的粗、精基准选定后，加工顺序就大致可以确定了，每个阶段开始总是先加工定位基准面。

5. 阶梯轴的车削走刀路线

加工路线——在数控加工中，刀具刀位点相对于工件运动的轨迹，泛指刀具从对刀点（或机床参考点）开始运动，直至加工结束所经过的路径，包括切削加工的路径及刀具引入、返回等非切削空行程。

加工路线的确定原则：

（1）加工路线的确定首先必须保持被加工零件的精度及表面粗糙度要求。

（2）其次考虑数值计算简便，以减少编程工作量。

（3）应使走刀路线尽量短，效率较高。

（4）加工路线应根据工件的加工余量和机床、刀具的刚性等具体情况确定。

阶梯轴的车削方法分低台阶车削和高台阶车削两种方法。

（1）低台阶车削。相邻两圆柱体直径差较小，可用车刀一次切出。

（2）高台阶车削。相邻两圆柱体直径差较大，采用分层切削。

6. 起刀点与换刀点的选择

起刀点一般作为切削加工程序运行的起点。起刀点一般选择在径向等于或略大于工件毛坯直径，在轴向距工件端面 1～2 mm 的位置上。换刀点是指刀架转位换刀时的位置。在数控车床上，该点的位置不是固定的，其设定值一般根据刀具在刀架上的悬伸量确定，在保证换刀安全的前提下尽量靠近工件，如图 3-5 所示。初学时可在工件坐标系中按（100.0，100.0）取值，也可选择机床参考点作为换刀点。

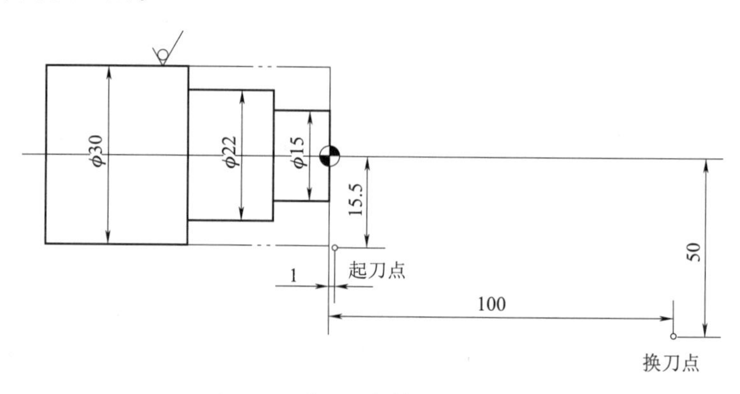

图 3-5　起刀点与换刀点的选择

7. 基点的概念及基点坐标的确定

(1) 基点的含义。

基点一构成零件轮廓的不同几何要素的交点或切点，可以直接作为刀位点运动轨迹的起点和终点。图 3-6 所示的 *A*、*B*、*C*、*D*、*E* 和 *F* 点是该零件轮廓上的基点。

(2) 基点计算的内容。

根据直接填写加工程序时的要求，确定每条运动轨迹（线段）的起点或终点在选定坐标系中的各坐标值和圆弧运动轨迹的圆心坐标值等。

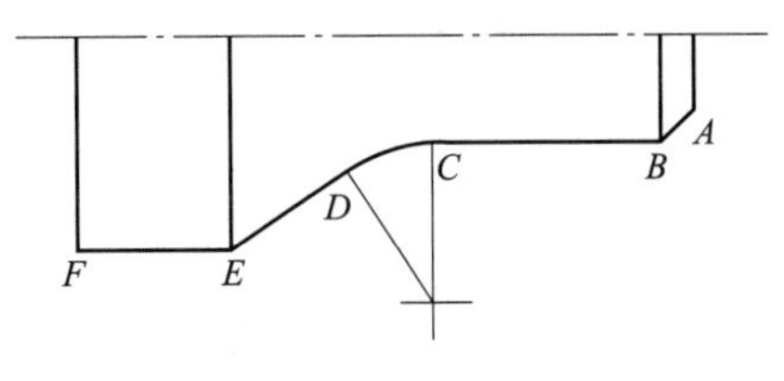

图 3-6　零件轮廓上的基点

基点计算方法：

①可以根据零件图的尺寸标注直接或通过简单换算获得（*A*、*B*、*C*、*E*、*F* 点）；

②需要用代数或几何的方法进行计算（*D* 点）。

③较复杂轮廓的基点坐标则一般借助辅助绘图软件（如 CAXA 电子图板、AutoCAD 等）绘图后，用查询点坐标的方式获得。

8. 数控车床编程的特点

(1) 直径编程方式：在车削加工的数控程序中，*X* 轴的坐标值一般采用直径编程。因为被加工零件的径向尺寸在测量和图样标注时，一般用直径表示，采用直径尺寸编程与零件图样中的尺寸标注一致，这样可避免尺寸换算过程中可能造成的错误，给编程带来很大方便。

(2) 绝对坐标与增量坐标数控：车床有特定的坐标系，在前一节已经介绍。编程时可以按绝对坐标系或增量坐标系编程，也常采用混合坐标系编程。

(3) 车削具有固定循环功能数控车床具备各种不同形式的固定切削循环功能，如内（外）圆柱面固定循环、内（外）锥面固定循环、端面固定循环、切槽循环、内（外）螺纹固定循环等，用这些固定循环指令可以简化编程。

(4) 刀具位置补偿。

现代数控车床具有刀具位置补偿功能，可以完成刀具磨损和刀尖圆弧半径补偿以及安装刀具时产生的误差补偿。

二、轴类零件加工编程基本指令

1. 快速点定位 G00

(1) 指令格式。

G00 X(U) _Z(W) _;

注：1) X(U) _Z(W) _为刀具运动终点坐标，其坐标值可以用增量值也可用绝对值，增量值用 U、W 表示为终点相对于运动起点的增量坐标，不运动的坐标可以不写。

2) X(U)：坐标按直径值输入。

3) “;”：一个程序段的结束。

（2）功能。

该指令命令刀具以点位控制方式从刀具所在点快速移动到目标位置，无运动轨迹要求，不需特别规定进给速度。

（3）指令说明。

G00 不用指定移动速度，其移动速度由机床系统参数设定。在实际操作时，也能通过机床面板上的按钮“F0”“F25”“F50”和“F100”对 G00 移动速度进行调节。

例 3-1：如图 3-7 所示，快速进刀 G00 程序。

G00 X50. 0 Z6. 0；

或 G00 U-70. 0 W-84. 0；

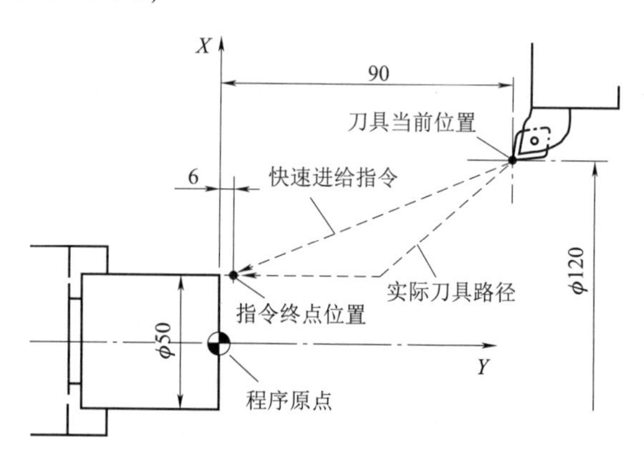

图 3-7　G00 快速进刀

注：①符号◐代表程序原点；②本章所有示例均采用公制输入；③在某一个轴上相对位置不变时，可以省略该轴的移动指令；④在同一程序段中，绝对坐标指令和增量坐标指令可以混用；⑤刀具移动的轨迹不是标准的直线插补（如图 3-5 所示）；⑥在小数点输入的情况下，用小数点形式输入的数据有特殊意义，需要特别注意。

例 3-2：X3. ——3 mm；

X3——0. 003 mm；

X1. 32——1. 320 mm。

此外，4. 32 mm 的表示方法可以是 X4. 32 或 X4320。

（4）几种等效的表示方法。

N0012 G00 M08；

等效 N12 G0 M8；

2. 直线插补指令 G01

（1）指令格式。

G01 X(U) _ Z(W) _ F_ ；

注：1）X(U) _ Z(W) _ ：刀具运动终点坐标，不运动的坐标可以省略不写。

2）F：刀具切削进给的进给速度（进给量）。

（2）功能。

该指令命令刀具以指定进给速度 F，从当前点出发以直线插补方式移动到目标点。应用于端面、内外圆柱和圆锥面的加工。

（3）指令说明。

进给速度由 F 指令决定。F 指令也是模态指令，它可以用 G00 指令消除。程序中首个 G01 程序段中必须含有 F 指令，否则机床不运动。

例 3-3：如图 3-8 所示，外圆柱切削。

程序：G01 X60. 0 Z-80. 0 F0. 3；

或 G01 U0 W-80. 0 F0. 3；

注：1）不运动的坐标可以省略不写。

2）X、Z 指令与 U、W 指令可在一个程序段内混用，程序可写为

G01 U0 Z-80. 0 F0. 3；

或 G01 X60. 0 W-80. 0 F0. 3；

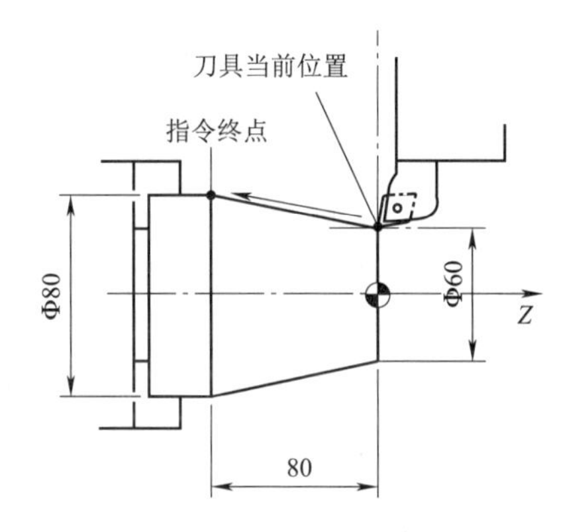

图 3-8　G01 外圆柱车削

例 3-4：如图 3-9 所示，外圆锥切削。

程序：G01 X80. 0 Z-80. 0 F0. 3；

或 G01 U20. 0 W-80. 0 F0. 3；

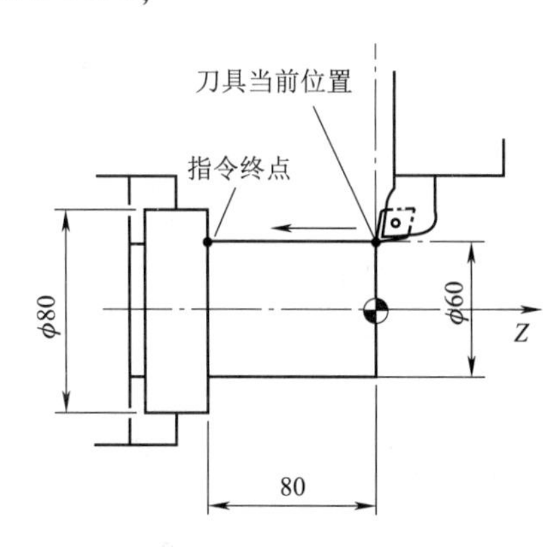

图 3-9　G01 外圆锥车削

直线插补指令 G01 在数控车床编程中还有一种特殊的用法：倒角及倒圆角，可以用一个程序段来代替两个程序段倒角或倒圆，如例 3-5、例 3-6 所示。

例 3-5：如图 3-10 所示，倒角。

绝对坐标指令，起刀点坐标为（X30，Z2）。

N001 G01 Z-20 C4 F0.4；（终点坐标为两相邻直线的交点）

N002 X50 C2；

N003 Z-40；

相对坐标指令

N001 G01 W-22 C4 F0.4；

N002 U20 C2；

N003 W-20；

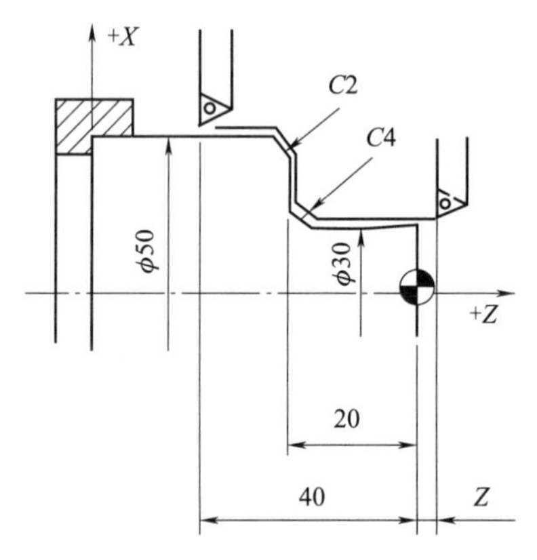

仿真操作

图 3-10　G01 指令倒角

例 3-6：如图 3-11 所示，倒圆。

绝对坐标指令，起刀点坐标为（X30，Z2）。

N001 G01 Z-20 R4 F0.4；

N002 X50 R2；

N003 Z-40；

相对坐标指令

N001 G01 W-22 C4 F0.4；

N002 U20. R2；

N003 W-20；

仿真操作

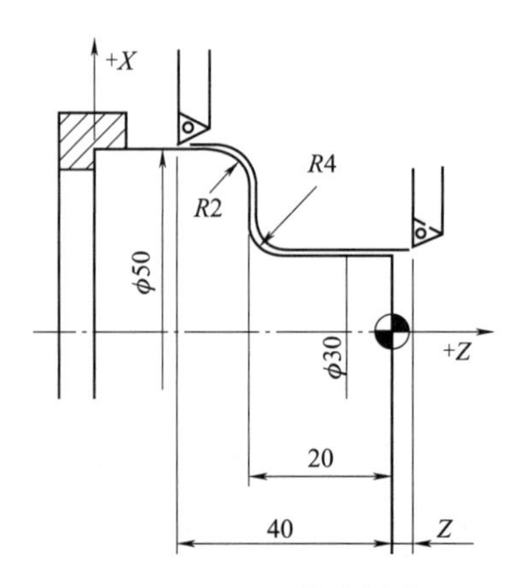

图 3-11　G01 指令倒圆

3. 内、外圆切削单一固定循环 G90

外径、内径、端面、螺纹切削的粗加工，刀具常常要反复地执行相同的动作，才能切到工件要求的尺寸，这时，在一个程序中常常要写入很多的程序段，为了简化程序，NC 装置可以用一个程序段指定刀具作反复切削，这就是固定循环功能。

（1）指令格式。

G90 X(U) _Z(W) _F_ ;

注：1）X(U) _Z(W) _ ：刀具循环切削终点（如图 3-12 所示的 *C* 点）处的坐标。

2）F：刀具循环切削过程中的进给速度。

（2）指令说明。

如图 3-12 所示，圆柱面切削循环的运动轨迹为 *A*-*B*-*C*-*D*-*A*。

（3）循环起点的确定。

循环起点既是程序循环的起点，又是程序循环的终点。*Z* 向离开加工部位 1～2 mm，在加工外圆表面时，*X* 向可略大于或等于毛坯外圆直径；加工内孔时，*X* 向可略小于或等于底孔直径。

4. 圆锥面切削循环

（1）指令格式。

G90 X(U) _Z(W) _R_ F_ ;

注：1）如图 3-13 所示，X(U) _Z(W) _ ：刀具循环切削终点处的坐标。

2）R：被加工圆锥面两端的半径差。

（2）指令说明。

如图 3-13 所示，圆锥面切削循环的运动轨迹为 *A*→*B*→*C*→*D*→*A*。

（3）*R* 值及循环起点的确定。

G90 循环指令中的 *R* 值有正、负之分，具体计算方法为圆锥右端面半径尺寸减去左端面半径尺寸。对外径车削，锥度左大右小，*R* 值为负；反之为正。对内孔车削，锥度左小右大，*R* 值为正；反之为负。

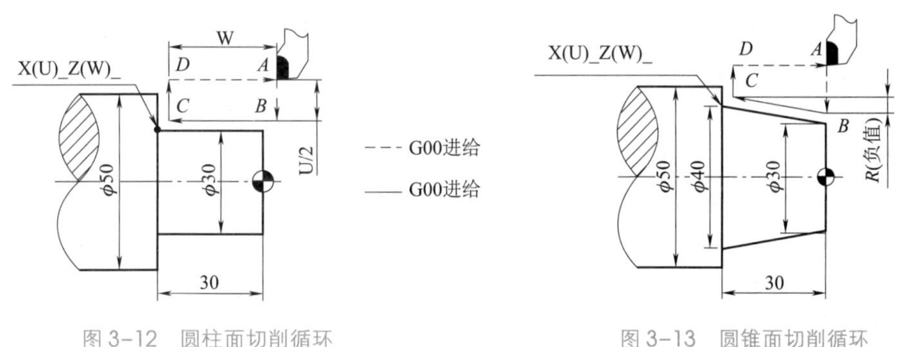

图 3-12　圆柱面切削循环　　图 3-13　圆锥面切削循环

例 3-7：试用 G90 指令编写图 3-12 所示工件的加工程序。

O0040;

T0101;　　（选择 1 号刀并调用 1 号刀补）

```
S500 M03;                              (主轴正转，转速 500 r/mm)
G00 X52.0 Z2.0;                        (快速走刀至循环起点)
G90 X44.0 Z-30.0 F0.2;                 (调用 G90 循环车削圆柱面)
X38.0;                                 (模态调用，下同)
X32.0;
X30.5;                                 (X 向双边留 0.5 mm 精加工余量)
G90 X30.0 Z-30.0 F0.1 S1200;           (精加工)
G00 X100.0 Z100.0;                     (取消 G90，退刀)
M30;                                   (程序结束)
```

例 3-8：试用 G90 指令编写图 3-13 中所示工件的加工程序。

```
O0040;
T0101;                                 (选择 1 号刀并调用 1 号刀补)
S500 M03                               (主轴正转，转速 500 r/mm)
G00 X52.0 Z3.0;                        (快速走刀至循环起点)
G90 X54.0 Z-30.0 R-5.5 F0.2;           (调用 G90 循环车削圆锥面)
X48.0;                                 (模态调用，下同)
X42.0;
X40.5;                                 (X 向双边留 0.5 mm 精加工余量)
G90 X40.0 Z-30.0 R-5.5 F0.1 S1200;     (精加工)
G00 X 100.0 Z100.0;                    (取消 G90，退刀)
M30;                                   (程序结束)
```

G90 动画

知识拓展

一、数控系统的发展趋势

数控系统是数控技术的核心，其发展趋势主要有以下几个方面。

1. 开放式数控系统

开放式体系结构大量采用通用微机的先进技术，实现声控自动编程、图形扫描自动编程等。其硬件、软件和总线规范都是对外开放的，由于有充足的软硬件资源可供利用，不仅使数控系统制造商和用户进行的系统集成得到有力的支持，还为用户的二次开发带来极大方便，促进数控系统多档次、多品种的开发和应用，既可通过升级或组合构成各种档次的数控系统，又可通过扩展构成不同类型数控机床的数控系统。

2. 数控系统的智能化

数控系统在控制性能上向智能化方向发展。随着人工智能在计算机领域的应用，数控系统引入了自适应控制、模糊系统和神经网络的控制机理，使新一代数控系统具有自动编程、前馈控制、模糊控制、学习控制、自适应控制、工艺参数自动生成、三维刀具补偿、运动参数动态补偿等功能，而且人机界面极为友好，并具有故障诊断专家系统，使自诊断和故障监控功能更趋完善。伺服系统智能化的主轴交流驱动和智能化进给伺服装置，能自动识别负载并自动优化、调整参数。直线电动机驱动系统已进入实用阶段。

二、特型面轴加工工艺

1. 特形面轴类零件的结构工艺特点

表面轮廓形状是曲线，如手柄、圆球等，这些带有曲线的表面叫做特形面，也叫成型面。

2. 特形面轴类零件的加工

在普通车床上加工，可以采用双手控制法、成型刀法、靠模法、专用刀具法等手工加工方法，加工精度不高，劳动强度大。在数控车床上加工，是利用圆弧插补指令（G02/G03）编程进行切削，利用插补指令，自动切削出圆弧轮廓形状。

3. 圆弧面的数控车削加工路线

在数控车床加工圆弧时，一般需要多次走刀，先将大部分余量切除，最后才车出所需圆弧。如图 3-14 所示，车圆弧的阶梯切削路线，先粗车成阶梯，最后一次走刀精车出圆弧。

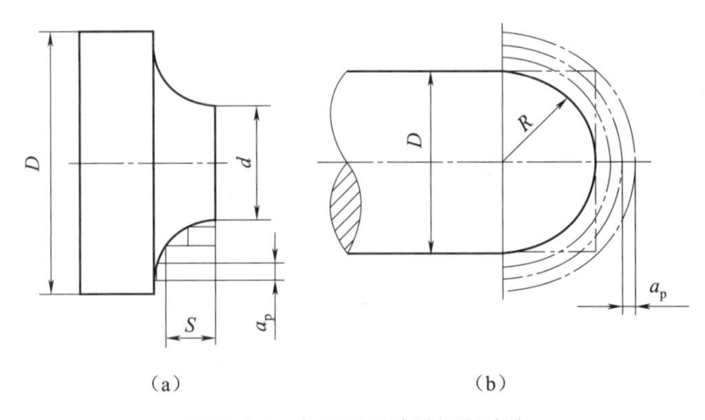

图 3-14　车圆弧的阶梯切削路线

此方法在确定了每刀背吃刀量 a_p 后，需精确计算出每次走刀的 Z 向终点坐标，即求圆弧与直线的交点。尽管此方法刀具切削距离较短，但数值计算较复杂，增加了编程的工作量。

如图 3-15 所示，车圆弧的车圆法切削路线。先用不同半径同心圆来车削，最后将所需圆弧加工出来。此方法数值计算简单，编程方便，在圆弧半径较小时常采用，但在加工大圆弧时空行程较长。

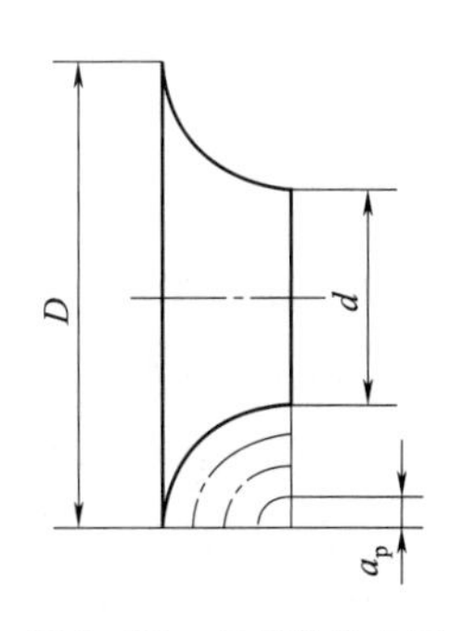

图 3-15　车圆弧的车圆法切削路线

4. **圆弧面零件的检测**

为了保证特形面零件的外形和尺寸的正确，可根据不同的精度要求选用样板、游标卡尺或千分尺等进行检测。精度要求不高的特形面可用样板检测。检测时，样板中心应对准工件中心，并根据样板与工件之间的间隙大小来修整圆弧面。

5. **圆弧插补指令 G02 G03**

该指令能使刀具沿着圆弧运动，切出圆弧轮廓。G02 为顺时针圆弧插补指令，G03 为逆时针圆弧插补指令。

（1）指令格式。

G02 X(U) _Z(W) _I_ K_ F_ ;

或 G02 X(U) _Z(W) _R_ F_ ;

G03 X(U) _Z(W) _I_ K_ F_ ;

或 G03 X(U) _Z(W) _R_ F_ ;

注：1）用增量坐标 U、W 也可以。

2）*C* 轴不能执行圆弧插补指令。

（2）指令说明。

G02 和 G03 运动轨迹

G02 G03 程序段的含义。

G02：顺时针圆弧插补。

G03：逆时针圆弧插补。

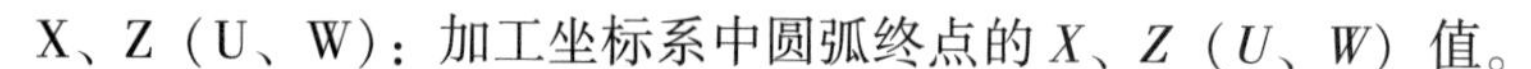

X、Z（U、W）：加工坐标系中圆弧终点的 *X*、*Z*（*U*、*W*）值。

I、K：圆弧的圆心相对其起点分别在 *X* 轴和 *Z* 轴上的增量值。

R：圆弧的半径。

（3）顺逆圆弧判断，如图 3-16 所示。

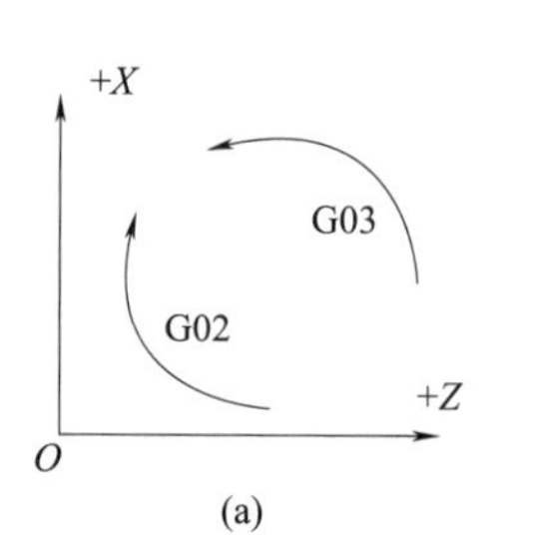

(a)

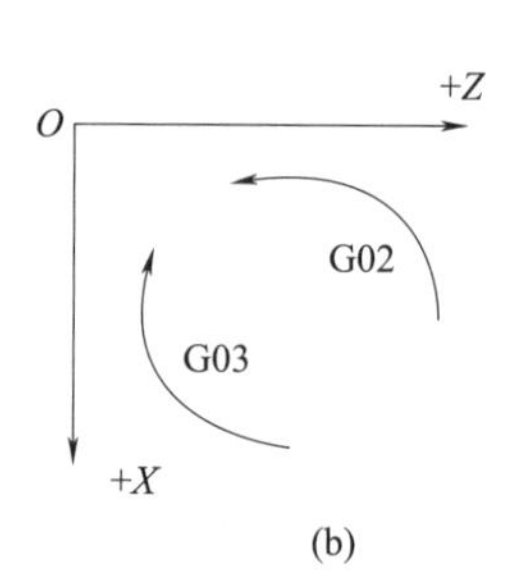

(b)

图 3-16　圆弧顺逆判断

（a）后置刀架，*Y* 轴朝上；（b）前置刀架，*Y* 轴朝下

6. **圆弧半径的确定**

如图 3-17 所示，当用半径指定圆心位置时，由于在同一半径 *R* 的情况下，从圆弧的起点到终点有两个圆弧的可能性，为区别两者，规定当圆心角 $\alpha \leqslant 180°$ 时，用“+*R*”表示；当 $\alpha > 180°$ 时，用“-*R*”表示，该方法不适用于整圆的加工。

7. **当 I、K 值均为零时，该代码可以省略**

当 I、K 和 R 同时被指定时，R 指令优先，I、K 值无效。

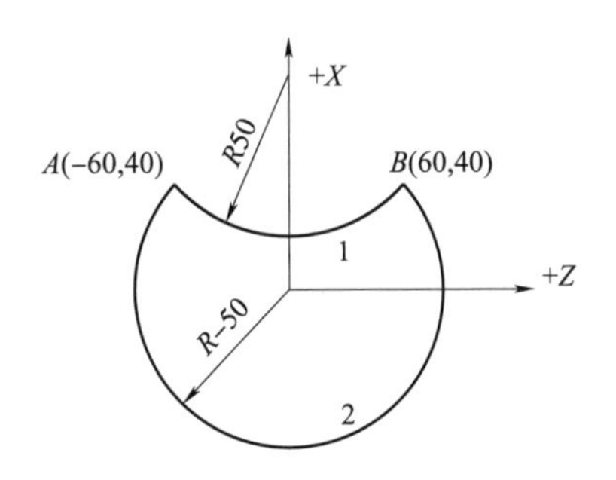

图 3-17　圆弧半径正负值判定

例如如图 3-18 所示，顺时针圆弧插补（圆弧半径 R27）。

(I，K) 指令：

G02 X50 Z-10 I20 K17 F0. 3；

G02 U30 W-10 I20 K17 F0. 3；

(R) 指令：

G02 X50 Z-10 R27 F0. 3；

G02 U30 W-10 R27 F0. 3；

例如如图 3-19 所示，逆时针圆弧插补（圆弧半径 R35）。

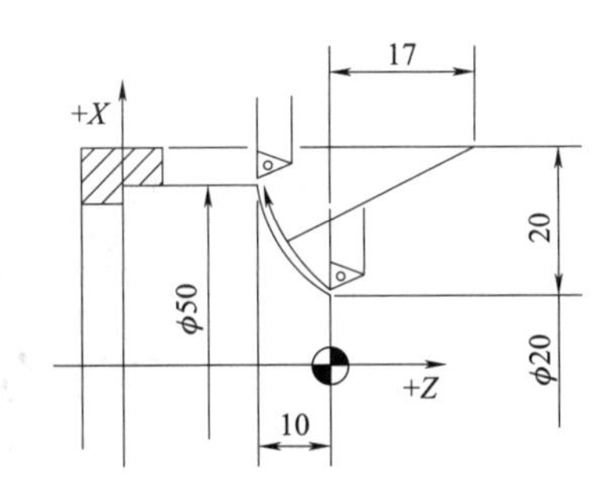

图 3-18　G02 顺时针圆弧插补

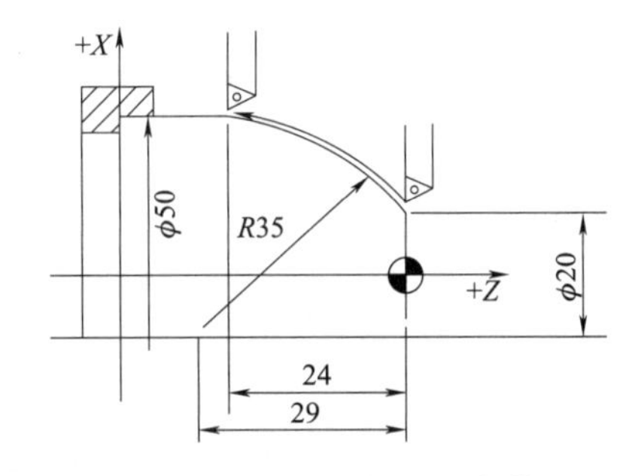

图 3-19　G03 顺时针圆弧插补

(I，K) 指令：

G03 X50 Z-24 I-20 K-29 F0. 3；

G03 U30 W-24 I-20 K-29 F0. 3；

(R) 指令：

G03 X50 Z-24 R35 F0. 3；

G03 U30 W-24 R35 F0. 3；

任务 3.2　外圆复合形状车削零件的编程与仿真加工

任务目标

知识目标

（1）G 指令的格式及应用。

（2）G70、G71 复合循环指令的格式及应用。

技能目标

（1）能正确编制轴的车削工艺。

（2）能按零件图样要求编程并加工轴。

素质目标

（1）培养学生的沟通能力。

（2）在实际加工中的质量意识。

任务实施

仿真加工

一、加工任务

如图 3-20 所示，已知圆锥面轴材料为 45#热轧圆钢，毛坯为 $\phi40\times70$ mm 的棒

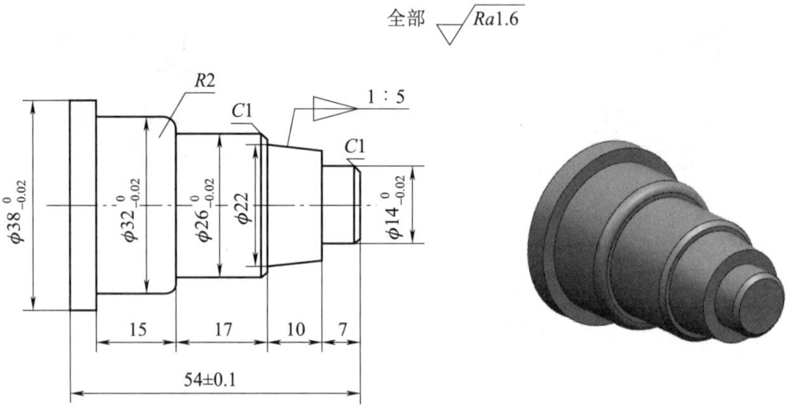

图 3-20　圆锥面轴

（a）零件图；（b）实体图

料。要求制定零件的加工工艺，编写零件的数控加工程序，通过数控仿真加工优化程序，并进行零件的机床加工，最后进行零件的检验及质量分析。

学习笔记

二、任务分析

本任务为直线轮廓零件圆锥面轴的编程与加工。工艺方面着重介绍数控车削加工方案和加工路线的确定。编程方面，在熟悉程序及程序段基本格式及编程规则的基础上，学习并应用 G、S、T、F、M 等指令编写数控加工程序，并通过上海宇龙数控仿真软件，进行零件的虚拟加工与程序校验。最后进行实际加工并进行质量分析。

三、任务准备

1. 量具准备

（1）外形轮廓测量常用量工具见图 3-21。

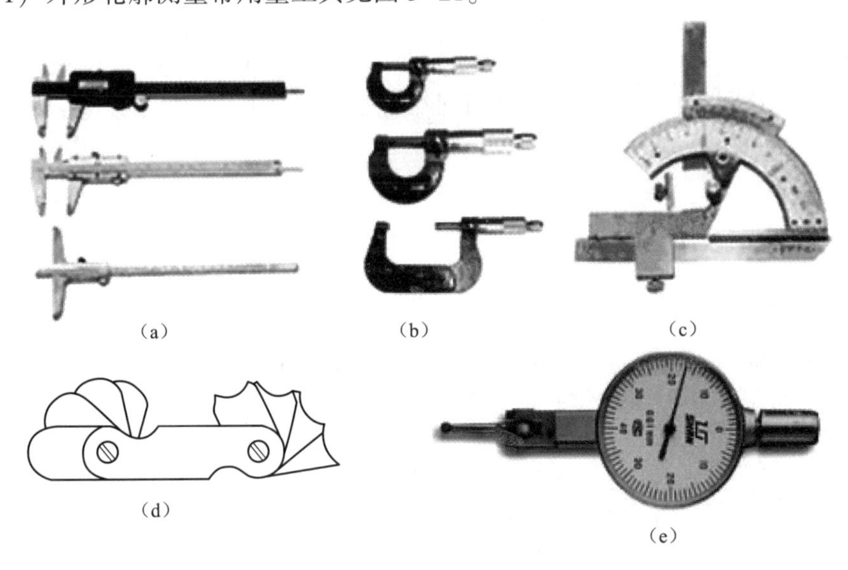

（a） （b） （c） （d） （e）

图 3-21　外形轮廓测量常用工具

（a）游标卡尺；（b）千分尺；（c）万能角度尺；（d）半径样板；（e）百分表；

（2）测量工具的规格。

本任务所需测量工具的规格见表 3-9。

表 3-9　任务所需测量工具的规格

序号	名称	规格/mm	数量	备注
1	游标卡尺	0~150，精度为 0.02	1	
2	外径千分尺	0~25，精度为 0.01	1	
3	外径千分尺	25~50，精度为 0.01	1	

2. 制定零件的加工工艺

（1）零件图工艺分析。如图 3-20 所示，圆锥面轴零件形状简单，结构尺寸变化不大，表面粗糙度值 Ra 不大于 3.2 μm。

（2）确定装夹方案。采用三爪自动定心卡盘夹紧。

（3）确定加工顺序及走刀路线。根据零件的结构特征，可先粗、精加工右端外圆表面及端面，然后切断。

（4）刀具选择。选择外圆车刀加工外圆面和端面，选用切槽刀切断。圆锥面轴数控加工刀具卡片见表 3-10。

表 3-10　圆锥面轴数控加工刀具卡片

产品名称或代号		圆锥面轴加工实例	零件名称	圆锥面轴	零件图号	图 3-20
序号	刀具号	刀具名称及规格	数量	加工表面	刀尖半径/mm	备注
1	T01	硬质合金 93°外圆车刀	1	粗车外轮廓	0.4	
2	T01	硬质合金 93°外圆车刀	1	精车外轮廓	0.4	
3	T02	刀宽 3 mm 切槽刀	1	切断		
编制		审核	批准		共 1 页	第　页

（5）填写数控加工工序卡。圆锥面轴数控加工刀具卡片见表 3-11。

表 3-11　圆锥面轴数控加工刀具卡片

单位名称		产品名称或代号		零件名称			零件图号	
		圆锥面轴加工实例		圆锥面轴			图 3-20	
工序号	程序编号	夹具名称		使用设备			车间	
01	O0001	三爪卡盘		CAK6150Di			数控	
工步号	工步内容	刀具		切削用量			量具名称	备注
		刀具号	刀具规格/mm	主轴转速 n/($r\cdot min^{-1}$)	进给速度 f/($mm\cdot min^{-1}$)	背吃刀量 a_p/mm		
1	平右端面	T01	25×25	800			游标卡尺	手动
2	粗车右外轮廓，X 向留余量0.5 mm（双边）	T01	25×25	800	0.25	1.5	游标卡尺	自动
3	精车右外轮廓	T01	25×25	1 200	0.1	0.5	外径千分尺	自动
4	切断	T02	25×25	400			游标卡尺	手动
编制		审核		批准		年　月　日	共　页	第　页

四、编程加工

1. 编制加工程序

圆锥面轴数控加工程序单见表 3-12。

表 3-12　圆锥面轴数控加工程序单

零件号	01	程序名称	圆锥面轴	编程原点	安装后右端面中心
程序号	O0001	数控系统	FANUC 0i mate-TC	编制	
程序段号	程序	说明			
N10	N1；	粗车右外轮廓程序			
N20	G00 G40 G97 G99；	程序初始化			
N30	T0101 M3 S800 F0.25；	选 1 号刀，建立工件坐标系，主轴正转			
N40	G00 X42 Z2；	刀具快速定位至固定循环起点			
N50	G71 U1.5 R0.5；	G71 循环指令粗加工外轮廓			
N60	G71 P10 Q20 U0.5；				
N70	N10 G00 X0.0；	粗车进给速度 *F*0.25，粗切削右外轮廓			
N80	G01 Z0 F0.1；				
N90	X14 C1；				
N100	Z-7；				
N110	X20；				
N120	X22 W-10；				
N130	X26 C1；				
N140	Z-34；				
N150	X32 R2；				
N160	Z-49；				
N170	X38；	粗车进给速度 *F*0.25，粗切削右外轮廓			
N180	Z-54；				
N190	N20 G00 X42；				
N200	G28 U0 W0；	回参考点			
N210	N2；	精车右外轮廓程序			
N220	G00 G40 G97 G99；				
N230	T0202 M3 S1200 F0.1；	换精车刀			
N240	G00 X42 Z2；	刀具快速定位至固定循环起点，精车进给速度 *F*0.1，精车右外轮廓			
N250	G70 P10 Q20；				
N260	G00 X100 Z100；				
N270	M05；	主轴停			
N280	M30；	程序结束			

学习笔记

2. 零件的仿真加工

（1）进入数控车仿真软件。

（2）选择机床，机床各轴回参考点。

（3）安装工件，安装刀具并对刀。

（4）输入程序，模拟加工，检测、调试程序。

（5）自动加工，测量工件，优化程序。

3. 零件的实操加工

（1）毛坯、刀具、工具准备。

（2）程序输入与编辑。

（3）机床锁住、空运行，利用数控系统图形仿真，进行程序校验及修整。

（4）安装刀具，对刀操作，建立工件坐标系。

（5）启动程序，自动运行。为了安全，可选择单段运行功能执行程序加工。

（6）停车后，按图纸要求检测工件，对工件进行误差与质量分析。

五、检测与分析

1. 按图纸要求检测工件，填写工件质量评分表。

（1）操作技能考核总成绩见表 3-13。

表 3-13 操作技能考核总成绩

班级		姓名		学号		日期	
实训课题	圆锥面轴的编程与加工				零件图号		1
序号	项目名称			配分	得分		备注
1	工艺及现场操作规范			12			
2	工件质量			88			
合计				100			

（2）工艺及现场操作规范评分见表 3-14。

表 3-14 工艺及现场操作规范评分

序号	项目	考核内容	配分	学生自评分	教师评分
工艺程序	1	切削加工工艺制定正确	2		
	2	程序正确、简单、明确	2		
现场操作规范	3	正确使用机床	2		
	4	正确使用量具	2		
	5	合理使用刃具	2		
	6	设备维护保养	2		
合计			12		

（3）工件质量评分见表 3-15。

表 3-15　工件质量评分

检测项目	序号	检测内容	配分		评分标准	学生自测	小组互测	教师检测
			IT	*Ra*				
外圆尺寸	1	$\phi14_{-0.02}^{0}/Ra1.6$	8	2	超差不得分，*Ra* 不合格不得分			
	2	$\phi26_{-0.02}^{0}/Ra1.6$	8	2				
	3	$\phi32_{-0.02}^{0}/Ra1.6$	8	2				
	4	$\phi38_{-0.02}^{0}/Ra1.6$	8	2				
	5	$\phi22/Ra1.6$	8	2				
长度尺寸	6	7	4		超差不得分			
	7	10	4					
	8	17	4					
	9	15	4					
	10	54	4					
其他	11	倒角 *C*1×2	4×2		超差不得分			
	12	倒圆 *R*2	4					
	13	锥度 1∶5	6					
总配分			88		总分			
评分人			年　月　日		核分人		年　月　日	

相关知识

1. 单位设定指令

与单位有关的指令主要有尺寸单位设定指令和进给速度单位设定指令。

（1）尺寸单位设定指令。

尺寸单位设定指令有 G20、G21。其中 G20 表示英制尺寸，G21 表示公制尺寸，G21 为缺省值。

注：1）有些系统要求这 2 个代码必须在程序的开头，在坐标系设定之前用单独的程序段指令，一经指定，不允许在程序的中途切换。

2）有些系统的公制/英制尺寸不采用 G21/G20 编程，如 SIEMENS 和 FAGOR 系统采用 G71/G70 代码。

2. 自动返回参考点指令 G28

（1）指令格式 G28 X(U) Z(W)；

（2）指令说明。如图 3-22 所示，在返回参考点过程中，设定中间点的目的是为了防止刀具与工件或夹具发生干涉。

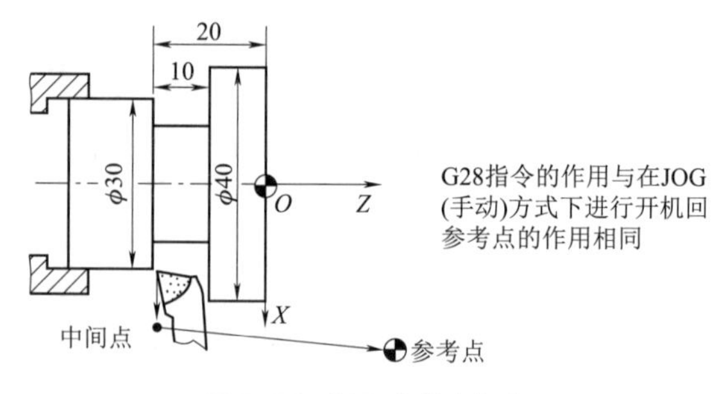

图 3-22　返回参考点指令

图 3-23、图 3-24 所示为自动返回参考点指令的编程及应用（经过中间点返回参考点、从当前位置返回参考点）。

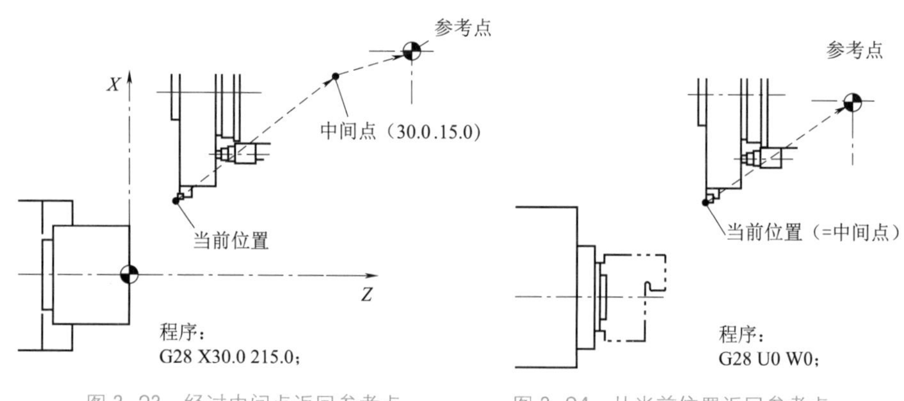

图 3-23　经过中间点返回参考点　　图 3-24　从当前位置返回参考点

3. 主轴转速控制指令 G96、G97、G50

主轴最高转速的设定（G50）

（1）指令格式。

G50 S;

（2）指令说明。

S 为主轴最高转速，单位 r/min。

例如设定主轴速度。

G97 S600;	取消线速度恒定机能。主轴转数 600 r/min
G97 模式。	
G96 S150;	线速度恒定，切削速度为 150 m/min
G50 S1200;	用 G50 指令设定主轴最高转速为 1 200 r/min
G96 模式。	
G97 S300;	取消线速度恒定机能。主轴转速 300 r/min

4. 粗车循环指令 G71

本任务中零件外形轮廓形状较为复杂，为了简化程序更快捷地去除余量，引入数控系统中的多重复合循环指令 G71 和 G70 进行编程加工。

（1）指令格式。G71 U(Δd) R(e)；

G71 P(ns) Q(nf) U(Δu) W(Δw) F(f) S(s) T(t)；

式中　Δd——X 向背吃刀量（半径量指定），不带符号，且为模态值；

e——退刀量（半径量指定），其值为模态值；

ns——精车程序第一个程序段的段号；

nf——精车程序最后一个程序段的段号；

Δu——X 方向精车余量的大小和方向，用直径量指定（另有规定则除外）；

Δw——Z 方向精车余量的大小和方向；

F、S、T——粗加工循环中的进给速度、主轴转速与刀具功能。

（2）指令说明。

1）如图 3-25 所示，粗车循环轨迹，D 点为粗车循环的起点。

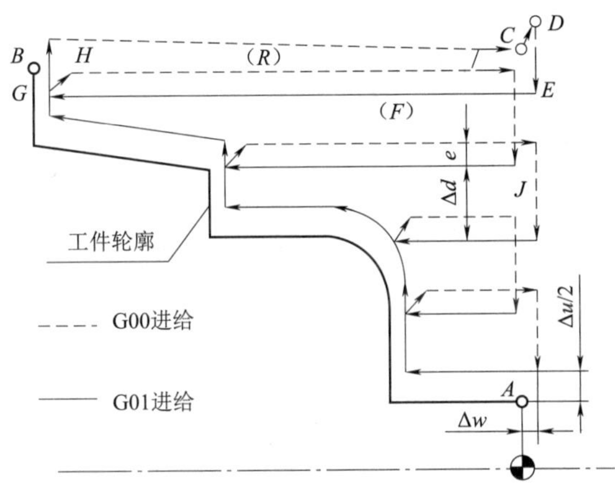

图 3-25　G71 粗车循环轨迹图

2）G71 循环所加工的轮廓形状，必须采用单调递增或单调递减的形式。

3）在 FANUC 系统的 G71 循环指令中，顺序号“ns”所指程序段必须沿 X 向进刀，且不能出现 Z 坐标字，否则会出现程序报警。

5. 精车循环 G70

（1）指令格式。

G70 P(ns) Q(nf)；

式中　ns——精车程序第一个程序段的段号；

nf——精车程序最后一个程序段的段号。

例如：G70 P100 Q200；

（2）指令说明。

1）G70 循环起点与对应的粗加工复合循环指令的循环起点可取相同值。

2）G70 指令不能单独使用，只能配合 G71、G72、G73 指令使用，完成精加工固定循环。

3）精加工时，G71、G72、G73 程序段中的 F、S、T 指令无效，只有在 ns~nf 程序段中的 F、S、T 才有效。

6. 循环起点

G71 循环起点尽量靠近毛坯，对外轮廓宜取在毛坯右上角点，X 向略大于毛坯，Z 向距端面 1~2 mm，对内轮廓 X 向略小于底孔直径。

7. 圆锥面的编程尺寸计算

如图 3-26 所示，圆锥面的锥度 C 为圆锥大、小端直径之差与长度之比，即：

$$C=(D-d)/L$$

例如：如图 3-27 所示，求小端直径。

$$d=D-CL=40-40\times1/5=32\ (\text{mm})$$

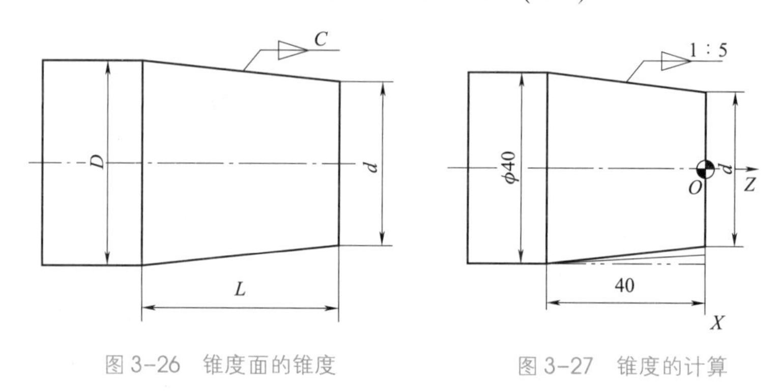

图 3-26 锥度面的锥度　　图 3-27 锥度的计算

知识拓展

一、刀具半径补偿功能

1. 特形面轴切削工艺

（1）车削内凹结构工件对刀具角度的要求。

图 3-28 所示，加工特形面零件时，由于外表面有内凹轮廓，选择车刀时要特别注意副偏角 k_r'的大小，以防止车刀副后刀面与工件已加工表面发生干涉。一般主偏角取 90°~93°，

刀尖角 ε 取 35°~55°，俗称“菱形刀”，避免刀具过切。实际生产和实训中可根据实际选择焊接外圆车刀按加工要求磨出相应的副偏角 κ_r'，也可以选择机夹外圆车刀。

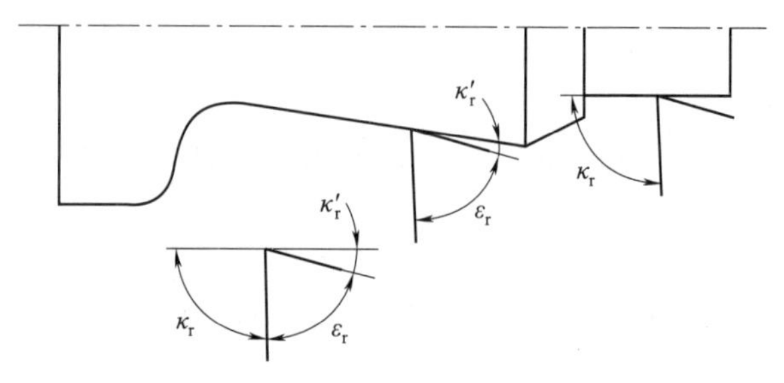

图 3-28 内凹结构工件对刀具角度的要求

（2）车削内凹结构工件的车刀选择。

D 形、V 形机夹外圆车刀常用于加工成形面零件，如图 3-29 所示，D 形机夹外圆车刀采用刀尖角 55°菱形机夹刀片，安装后其主偏角 93°，副偏角为 32°。如图 3-30 所示，V 形机夹外圆车刀采用刀尖角 35°菱形机夹刀片，安装后其主偏角 93°，副偏角为 52°。

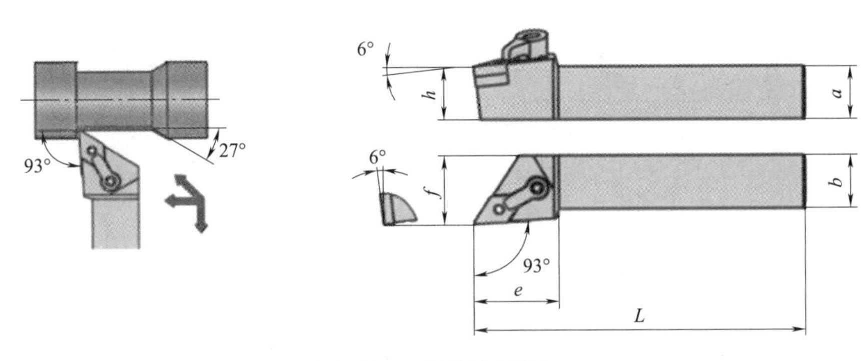

图 3-29　D 形菱形外圆车刀

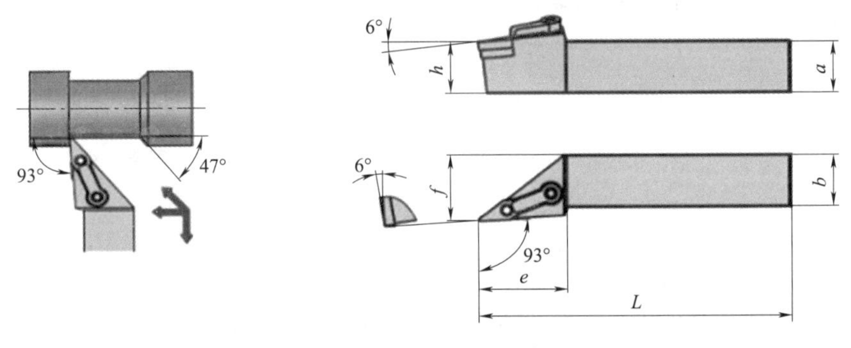

图 3-30　V 形菱形外圆车刀

2. 刀尖圆弧自动补偿指令 G40、G41、G42

（1）刀尖圆弧补偿的概念。

数控车床中的刀具补偿可分为刀具半径补偿和刀具位置补偿，前面介绍了刀具位置补偿，这里介绍刀具半径补偿。大多数全功能的数控机床都具备刀具半径（直径）自动补偿功能（以下简称刀具半径补偿功能），因此，只要按工件轮廓尺寸编程，再通过系统补偿一个刀具半径值即可。

1）刀尖半径。

刀尖半径即车刀刀尖部分为一个圆弧构成假想圆的半径值，一般车刀均有刀尖半径，用于车外径或端面时，刀尖圆弧大小并不起作用，但用于车倒角、锥面或圆弧时，则会影响精度。

2）假想刀尖。

所谓假想刀尖如图 3-31（b）所示，*P* 点为该刀具的假想刀尖，相当于图 3-31（a）尖头刀的刀尖点。假想刀尖实际上不存在。如图 3-32 所示，由于刀尖半径 *R* 而造成的过切削及欠切现象。因此在编制数控车削程序时，必须给予考虑。

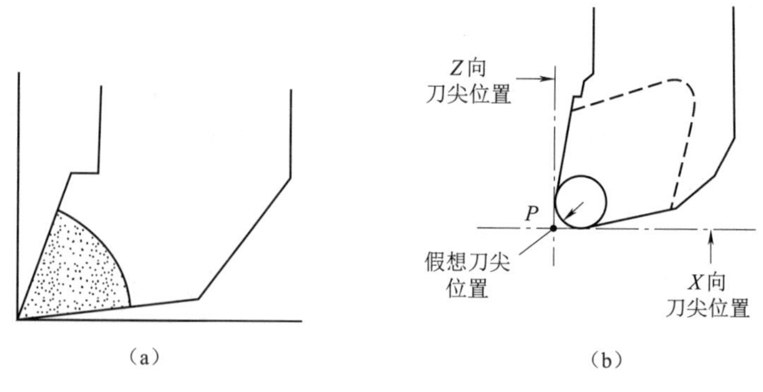

图 3-31　假想刀尖

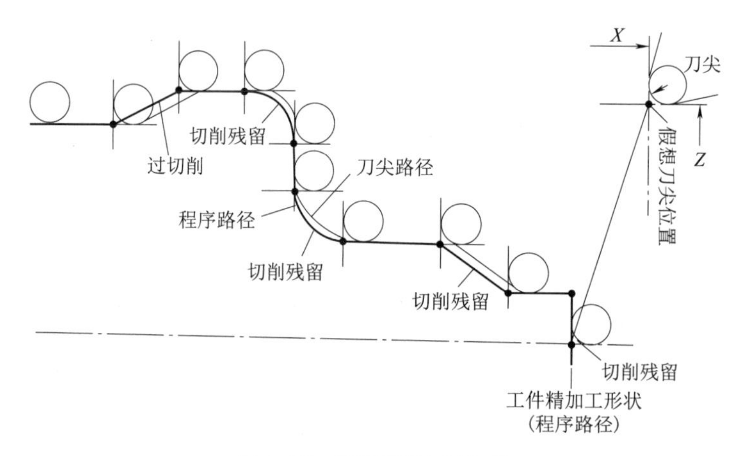

图 3-32　切削残留与过切削

用手动方法计算刀尖半径补偿值时，必须在编程时将补偿量加入程序中，一旦刀尖半径值变化时，就需要改动程序，这样很烦琐，刀尖半径（*R*）补偿功能可以利用 NC 装置自动计算补偿值，生成刀具路径，下面就讨论刀尖半径自动补偿的方法。

（2）刀尖半径补偿模式的设定（G40、G41、G42 指令）。

1）G40（取消半径补偿）：解除刀尖半径补偿，应写在程序开始的第一个程序段及取消刀具半径补偿的程序段，取消 G41、G42 指令。

2）G41（刀具半径左补偿）：由 *Y* 轴正方向向负向观察，沿刀具的移动方向看，当刀具处在加工轮廓左侧时，称为刀尖圆弧半径左补偿，用 G41 表示。

3）G42（刀具半径右补偿）：由 *Y* 轴正方向向负向观察，当刀具处在加工轮廓右侧时，称为刀尖圆弧半径右补偿，用 G42 表示。如图 3-33 所示，由 *Y* 轴正方向向负向观察，根据刀具与零件的相对位置及刀具的运动方向选用 G41 或 G42 指令。

从图 3-33 中可以看出，G41、G42 的选择与刀架位置、工件形状及刀具类型有关。为易于选择，现将实践中刀尖圆弧半径补偿模式选择归纳，如图 3-34 所示。

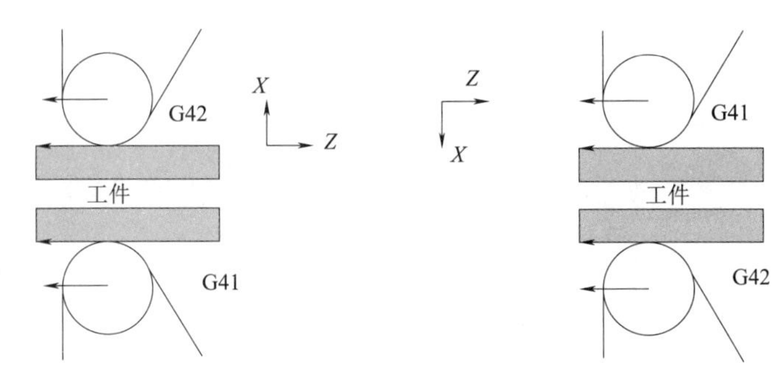

图 3-33 G41、G42 选用（1）

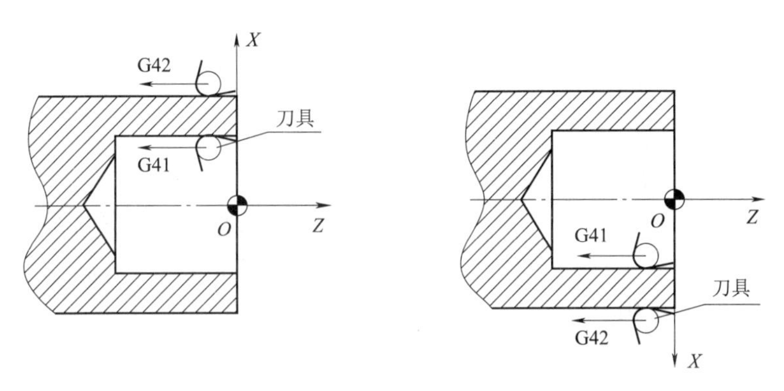

图 3-34 G41、G42 选用（2）

（3）刀尖圆弧半径补偿过程。

1）指令格式。

G41 G01/G00 X(U) _Z(W) _;　　　　（刀尖圆弧半径左补偿）

G42 G01/G00 X(U) _Z(W) _;　　　　（刀尖圆弧半径右补偿）

G40 G01/G00 X(U) _Z(W) _;　　　　（取消刀尖圆弧半径补偿）。

式中　X_ Z_ 是绝对编程时，G00、G01 运动的终点坐标；

U_ W_ 是增量编程时，G00、G01 运动目标点坐标的增量。

2）指令说明。

①G41、G42 指令不能与圆弧切削指令写在同一个程序段，可以与 G00 和 G01 指令写在同一个程序段内。

②在使用 G41 或 G42 指令模式中，不允许有两个连续的非移动指令（辅助机能或暂停等），否则，会产生过切或欠切现象。

③在 MDI 状态下不能进行刀尖半径补偿。

3）补偿过程。

如图 3-35 所示，刀尖圆弧半径补偿建立和取消的刀具运行轨迹。刀补建立过程中，刀具在移动过程中逐渐加上补偿值，刀具圆弧中心停留在程序设定坐标点的垂线上，距离为刀尖半径补偿值。刀补取消过程中，刀具位置在程序段中也是逐渐变化，程序结束时，刀尖半径补偿值取消。

例如：刀尖半径补偿的应用实例。

如图 3-35 所示，工件采用刀尖圆弧半径补偿功能编制的加工程序如下：

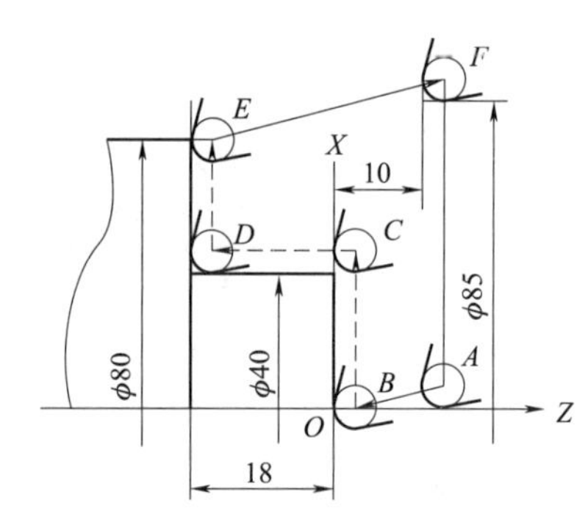

图 3-35　刀尖圆弧补偿过程

AB—刀补建立；*BCDE*—刀补进行；*EF*—刀补取消

O0001

N10 G99 G40 G21；	程序初始化
N20 T0101；	调出 1 号刀，执行 1 号刀补
N30 M03 S1000；	主轴按 1 000 r/min 正转
N40 G00 X0 Z10.0；	快速点定位
N50 G42 G01 X0 Z0 F0.1；	刀补建立
N60 X40.0；	
N70 Z-18.0；	刀补进行
N80 X80.0；	
N90 G40 G00 X85.0 Z10.0；	刀补取消
N100 G28 U0 W0；	返回参考点
N110 M30；	

（4）假想刀尖位置序号的确定。

数控车床加工时，采用不同的刀具，其假想刀尖相对圆弧中心的方位不同，它直接影响刀尖圆弧半径补偿计算结果。假想刀尖位置序号共有 10 个（0～9）。图 3-36（a）所示为数控车床前置刀架的假想刀尖位置。图 3-36（b）所示为数控

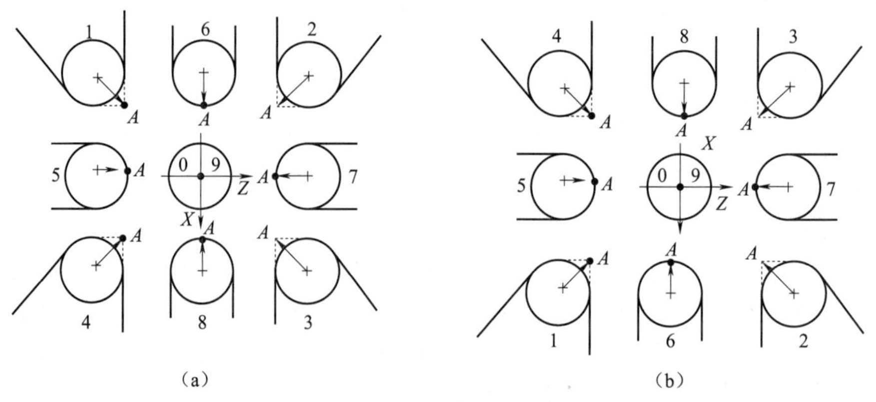

图 3-36　刀尖位置序号

（a）前置刀架；（b）后置刀架

车床后置刀架的假想刀尖位置。如果以刀尖圆弧中心作为刀位点进行编程，则应选用 0 或 9 作为刀尖方位号。只有按刀具实际放置情况设置相应的刀尖位置序号，才能保证对它进行正确的刀补。

图 3-37 所示为几种数控车床后置刀架常用刀具的假想刀尖位置。

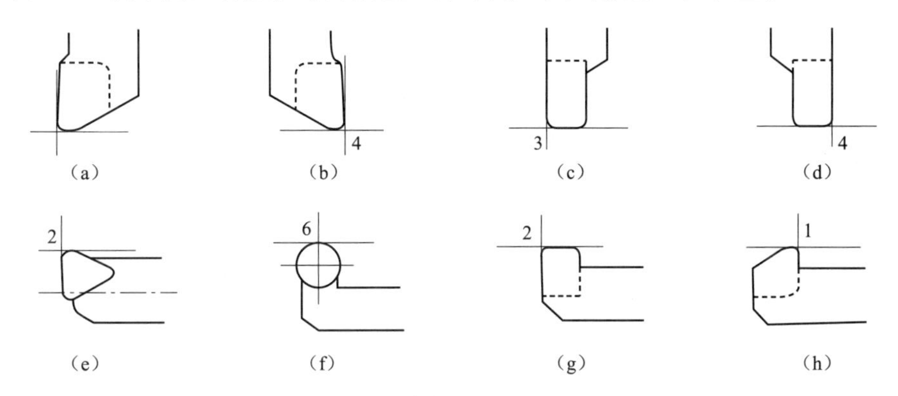

图 3-37　数控车床常用刀具的假想刀尖位置

（a）右偏车刀；（b）左偏车刀；（c）右切刀；（d）左切刀；
（e）镗孔刀；（f）球头镗刀；（g）内槽刀；（h）左偏镗刀

（5）刀尖半径补偿值的设定。

刀尖半径补偿量可以通过刀具补偿设定画面设定，T 指令要与刀具补偿编号相对应，并且要输入假想刀尖位置序号。点击“OFF/SET”键进入“刀具补正/磨耗”补偿参数设置画面，点击 LCD 下方［磨耗］对应软键，进入图 3-38 所示设置画面的形状，点击 MDI 面板上的“PAGE”键或方向键和光标键，选择补偿参数编号，点击 MDI 键盘，选取所需的刀尖半径补偿值（R）和刀位点（T）数据，按“INPUT”键输入，即可把补偿值输入到指定的位置。

工具补正　形状　　　　　　O0001　N0000

番号	X	Z	R	T
G01	−103.763	212.565	0.000	3
G02	−108.483	226.863	0.400	3
G03	0.000	0.000	0.000	0
G04	0.000	0.000	0.000	0
G05	0.000	0.000	0.000	0
G06	0.000	0.000	0.000	0
G07	0.000	0.000	0.000	0
G08	0.000	0.000	0.000	0

现在位置（绝对坐标）

X50.000　Z30.000

S　0　T0000

［磨耗］［形状］［工件移动］［　］［　］

图 3-38　数控车床刀具半径补偿设定界面

任务 3.3　端面复合形车削零件的编程与加工

任务目标

知识目标

（1）G 指令的格式及应用。

（2）G72 端面复合循环指令的格式及应用。

技能目标

（1）能正确编制端面复合形零件的车削工艺。

（2）能按零件图样要求编程并加工盘类零件。

素质目标

（1）培养学生的沟通能力；

（2）在实际加工中的安全意识和质量意识。

任务实施

一、加工任务

如图 3-39 所示，已知端面复合形零件材料为 45#热轧圆钢，毛坯为 $\phi125\times$

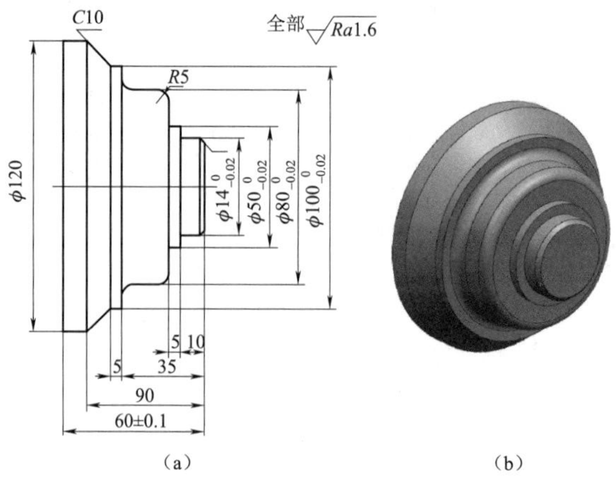

图 3-39　端面复合形

（a）零件图；（b）实体图

65 mm 的棒料。要求制定零件的加工工艺，编写零件的数控加工程序，通过数控仿真加工优化程序，并进行零件的机床加工，最后进行零件的检验及质量分析。

二、任务准备

1. 制定零件的加工工艺

（1）零件图工艺分析。如图 3-39 所示，盘类零件形状简单，轴向尺寸变化小，直径尺寸变化较大，表面粗糙度值 Ra 不大于 3. 2 μm。

（2）确定装夹方案。采用三爪自动定心卡盘夹紧。

（3）确定加工顺序及走刀路线。根据零件的结构特征，粗、精加工外圆表面。

（4）刀具选择。选择端面车刀加工外圆面和端面。端面复合形零件数控加工刀具卡片见表 3-16。

表 3-16　端面复合形零件数控加工刀具卡片

产品名称或代号		端面复合形零件加工实例	零件名称	端面复合形零件	零件图号	图 3-39
序号	刀具号	刀具名称及规格	数量	加工表面	刀尖半径/mm	备注
1	T01	硬质合金 93°端面车刀	1	粗车外轮廓	0. 4	
2	T01	硬质合金 93°端面车刀	1	精车外轮廓	0. 4	
编制		审核	批准		共 1 页	第 1 页

（5）填写数控加工工序卡。端面复合形零件数控加工工序卡见表 3-17。

表 3-17　端面复合形零件数控加工工序卡

单位名称		产品名称或代号		零件名称			零件图号	
		端面复合形零件加工实例		端面复合形零件			图 3-29	
工序号	程序编号	夹具名称		使用设备			车间	
01	O0001	三爪卡盘		CAK6150Di			数控	
工步号	工步内容	刀具		切削用量			量具名称	备注
		刀具号	刀具规格/mm	主轴转速 n/(r·min^{-1})	进给速度 f/(mm·min^{-1})	背吃刀量 a_p/mm		
1	粗车右外轮廓，X 向留余量 0. 5 mm（双边）	T01	25×25	800	0. 25	1. 5	游标卡尺	自动
2	精车右外轮廓	T01	25×25	1 200	0. 1	0. 5	外径千分尺	自动
编制		审核		批准		年　月　日	共　页	第　页

学习笔记

三、编程加工

1. 编制加工程序

端面复合形零件数控加工程序见表 3-18。

表 3-18　端面复合形零件数控加工程序单

程序段	01	程序名称	端面复合形零件	编程原点	安装后右端面中心
程序号	O0001	数控系统	FANUC 0i mate-TC	编制	
程序段号	程序		说明		
N10	T0202;		换 2 号端面车刀，导入 2 号刀补偿		
N20	M03 S600;		主轴正转，转速 600 r/min		
N30	G00 X125.0 Z3.0;		快速到达循环起点		
N40	G72 W2.0 R1.0;		端面粗加工循环		
N50	G72 P60 Q180 U0.1 W0.1 F0.3;		加工路线为 N60～N180，X 向精车余量 0.1 mm，Z 向精加工余量 0.1 mm，粗加工进给量 0.3 mm/r		
N60	G00 Z-50.0 S1000;		完成轮廓粗加工		
N70	G01 X120.0 F0.1;				
N80	X100.0 Z-40.0;				
N90	Z-35.0;				
N100	X90.0;				
N110	G03 X80.0 Z-30.0 R5.0;				
N120	G01 Z-20.0;				
N130	G02 X70.0 Z-15.0 R5.0;				
N140	G01 X50.0;				
N150	Z-10.0;				
N160	X-40.0;				
N170	Z-2.0;				
N180	X36.0 Z0;				
N190	G70 P70 Q190 F50;		精加工外轮廓		
N200	G00 X100.0 Z150.0;		刀具快速返回换刀点		
N210	M05;		主轴停止		
N220	M30;		程序结束		

2. 零件的仿真加工

（1）进入数控车仿真软件。

（2）选择机床，机床各轴回参考点。

（3）安装工件，安装刀具并对刀。

学习笔记

（4）输入程序，模拟加工，检测、调试程序。

（5）自动加工，测量工件，优化程序。

3. 零件的实操加工

（1）毛坯、刀具、工具准备。

（2）程序输入与编辑。

（3）机床锁住、空运行，利用数控系统图形仿真，进行程序校验及修整。

（4）安装刀具，对刀操作，建立工件坐标系。

（5）启动程序，自动运行。为了安全，可选择单段运行功能执行程序加工。

（6）停车后，按图纸要求检测工件，对工件进行误差与质量分析。

四、检测与分析

按图纸要求检测工件，填写工件质量评分表。

（1）操作技能考核总成绩见表3-19。

表3-19　操作技能考核总成绩

<table>
<tr><td>班级</td><td colspan="2"></td><td>姓名</td><td></td><td>学号</td><td></td><td>日期</td><td></td></tr>
<tr><td colspan="2">实训课题</td><td colspan="4">端面复合形零件的编程与加工</td><td colspan="2">零件图号</td><td>1</td></tr>
<tr><td>序号</td><td colspan="4">项目名称</td><td>配分</td><td>得分</td><td colspan="2">备注</td></tr>
<tr><td>1</td><td colspan="4">工艺及现场操作规范</td><td>12</td><td></td><td colspan="2" rowspan="3"></td></tr>
<tr><td>2</td><td colspan="4">工件质量</td><td>88</td><td></td></tr>
<tr><td colspan="5">合计</td><td>100</td><td></td></tr>
</table>

（2）工艺及现场操作规范评分见表3-20。

表3-20　工艺及现场操作规范评分

<table>
<tr><td>序号</td><td>项目</td><td>考核内容</td><td>配分</td><td>学生自评分</td><td>教师评分</td></tr>
<tr><td rowspan="2">工艺程序</td><td>1</td><td>切削加工工艺制定正确</td><td>2</td><td></td><td></td></tr>
<tr><td>2</td><td>程序正确、简单、明确</td><td>2</td><td></td><td></td></tr>
<tr><td rowspan="4">现场操作规范</td><td>3</td><td>正确使用机床</td><td>2</td><td></td><td></td></tr>
<tr><td>4</td><td>正确使用量具</td><td>2</td><td></td><td></td></tr>
<tr><td>5</td><td>合理使用刃具</td><td>2</td><td></td><td></td></tr>
<tr><td>6</td><td>设备维护保养</td><td>2</td><td></td><td></td></tr>
<tr><td colspan="3">合计</td><td>12</td><td></td><td></td></tr>
</table>

（3）工件质量评分见表 3-21。

表 3-21　工件质量评分

<table>
<tr><th rowspan="2">检测项目</th><th rowspan="2">序号</th><th rowspan="2">检测内容</th><th colspan="2">配分</th><th rowspan="2">评分标准</th><th rowspan="2">学生自测</th><th rowspan="2">小组互测</th><th rowspan="2">教师检测</th></tr>
<tr><th>IT</th><th>Ra</th></tr>
<tr><td rowspan="4">外圆尺寸</td><td>1</td><td>$\phi40_{-0.02}^{0}/Ra1.6$</td><td>8</td><td>2</td><td rowspan="4">超差不得分，Ra 不合格不得分</td><td></td><td></td><td></td></tr>
<tr><td>2</td><td>$\phi50_{-0.02}^{0}/Ra1.6$</td><td>8</td><td>2</td><td></td><td></td><td></td></tr>
<tr><td>3</td><td>$\phi80_{-0.02}^{0}/Ra1.6$</td><td>8</td><td>2</td><td></td><td></td><td></td></tr>
<tr><td>4</td><td>$\phi100_{-0.02}^{0}/Ra1.6$</td><td>8</td><td>2</td><td></td><td></td><td></td></tr>
<tr><td rowspan="5">长度尺寸</td><td>5</td><td>5</td><td colspan="2">6</td><td rowspan="5">超差不得分</td><td></td><td></td><td></td></tr>
<tr><td>6</td><td>10</td><td colspan="2">6</td><td></td><td></td><td></td></tr>
<tr><td>7</td><td>35</td><td colspan="2">6</td><td></td><td></td><td></td></tr>
<tr><td>8</td><td>5</td><td colspan="2">6</td><td></td><td></td><td></td></tr>
<tr><td>9</td><td>50</td><td colspan="2">6</td><td></td><td></td><td></td></tr>
<tr><td rowspan="2">其他</td><td>10</td><td>倒角 C2 C10</td><td colspan="2">6×2</td><td rowspan="2">超差不得分</td><td></td><td></td><td></td></tr>
<tr><td>11</td><td>倒圆 R5</td><td colspan="2">6</td><td></td><td></td><td></td></tr>
<tr><td colspan="3">总配分</td><td colspan="2">88</td><td>总分</td><td></td><td></td><td></td></tr>
<tr><td>评分人</td><td colspan="2"></td><td colspan="3">年　月　日</td><td>核分人</td><td></td><td>年　月　日</td></tr>
</table>

相关知识

G72 动画

1. 端面粗车复合循环指令 G72

（1）指令功能 G72 指令称为端面粗车复合循环指令。端面粗车复合循环指令的含义与 G71 类似，不同之处是刀具平行于 *X* 轴方向切削，它是从外径方向向轴心方向切削端面的粗车循环，该循环方式适用于长径比较小的盘类工件端面粗车。如用 93°外圆车刀，其端面切削刃为主切削刃。

（2）指令格式。

G72 W(Δd) R(e)；

G72 P(ns) Q(nf) U(Δu) W(Δw) F(F) S(S) T（T)；

N(ns) ……

……

N(nf) ……

式中　Δd——每次循环的切削深度、模态值，直到下个指定之前均有效。也可以用参数指定。根据程序指令，参数中的值也变化，单位为 mm；

e——每次切削的退刀量。模态值，在下次指定之前均有效。也可以用参数指定。根据程序指令，参数中的值也变化；

Ns——精车程序第一个程序段的段号；

nf——精车程序最后一个程序段的段号；

Δu——X 方向精车余量的大小和方向，用直径量指定（另有规定则除外）；

Δw——Z 方向精车余量的大小和方向；

F、S、T——在 G72 程序段中指令，在顺序号为 ns 到顺序号为 nf 的程序段中粗车时使用的 F、S、T 功能。

（3）指令说明。

路线说明端面粗车复合循环指令参数是由两个 G72 程序段指令的，而精加工的零件形状是由 N(ns) 到 N(nf) 的程序段指令的，其走刀路径、内部参数和编程路径，如图 3-40、图 3-41 所示。

1）在 $A\rightarrow A'$ 的刀具轨迹，在顺序号 ns 的程序段中指定，可以用 G00 或 G01 指令，但不能指定 X 轴的运动。当用 G00 指定时，$A\rightarrow A'$ 为快速移动，当用 G01 指定时，$A\rightarrow A'$ 为切削进给移动。

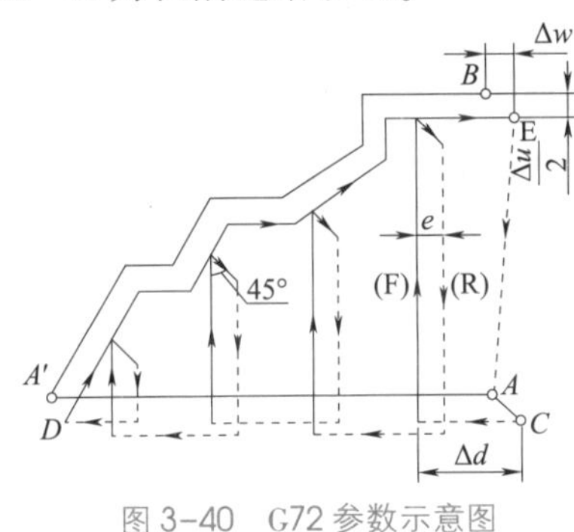

图 3-40　G72 参数示意图

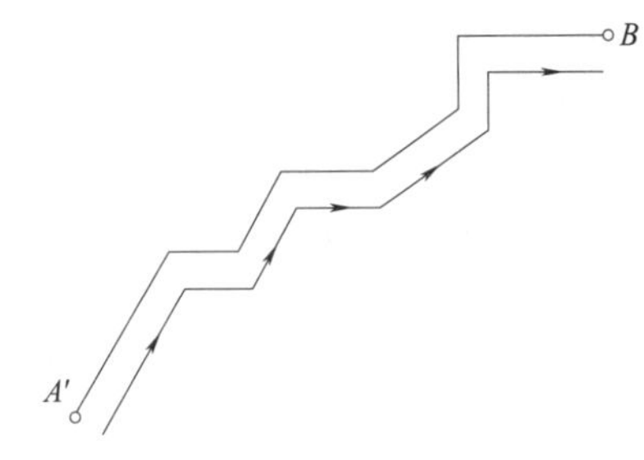

图 3-41　G72 轨迹路径图

2）在 $A'\rightarrow B$ 的零件形状，X 轴和 Z 轴必须是单调增大或单调减小的轮廓。

仿真加工

3）G72 指令必须带有 P、Q 地址 ns、nf，且与精加工路径起、止顺序号对应，否则不能进行该循环加工。

4）在顺序号为 ns 到顺序号为 nf 的程序段中，不能调用子程序。

5）在程序指令时，A 点在 G72 程序段之前指令。在循环开始时，刀具首先由 A 点退回到 C 点，移动 $\frac{\Delta u}{2}$ 和 Δw 的距离。刀具从 C 点平行于 AA' 移动 Δd，开始第一刀的端面粗车循环。第一步移动是用 G00 还是用 G01，由顺序号 ns 中的代码决定。当 ns 中用 G00 时，第一步移动就用 G00，当 ns 中用 G01 时，第一步移动就用 G01。第二步切削运动用 G01，当到达本程序段终点时，以与 X 轴成 45°夹角的方向退出。第四步以离开切削表面 e 的距离快速返回到 X 轴的出发点。再以切深为 Δd 进行第二刀切削，当达到精车留量时，沿精加工留量轮廓 DE 加工一刀，使精车留量均匀。最后从 E 点快速返回到 A 点，完成一个粗车循环。

仿真加工

6）当顺序号 ns 程序段用 G00 移动时，在指令 A 点时，必须保证刀具在 X 方向上位于零件之外。顺序号 ns 的程序段，不仅用于粗车，还用于精车时进刀，一定要保证进刀的安全。

知识拓展

G73 动画

一、固定形状粗车循环指令 G73

固定形状粗车循环也称为成型加工复合循环，按照一定的切削形状，逐渐接近最终形状的循环切削方式，它适用于加工铸件、锻件毛坯零件。铸件、锻件等工件毛坯已经具备了简单的零件轮廓，这时粗加工使用 G73 循环指令可以省时，提高加工效率。

1. 指令格式

G73 U(Δi) W(Δk) R(d)；

G73 P(ns) Q(nf) U(Δu) W(Δw) (F_ S_ T_)；

式中 Δi——X 方向毛坯切除余量（半径值、正值）；

Δk——Z 方向毛坯切除余量（正值）；

d——粗切循环的次数（非小数点编程）；

ns——精加工轮廓程序中开始程序段的段号；

nf——精加工轮廓程序中结束程序段的段号；

Δu——X 轴方向精加工余量及方向；

Δw——Z 轴方向精加工余量及方向。

2. 加工轨迹

如图 3-42 所示，每次切削的轨迹都是精车轨迹的偏移，刀具向前移动一次，切削轨迹逐步靠近精车轨迹，最后一次切削轨迹为按精车余量偏移的精车轨迹。

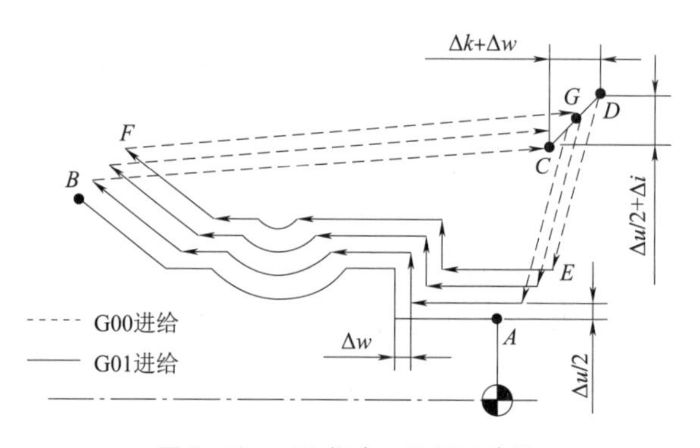

图 3-42 G73 指令刀具循环路径

3. 指令说明

（1）循环起点选在毛坯右前侧（前置刀架）或右后侧（后置刀架），离毛坯可适当远些。

（2）G73 程序段中，“ns” 指程序段可以向 X 轴或 Z 轴的任意方向进刀。

（3）G73 循环加工的轮廓形状，没有单调递增或单调递减形式的限制。

（4）G73 循环粗车后仍采用 G70 循环进行工件的精车，执行 G70 循环时，刀具沿工件的实际轨迹进行切削，如轨迹 A 到 B 所示，循环结束后刀具返回循环起点。

（5）加工未切除余料的棒料毛坯时，Δi 为 X 方向毛坯最大切除余量，可通过（毛坯尺寸-零件轮廓最小部分尺寸）/2 来估算。

（6）ns 程序段只能是 G00、G01 指令。

（7）在 ns～nf 任何一个程序段上的 F、S、T 功能均无效，仅在 G73 中指定的 F、S、T 功能有效。

例如：用固定形状粗、精车循环指令，编制如图 3-43 所示零件的粗、精加工程序（Δi=5 mm，Δk=0）。

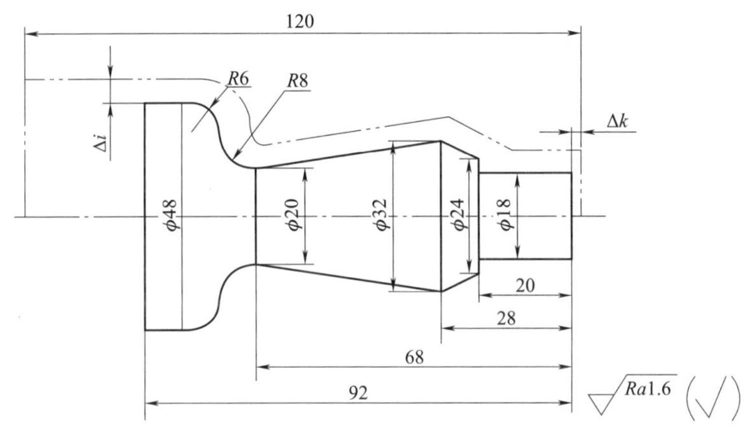

图 3-43　固定形状粗车循环指令编程示例

```
O0001;
T0101;                                   (55°菱形刀片外圆车刀)
G00 X60.0 Z5.0 S500 M03;                 (快速定位至粗车循环起点)
G73 U5.0 W0.0 R3;
G73 P100 Q200 U0.5 W0.1 F0.15;
N100 G00 G42 X18.0 S1000;                (建立右刀补)
G01 Z-20.0 F0.08;
X24.0;
X32.0 Z-28.0;
X20.0 Z-68.0;
G02 X36.0 Z-76.0 R8.0;
G03 X48.0 Z-82.0 R6.0;
G01 Z-92.0;
N200 G01 G40 X60.0;                      (取消刀补)
G70 P100 Q200;                           (精车轮廓)
G00 X100.0 Z100.0;
M30;                                     (程序结束)
```

学习笔记

素养拓展

千里之堤，毁于蚁穴

警惕与安全共存，麻痹与事故相连！当侥幸心理闪现，麻痹思想抬头时，请想一想那一幕幕血的教训。安全是人命关天的头等大事，任何单位只要发生一起安全责任事故，不仅给企业造成经济损失，还会赔上生命，再想弥补，一切都晚了。历数以往大大小小的事故，无一不与粗心、疏忽有关。记得××年4月30日晚，在换热器车间，我目睹了一起安全事故。学生潘某在数控车间因违章操作，没有戴防护眼镜、关机床防护门，铁屑飞入眼睛，造成眼睛受伤，即使出院后，眼睛也一直充满红血丝。××年4月13日，悲剧再一次重演，某企业容器车间铆工马某因“老毛病，坏习惯”的干法，致使自己被管板砸伤，大腿多处骨折，给自己、家人带来了无法挽回的痛。发生这样的事故难道是必然的吗？如果我们的安全意识强一点，我们的责任心再强一点，事故是完全可以避免的。工作时一丝不苟，严格遵守一切规章制度，就能减少和杜绝安全事故的发生。从我做起，从现在做起，从日常工作中的每件小事做起，珍爱生命，杜绝违规作业，就是给学校、家庭、企业创造最大财富。

课后习题

1　如图3-44~图3-46所示3种零件，加工毛坯为ϕ62 mm的棒料，从右端至左端想进给切削，粗加工时每次切深为1.5 mm。进给量为0.25 mm/r，精加工余量X向为0.4 mm，Z向为0.1 mm，切断宽度为4 mm。工件程序原点在如图所示位置。试编写程序。

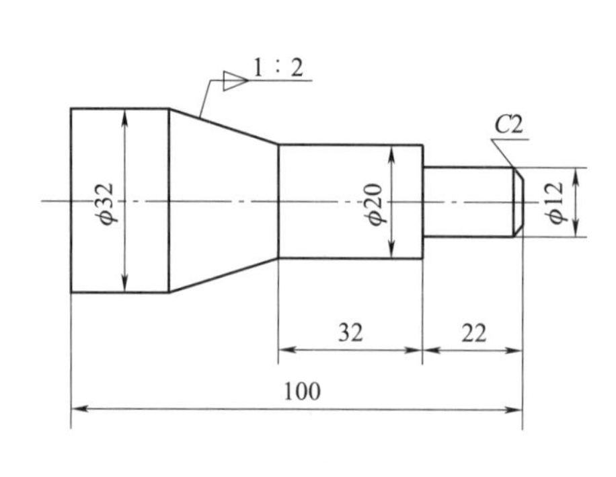

图3-44　零件图

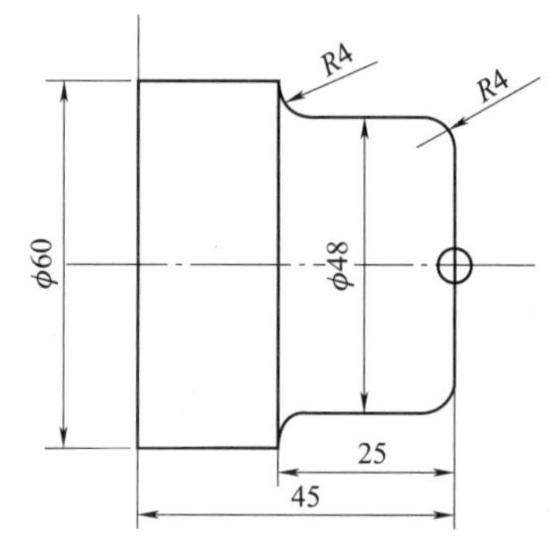

图3-45　零件图

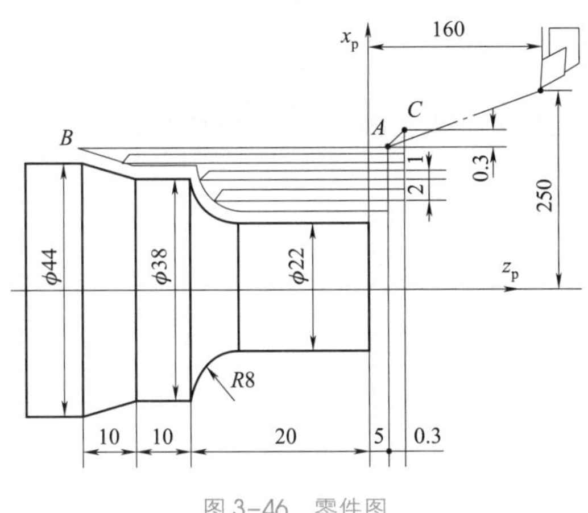

图 3-46　零件图

2　神舟飞船（Shezhou Crewed Spacecraft）是中国自行研制、具有完全自主知识产权、达到或优于国际第三代载人飞船技术的空间载人飞船。根据图 3-47 的神舟飞船图片，请同学们利用 CAD 软件完成神舟飞船模型的主体轮廓形状图纸，并利用数控车床进行加工（参考图纸见附录）。

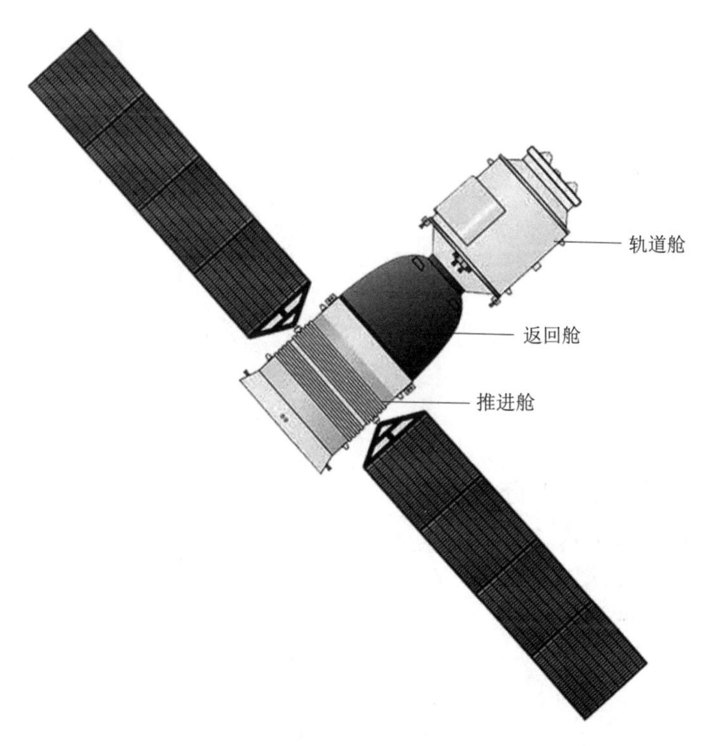

图 3-47　神舟飞船图片

项目4　盘套类零件的车削加工

项目描述

掌握 G70、G72、G73 指令的格式及具体应用，掌握盘类零件的数控加工方法，掌握套类零件的检测方法。

学习目标

（1）熟练掌握 G00、G01、G02、G03、G41、G42、G40、G70、G71、G73、G74 指令的格式。

（2）掌握盘类、套类零件的数控加工方法。

（3）掌握盘类、套类零件的检测方法。

（4）精益求精的工匠精神。

任务4.1　盘类零件的编程与仿真加工

任务目标

（1）盘类零件车削工艺分析。

（2）G90 指令的格式。

（3）孔的加工方法。

（3）盘类零件的测量工具。

技能目标

（1）能正确编制盘类零件车削工艺。

（2）能按零件图样要求编程并加工盘类零件。

（3）能按零件图样要求对盘类零件进行检测及加工误差分析。

（4）正确选择钻头，完成钻孔操作。

素质目标

（1）培养学生的沟通能力。
（2）在实际加工中的质量意识。

仿真加工

任务实施

一、加工任务

如图 4-1 所示，要求制定零件的加工工艺，编写零件的数控加工程序，通过数控仿真加工优化程序，并进行零件的机床加工，最后进行的零件的检验及质量分析。

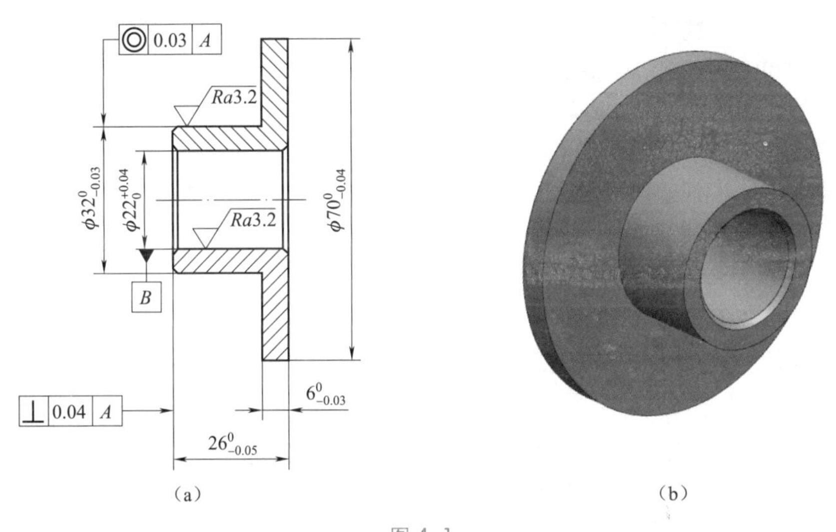

图 4-1
（a）零件图；（b）实体图

二、任务分析

（1）零件图工艺分析。

如图 4-1 所示，盘类零件形状简单，轴向尺寸变化小，此盘类零件重要的加工表面有 $\phi32$ mm 外圆、$\phi22$ mm 内孔以及左端面。由于这些表面间有同轴度和垂直度的要求，加工时可以采用以下三种方案进行加工。

第一种方案是加工时在一次安装中完成 $\phi32$ mm 外圆、$\phi22$mm 内孔以及左端面的加工，然后完成其余表面的加工。

第二种方案是先完成 $\phi22$ mm 内孔及左端面的加工，然后套心轴完成 $\phi32$ mm 外圆的加工。

第三种方案是若加工数量较多、毛坯较长，可以在一次安装中完成外轮廓、内轮廓以及左端面的全部加工，切下零件后掉头车端面、倒角并保证总长即可。本任务采用第三种方案进行编程加工。

（2）确定装夹方案。采用三爪自动定心卡盘夹紧。

（3）确定加工顺序及走刀路线。根据零件的结构特征，粗、精加工外圆表面。

（4）刀具选择。选择中心钻、麻花钻完成零件中心孔的粗加工；选择端面车刀加工外圆面和端面；选择内孔车刀加工内孔、倒角；选择切断刀进行切断。盘类零件数控加工刀具卡片见表 4-1。

表 4-1　盘类零件数控加工刀具卡片

产品名称或代号		盘类零件加工实例	零件名称	盘类零件	零件图号	图 4-1
序号	刀具号	刀具名称及规格	数量	加工表面	刀尖半径/mm	备注
1		中心钻	1	左端面		
2		ϕ18 麻花钻	1	左端面		
3	T01	硬质合金 93°端面车刀	1	粗车外轮廓	0.4	
4	T01	硬质合金 93°端面车刀	1	精车外轮廓	0.4	
5	T02	硬质合金内孔车刀	1	粗车内轮廓	0.4	
6	T02	硬质合金内孔车刀	1	精车内轮廓	0.4	
7	T04	硬质合金切断刀	1	切断	0.4	
编制		审核		批准	共 1 页	第 1 页

（5）填写数控加工工序卡。

盘类零件数控加工刀具卡片见表 4-2。

表 4-2　盘类零件数控加工刀具卡片

单位名称		产品名称或代号		零件名称			零件图号	
		盘类零件加工实例		盘类零件			图 4-1	
工序号	程序编号	夹具名称		使用设备			车间	
01	O0401	三爪卡盘		CAK6150Di			数控	
工步号	工步内容	刀具		切削用量			量具名称	备注
		刀具号	刀具规格/mm	主轴转速 n/(r·min^{-1})	进给速度 f/(mm·min^{-1})	背吃刀量 a_p/mm		
1	钻中心孔		中心钻	1 000	手动		游标卡尺	手动
2	钻孔		ϕ18 麻花钻	200	手动	9	游标卡尺	手动
1	粗车左外轮廓，X 向留余量 0.5 mm（双边）	T01	25×25	800	0.25	1.5	游标卡尺	自动
2	粗车内孔	T02	ϕ16	800	0.25	1.5	游标卡尺	自动

续表

工步号	工步内容	刀具		切削用量			量具名称	备注
		刀具号	刀具规格/mm	主轴转速 n/(r·min^{-1})	进给速度 f/(mm·min^{-1})	背吃刀量 a_p/mm		
3	精车左外轮廓	T01	25×25	1 200	0.1	0.5	外径千分尺(25~50)(50~75)	自动
4	精车内孔	T02	ϕ16	1 200	0.1	0.5	内径表(18~35)	自动
5	切断	T04	25×25 刀刃 4 mm	800	0.05	1.5	游标卡尺	自动
6	精车右端面	T01	25×25	1 200	0.1	0.5	外径千分尺(25~50)	自动
编制		审核		批准		年 月 日	共 页	第 页

三、编制加工

1. 编制加工程序

盘类零件数控加工程序见表 4-3。

表 4-3 盘类零件数控加工程序单

零件号	01	程序名称	盘类零件	编程原点	安装后右端面中心
程序号	O0001	数控系统	FANUC 0i mate-TC	编制	
程序段号	程序		说明		
N10	T0101;		换 1 号端面车刀，导入 1 号刀补偿		
N20	M03 S600;		主轴正转，转速 600 r/min		
N30	G00 X125.0 Z3.0;		快速到达循环起点		
N40	G72 W2.0 R1.0;				
N50	G72 P60 Q90 U0.1 W0.1 F0.3;		端面粗加工循环 加工路线为 N60~N90，X 向精车余量 0.1 mm，Z 向精加工余量 0.1 mm，粗加工进给量 0.3 mm/r		
N60	G00 Z-20.0 S1000;		完成轮廓粗加工 指定精车转速 1 000 r/min，进给量 0.1 mm/r		
N70	G01 X32.0 F0.1;				
N80	Z-1;				
N90	X24 Z3;				
N100	G70 P70 Q90 F50;		精加工外轮廓		
N110	G00 X100 Z150;		刀具快速返回换刀点		

续表

程序段号	程序	说明
N120	M05；	主轴停止
N130	M00；	程序暂停
N140	T0202；	换 2 号内孔车刀，导入 2 号刀补偿
N150	M03 S600；	主轴正转，转速 600 r/min
N160	G00 X18.0 Z3.0；	快速到达循环起点
N170	G71 U1.5.0 R1.0；	
N180	G71 P180 Q220 U-0.5 W0.1 F0.3；	内孔粗加工循环 加工路线为 N180~N220，*X* 向精车余量 0.5 mm，*Z* 向精加工余量 0.1 mm，粗加工进给量 0.3 mm/r
N190	G00 X30；	粗加工内孔 指定精加工转速 1 000 r/min，进给量 0.1 mm/r
N200	G01 X28 Z-1 F0.1 S1000；	
N210	G01 Z-29；	
N220	G00 X18；	
N230	G70 P180 Q220；	精加工内孔
N240	G00 X100 Z150；	刀具快速返回换刀点
N250	M05；	主轴停止
N260	M00；	程序暂停
N270	T0404；	换 4 号切断车刀，导入 4 号刀补偿
N280	M03 S600；	主轴正转，转速 600 r/min
N290	G00 X125 Z3；	快速接近工件
N300	G00 X73；	*X* 向切断刀定位
N310	G00 Z-30.5；	*Z* 向切断刀定位
N320	G01 X20 F0.05；	切断至 X20
N330	G00 X100；	*X* 向远离工件
N340	G00 Z150；	*Z* 向远离工件
N350	M05；	主轴停止
N360	M30；	程序结束

2. 零件的仿真加工

（1）进入数控车仿真软件。

（2）选择机床，机床各轴回参考点。

（3）安装工件，安装刀具并对刀。

（4）输入程序，模拟加工，检测、调试程序。

（5）自动加工，测量工件，优化程序。

3. 零件的实操加工

（1）毛坯、刀具、工具准备。

（2）程序输入与编辑。

（3）机床锁住、空运行，利用数控系统图形仿真，进行程序校验及修整。

（4）安装刀具，对刀操作，建立工件坐标系。

（5）启动程序，自动运行。为了安全，可选择单段运行功能执行程序加工。

（6）停车后，按图纸要求检测工件，对工件进行误差与质量分析。

四、检测与分析

按图纸要求检测工件，填写工件质量评分表。

（1）操作技能考核总成绩见表 4-4。

表 4-4 操作技能考核总成绩

<table>
<tr><td>班级</td><td></td><td>姓名</td><td></td><td colspan="2">学号</td><td></td><td colspan="2">日期</td><td></td></tr>
<tr><td>实训课题</td><td colspan="4">盘类零件的编程与加工</td><td colspan="3">零件图号</td><td colspan="2">1</td></tr>
<tr><td>序号</td><td colspan="3">项目名称</td><td>配分</td><td colspan="3">得分</td><td colspan="2">备注</td></tr>
<tr><td>1</td><td colspan="3">工艺及现场操作规范</td><td>12</td><td colspan="3"></td><td colspan="2" rowspan="3"></td></tr>
<tr><td>2</td><td colspan="3">工件质量</td><td>88</td><td colspan="3"></td></tr>
<tr><td colspan="4">合计</td><td>100</td><td colspan="3"></td></tr>
</table>

（2）工艺及现场操作规范评分见表 4-5。

表 4-5 工艺及现场操作规范评分

<table>
<tr><td>序号</td><td>项目</td><td>考核内容</td><td>配分</td><td>学生自评分</td><td>教师评分</td></tr>
<tr><td rowspan="2">工艺程序</td><td>1</td><td>切削加工工艺制定正确</td><td>2</td><td></td><td></td></tr>
<tr><td>2</td><td>程序正确、简单、明确</td><td>2</td><td></td><td></td></tr>
<tr><td rowspan="4">现场操作规范</td><td>3</td><td>正确使用机床</td><td>2</td><td></td><td></td></tr>
<tr><td>4</td><td>正确使用量具</td><td>2</td><td></td><td></td></tr>
<tr><td>5</td><td>合理使用刀具</td><td>2</td><td></td><td></td></tr>
<tr><td>6</td><td>设备维护保养</td><td>2</td><td></td><td></td></tr>
<tr><td colspan="3">合计</td><td>12</td><td></td><td></td></tr>
</table>

学习笔记

(3) 工件质量评分见表4-6。

表4-6 工件质量评分

检测项目	序号	检测内容	配分		评分标准	学生自测	小组互测	教师检测
			IT	*Ra*				
外圆尺寸	1	$\phi 32_{-0.03}^{0}$/*Ra*1.6	8	2	超差不得分，*Ra* 不合格不得分			
	2	$\phi 70_{-0.04}^{0}$/*Ra*1.6	8	2				
内孔尺寸	3	$\phi 22_{0}^{+0.02}$/*Ra*1.6	8	2				
长度尺寸	4	$26_{-0.05}^{0}$	5		超差不得分			
	5	$6_{-0.03}^{0}$	5					
几何精度	6	◎ φ0.03 *A*	10		超差不得分			
	7	⊥ 0.04 *A*	10					
其他	8	倒角 *C*2 *C*10	5×2		超差不得分			
	9	表面质量 *Ra*6.3	6×3					
总配分			88		总分			
评分人			年 月 日		核分人		年 月 日	

相关知识

内圆加工是在工件内部进行，观察比较困难。刀杆尺寸受孔径影响，选用时受限制，因此刚性比较差。内圆加工时要注意排屑和冷却。工件壁厚较薄时，要注意防止工件变形。数控车床上常见的内圆加工刀具有麻花钻、扩孔钻、铰刀、镗刀等。

1. 钻孔基础

(1) 中心孔的作用和种类。在进行车削、磨削和铣削加工时，长径比（*L/D*）>5的轴类工件，为了增加定位的可靠性和提高定位精度，常采用顶尖进行安装定位，如图4-2所示。用顶尖安装工件前，必须在工件端面上钻出中心孔。

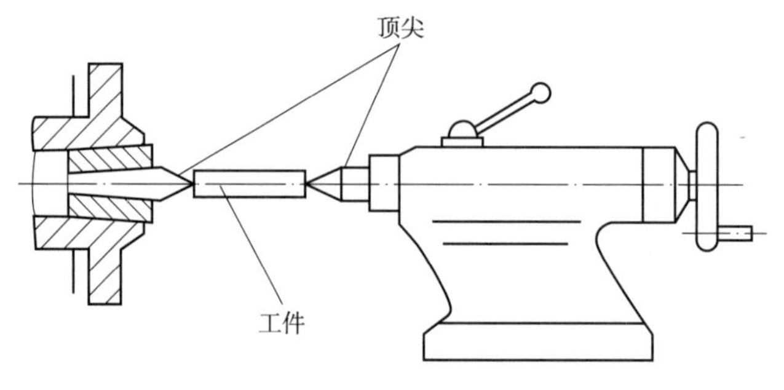

图4-2 使用顶尖示意图

常见中心孔有A型、B型、C型和D型4种结构形式，如图4-3所示。

1）A 型中心孔。由圆孔和 60°圆锥孔组成 60°圆锥孔与顶尖配合，用来平衡切削力和重力，圆孔用来储存润滑油，并保证顶尖和中心孔锥面的贴合，不使顶尖与工件干涉，如图 4–3（a）所示。

2）B 型中心孔。B 型比 A 型中心孔多一个 120°的圆锥孔，用来保护 60°圆锥面，使其不致碰撞，以保证定位面的准确性。多工序工件多用 B 型中心孔，如图 4–3（b）所示。

3）C 型中心孔。它有一螺纹孔，通常用于固定轴向装配的零件，如图 4–3（c）所示。

4）D 型中心孔。中心孔为 60°圆弧面，这样它与顶尖的配合就由面接触变为线接触，适宜于加工顶尖轴心线与工件轴心线有少许不同轴的工件，如图 4–3（d）所示。

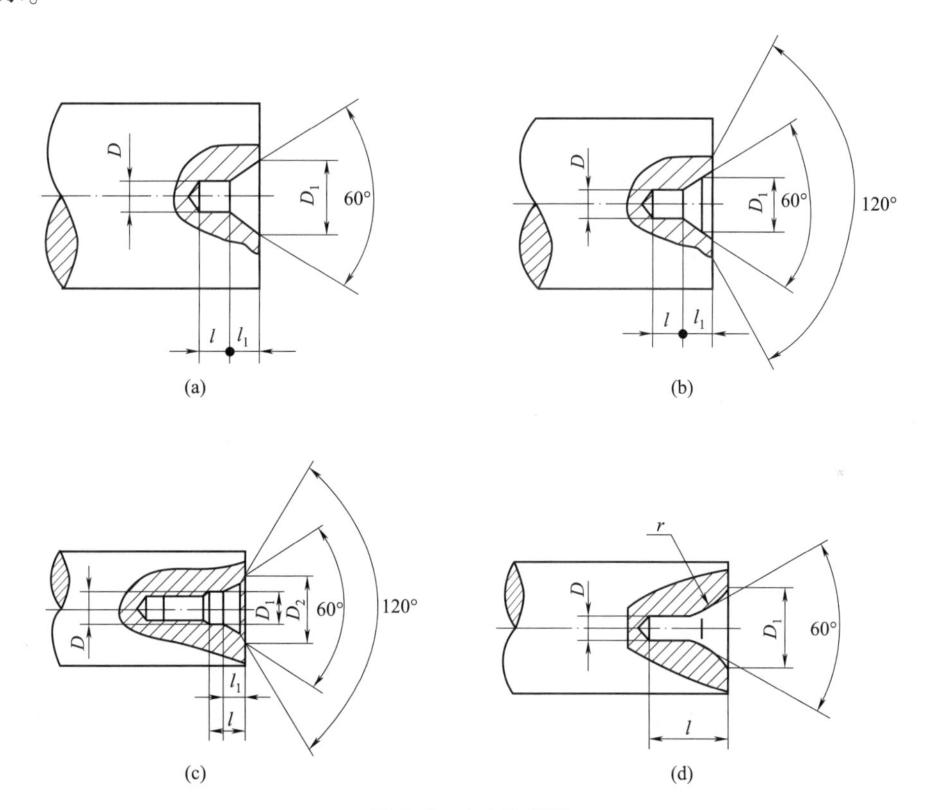

图 4–3　中心孔类型

（a）A 型中心孔；（b）B 型中心孔；（c）C 型中心孔；（d）D 型中心孔

（2）中心钻。中心钻一般由高速钢制成，常用的是 A 型中心钻和 B 型中心钻，如图 4–4 所示。

（3）钻孔的基本原理。在数控车床上钻孔，工件的旋转运动是主运动，钻头沿其轴线方向的移动是进给运动，如图 4–5 所示。

（4）麻花钻的装夹方法。

1）麻花钻在刀架上的装夹方法。麻花钻的柄部有直柄和锥柄两种。直柄麻花钻可用钻夹头装夹，再把钻夹头的锥柄插入车床尾座套筒内使用，锥柄麻花钻可直

学习笔记

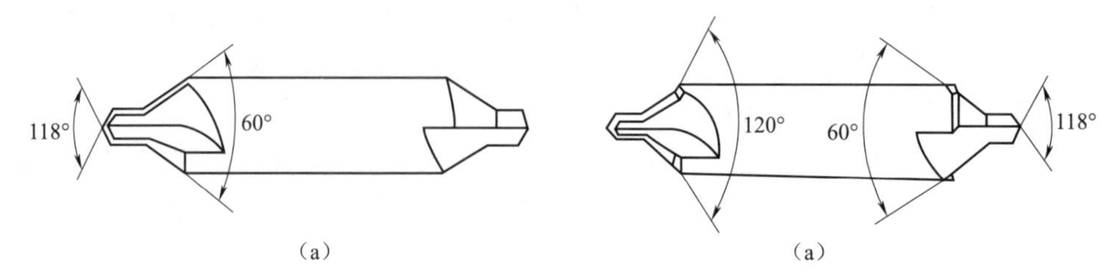

图 4-4　常用中心钻类型

(a) A 型中心钻；(b) B 型中心钻

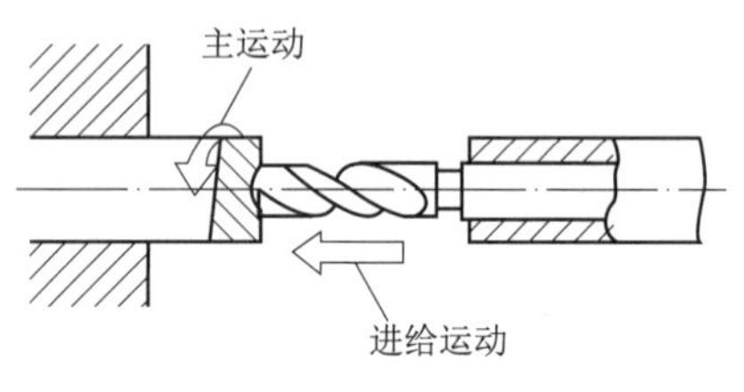

图 4-5　钻孔原理图

接插入车床尾座套筒内或用锥形套过渡使用。如需自动钻孔时，可将钻头装在刀架上，用钻尖和横刃处轴心线对刀，建立工件坐标系，如图 4-6 所示。

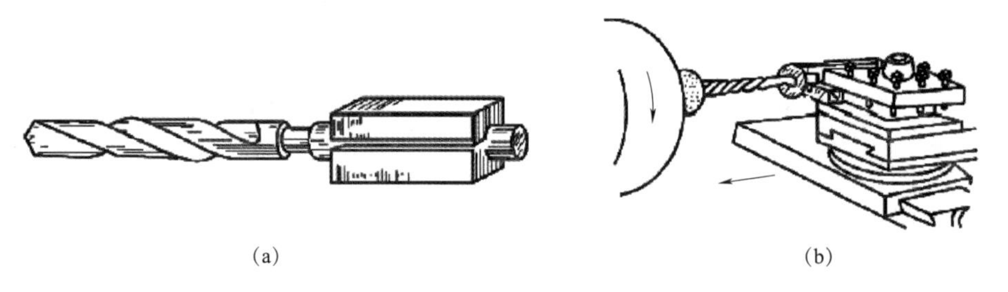

图 4-6　钻头安装示意图

(a) 利用开缝套装夹；(b) 镗刀座装夹

2）麻花钻在尾座上的装夹方法。直柄麻花钻可用钻夹头装夹在尾座上，如图 4-7（a）所示。锥柄麻花钻可用过度锥套装夹在尾座上，如图 4-7（b）所示。

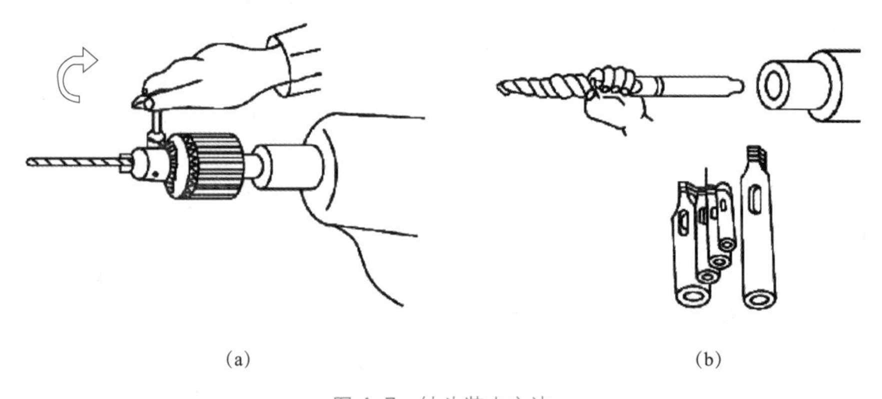

图 4-7　钻头装夹方法

(a) 直柄麻花钻用钻夹头装夹在尾座上；(b) 锥柄麻花钻用过度锥套装夹在尾座上

（5）钻孔的加工方法。

1）钻孔前，先平端面，中心处不留凸头，否则容易使钻头歪斜，影响正确定心。

2）钻头装人尾座套筒后，需校正钻头轴心线和工件回转中心重合，以防孔径扩大和钻头折断。

3）把钻头引向工件端面时，不可用力过大，以防损坏工件和折断钻头。

4）用较长钻头钻孔时，为防止钻头跳动，可在刀架上夹一铜棒或挡铁，如图 4-8 所示，支住钻头头部（不能用力太大），使它对准工件的回转中心，然后缓慢进给，当钻头在工件上已正确定心，并钻出一段台阶孔后，把铜棒退出。

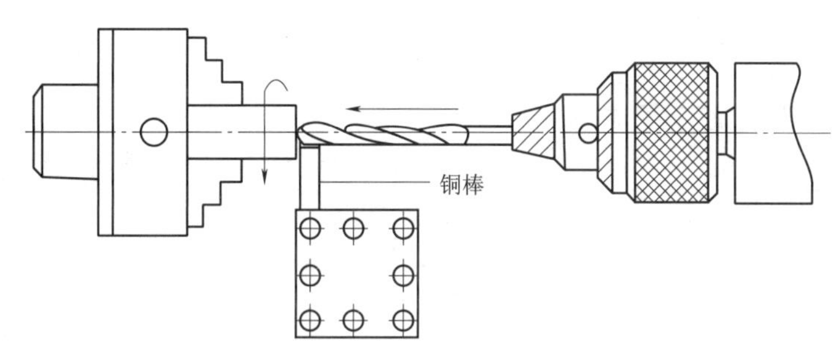

图 4-8　刀架夹铜棒防止钻头跳动示意图

5）孔加工时，先用中心钻定心，再用麻花钻钻孔，使加工出的孔内外同轴，尺寸正确。

6）孔加工一段后，需退出钻头，停车测量孔径，以防孔径扩大，工件报废。

7）钻深孔时，切屑不易排出，必须经常退出钻头，清除切屑。

8）当钻头将要把孔钻穿时，因钻头横刃不再参加切削，阻力大大减小，进刀时，就会觉得手轮摇起来很轻松，这时，必须减小进给量，否则会使钻头的切削刃“咬”在工件孔内，损坏钻头，或使钻头的锥柄在尾座锥孔内打滑，把锥孔和锥柄咬毛。

9）当钻削不通孔时，为了控制深度，可应用尾座套筒上的刻度。如没有刻度尺，可在钻头上用粉笔或记号笔做出标记。

（6）钻孔加工冷却。

钻削钢料时，为了不使钻头发热，必须加足冷却液。钻削铸铁时，一般不加冷却液；钻削铝材时，可以加煤油；钻削黄铜、青铜时，一般不加切削液，如需可加乳化液；钻削镁合金时，不可以加冷却液，因为冷却液会引起氢化作用（助燃），而引起燃烧，甚至爆炸，只能用压缩空气来排屑和降温。

4. 常见的内圆检测方法

可采用内卡钳、游标卡尺、塞规和内径百分表检测内圆，如图 4-9 所示。

采用内卡钳检测内圆时，用手将钳脚开至孔径的大约长度，右手大拇指和食指握住卡钳的铆接部位，将一个钳脚置于孔口边，用左手固定，另一个钳脚置于孔的上口边，如图 4-9（a）所示，并沿孔壁的圆周方向摆动，摆动的距离为 2~4 mm，当感觉过紧时需减少内卡钳的开度，反之，需增大开度，直到调整到适度为止。在圆周方向上测量的同时，再沿孔的轴向测量，直至该方向上卡钳的开度为最小。调

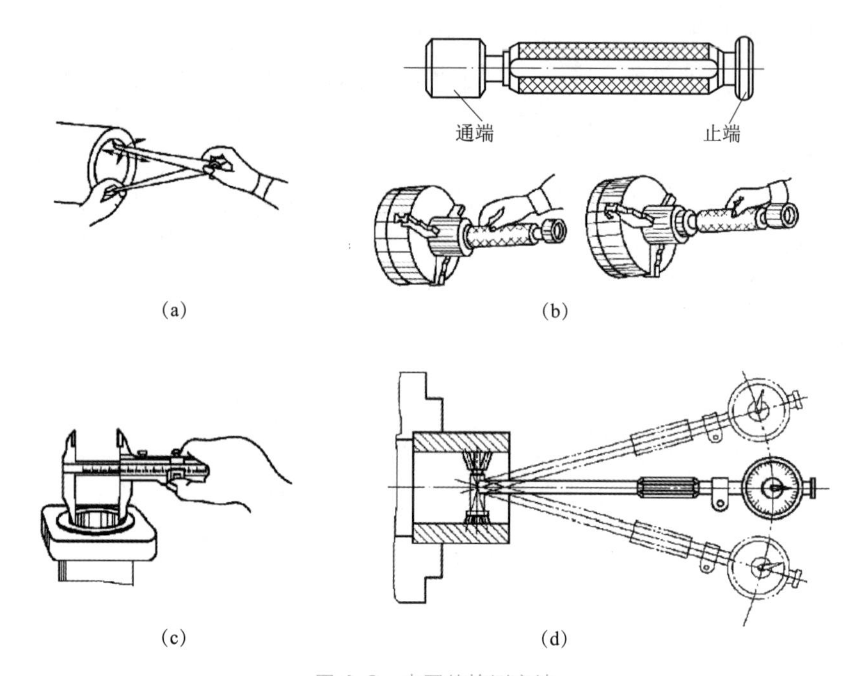

图 4-9 内圆的检测方法

（a）内卡钳检测；（b）塞规检测；（c）游标卡尺检测；（d）内径百分表检测

整卡钳的开度时，可轻敲卡钳的两侧面，不要敲击卡钳的测量面，以免损伤。

塞规具有两个测量端，即通端（T）和止端（Z），用塞规检测内圆时，如果通端通过，止端不能通过，则这个工件是合格的，如图 4-9（b）所示。否则，就是废品。

采用卡尺检测内圆，如图 4-9（c）所示。

内径百分表是用对比法检测内圆，因此使用时，应先根据测量工件的内圆直径，用外径千分尺将内径表对准“零”后，方可进行测量，取最小值为孔径的实际尺寸，如图 4-9（d）所示。

注意：

用内径百分表测量前，应首先检查整个测量装置是否正常，如固定测量头有无松动，百分表是否灵活，指针转动后是否能回到原来位置，指针对准的“零位”是否走动等。

用内径百分表测量时，不能超过其弹性极限，如把表强行放入较小的内圆中，在旁侧的压力下，容易损坏机件。

用内径表测量时，要注意以下两方面。

（1）长指针和短指针应结合观察，以防指针多转一圈。

（2）短指针位置基本符合，长指针转动至“零”位线附近时，应防止“+”“-”数值搞错。长指针过“零”位线则内圆小；反之，则内圆大。

任务 4.2 套类零件的编程与仿真加工

任务目标

知识目标

（1）套类零件车削工艺分析。
（2）内圆弧加工方法。
（3）内圆弧检测方法。

技能目标

（1）能正确编制套类零件车削工艺。
（2）能按零件图样要求编程并加工套类零件。
（3）能按零件图样要求对套类零件进行检测及加工误差分析。

素质目标

（1）培养学生的沟通能力。
（2）在实际加工中的质量意识。

任务实施

仿真加工

一、加工任务

任务图如图 4-10 所示。

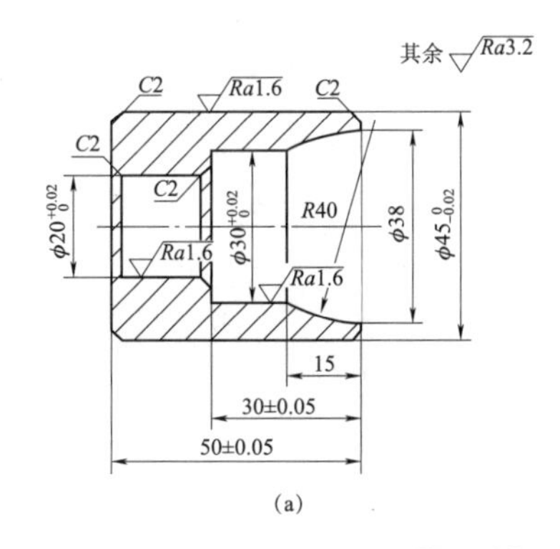

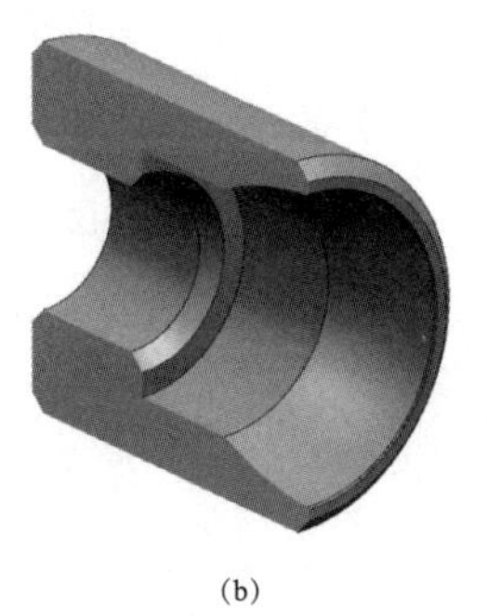

图 4-10 任务图
（a）零件图；（b）实体剖面图

学习笔记

二、任务准备

制定零件的加工工艺

(1) 零件图工艺分析。

方案一：毛坯件较短时，车右端面，钻中心孔，钻孔，粗、精车内轮廓，调头以 $\phi20$ 内孔定位车另一端面及 $\phi45$ mm 外圆。

方案二：毛坯件较长时，车右端面、$\phi45$ mm 外圆，钻中心孔，钻孔，粗、精车内圆弧面、台阶孔，保证总长，切断工件。本任务采用方案二进行加工，粗车内圆弧面时，采用分层法车削。

(2) 确定装夹方案。采用三爪自动定心卡盘夹紧。

(3) 确定加工顺序及走刀路线。根据零件的结构特征，粗、精加工外圆表面。

具体加工工艺路线如下。

①平端面。

②钻中心孔。

③钻孔。

④粗、精车外圆。

⑤粗车内圆弧面和内圆。

⑥精车内圆弧面和内圆至尺寸。

⑦切断。

(4) 刀具选择。选择中心钻、麻花钻完成零件中心孔的粗加工；选择端面车刀加工外圆面和端面；选择内孔车刀加工内孔、倒角；选择切断刀进行切断。圆弧套类零件数控加工刀具卡片见表 4-7。

表 4-7 圆弧套类零件数控加工刀具卡片

产品名称或代号		圆弧套加工实例	零件名称	圆弧套	零件图号	图 4-10
序号	刀具号	刀具名称及规格	数量	加工表面	刀尖半径/mm	备注
1		中心钻	1	左端面		
2		$\phi18$ 麻花钻	1	左端面		
3	T01	硬质合金 93°外圆车刀	1	粗车外轮廓	0.4	
4	T01	硬质合金 93°外圆车刀	1	精车外轮廓	0.4	
5	T02	硬质合金内孔车刀	1	粗车内轮廓	0.4	
6	T02	硬质合金内孔车刀	1	精车内轮廓	0.4	
7	T04	硬质合金切断刀	1	切断	0.4	
编制		审核	批准		共 1 页	第 1 页

（5）填写数控加工工序卡。圆弧套类零件数控加工刀具卡片见表 4-8。

表 4-8　圆弧套类零件数控加工刀具卡片

单位名称		产品名称或代号		零件名称			零件图号	
		圆弧套加工实例		圆弧套			图 4-10	
工序号	程序编号	夹具名称		使用设备			车间	
01	O0402	三爪卡盘		CAK6150Di			数控	
工步号	工步内容	刀具		切削用量			量具名称	备注
		刀具号	刀具规格/mm	主轴转速 n/(r·min^{-1})	进给速度 f/(mm·min^{-1})	背吃刀量 a_p/mm		
1	钻中心孔		中心钻	1 000	手动		游标卡尺	手动
2	钻孔		ϕ18 麻花钻	200	手动	9	游标卡尺	手动
1	粗车右侧外轮廓，X 向留余量 0.5 mm（双边）	T01	25×25	800	0. 25	1. 5	游标卡尺	自动
2	粗车内孔	T02	ϕ16	800	0. 25	1. 5	游标卡尺	自动
3	精车右侧轮廓	T01	25×25	1 200	0. 1	0. 5	外径千分尺（25～50）	自动
4	精车内孔	T02	ϕ16	1 200	0. 1	0. 5	内径表（18～35）	自动
5	切断	T04	25×25 刀刃宽 4 mm	800	0. 05	1. 5	游标卡尺	自动
6	精车左端面	T01	25×25	1 200	0. 1	0. 5	外径千分尺（25～50）	自动
编制		审核		批准		年　月　日	共　页	第　页

三、编程加工

1. 编制加工程序

圆弧套类零件数控加工程序单见表 4-9。

表 4-9　圆弧套类零件数控加工程序单

零件号	01	程序名称	圆弧套	编程原点	安装后右端面中心
程序号	O0402	数控系统	FANUC 0i mate-TC	编制	
程序段号	程序		说明		
N10	T0101;		换 1 号外圆车刀，导入 1 号刀补偿		
N20	M03 S600;		主轴正转，转速 600 r/min		

续表

程序段号	程序	说明
N30	G00 X50. 0 Z3. 0;	快速到达循环起点
N40	G00 Z0. 1;	
N50	G01 X16. 0 F0. 2;	
N60	G00 Z3. 0;	
N70	G00 X50. 0;	
N80	G71 U1. 5 R1. 0;	外轮廓粗加工循环
N90	G71 P90 Q130 U0. 1 W0. 1 F0. 3;	加工路线为 N90~N130，*X* 向精车余量 0. 1 mm，*Z* 向精加工余量 0. 1 mm，粗加工进给量 0. 3 mm/r
N100	G00 X35. 0 S1000;	
N110	G01 X45. 0 Z-3. 0 F0. 1;	
N120	Z-54. 0;	
N130	G00 X50. 0;	
N140	G70 P90 Q130;	精车外轮廓
N150	G00 X100. 0 Z100. 0;	回到安全点
N160	M05;	主轴停止
N170	M00;	程序暂停
N180	T0202;	换 2 号外圆内孔车刀，导入 2 号刀补偿
N190	M03 S600;	主轴正转，转速 600 r/min
N200	G00 X50. 0 Z3. 0;	
N210	G00 X18. 0;	快速到达循环起点
N220	G71 U1. 5. 0 R1. 0;	外轮廓粗加工循环
N230	G71 P90 Q130 U-0. 5 W0. 1 F0. 3;	加工路线为 N90~N130，*X* 向精车余量 0. 5 mm，*Z* 向精加工余量 0. 1 mm，粗加工进给量 0. 3 mm/r，X38. 17 为圆弧 R40 延长线与 Z3 交点坐标的 *X* 坐标值
N240	G00 X38. 17 S1000;	
N250	G03 X30. 0 Z-15. 0 R40. 0 F0. 1;	
N260	G01 Z-30. 0;	
N270	X24. 0;	
N280	X20 Z-32. 0;	
N290	Z-54. 0;	
N300	G00 X18. 0;	
N310	G70 P90 Q130;	完成内孔精加工
N320	G00 X100. 0 Z100. 0;	回到安全点
N330	M05;	主轴停止
N340	M00;	程序暂停
N350	T0404;	换 4 号切断刀，导入 4 号刀补偿
N360	M03 S600;	主轴正转，转速 600 r/min

续表

程序段号	程序	说明
N370	G00 X50 Z3；	快速接近工件
N380	G00 Z-54；	Z 向切断刀定位
N390	G01 X18 F0.05；	切断至 X18
N400	G00 X100；	X 向远离工件
N410	G00 Z150；	Z 向远离工件
N420	M05；	主轴停止
N430	M30；	程序结束

2. 零件的仿真加工

（1）进入数控车仿真软件。

（2）选择机床，机床各轴回参考点。

（3）安装工件，安装刀具并对刀。

（4）输入程序，模拟加工，检测、调试程序。

（5）自动加工，测量工件，优化程序。

3. 零件的实操加工

（1）毛坯、刀具、工具准备。

（2）程序输入与编辑。

（3）机床锁住、空运行，利用数控系统图形仿真，进行程序校验及修整。

（4）安装刀具，对刀操作，建立工件坐标系。

（5）启动程序，自动运行。为了安全，可选择单段运行功能执行程序加工。

（6）停车后，按图纸要求检测工件，对工件进行误差与质量分析。

四、检测与分析

按图纸要求检测工件，填写工件质量评分表。

（1）操作技能考核总成绩见表 4-10。

表 4-10　操作技能考核总成绩

<table>
<tr><td>班级</td><td></td><td>姓名</td><td></td><td>学号</td><td></td><td>日期</td><td></td></tr>
<tr><td>实训课题</td><td colspan="4">圆弧套的编程与加工</td><td>零件图号</td><td colspan="2">1</td></tr>
<tr><td>序号</td><td colspan="2">项目名称</td><td>配分</td><td colspan="2">得分</td><td colspan="2">备注</td></tr>
<tr><td>1</td><td colspan="2">工艺及现场操作规范</td><td>12</td><td colspan="2"></td><td colspan="2" rowspan="3"></td></tr>
<tr><td>2</td><td colspan="2">工件质量</td><td>88</td><td colspan="2"></td></tr>
<tr><td colspan="3">合计</td><td>100</td><td colspan="2"></td></tr>
</table>

（2）工艺及现场操作规范评分见表 4-11。

表 4-11　工艺及现场操作规范评分

序号	项目	考核内容	配分	学生自评分	教师评分
工艺程序	1	切削加工工艺制定正确	2		
	2	程序正确、简单、明确	2		
现场操作规范	3	正确使用机床	2		
	4	正确使用量具	2		
	5	合理使用刃具	2		
	6	设备维护保养	2		
合计			12		

（3）工件质量评分见表 4-12。

表 4-12　工件质量评分

检测项目	序号	检测内容	配分 IT	配分 Ra	评分标准	学生自测	小组互测	教师检测
外圆尺寸	1	$\phi45_{-0.03}^{0}/Ra1.6$	6	4	超差不得分，*Ra* 不合格不得分			
内孔尺寸	2	$\phi22_{0}^{+0.02}/Ra1.6$	6	4				
	3	$\phi22_{0}^{+0.02}/Ra1.6$	6	4				
长度尺寸	4	30±0.05	6		超差不得分			
	5	50±0.05	6					
圆弧	6	*R*40	6					
其他	7	倒角 *C*2	4×4		超差不得分			
	8	其余表面质量 *Ra*3.2	6×4					
总配分			88		总分			
评分人			年　月　日		核分人		年　月　日	

相关知识

内圆弧面加工是在工件内部进行，观察比较困难。刀杆尺寸受孔径影响，选用时受限制，因此刚性比较差。内圆弧面加工时要注意排屑和冷却。工件壁厚度较薄时，要注意防止工件变形。

1. 车内圆弧刀具选用技巧

加工内圆弧面前需先用麻花钻钻孔（含用中心钻钻中心孔），加工内圆弧选用的内圆车刀的主、副偏角应足够大，防止发生干涉；当内圆弧无预制孔时，内圆车刀主偏角必须大于 90°，如图 4-11 所示。

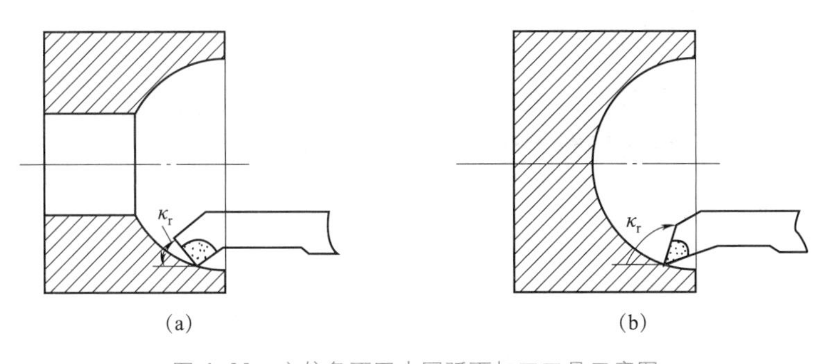

图 4-11　主偏角不同内圆弧面加工刀具示意图

（a）车刀主偏角小于 90°；（b）车刀主偏角大于 90°

2. 内圆弧加工工艺设计技巧

通常数控车床的机械装置决定进刀路线，车削中，Z 坐标轴方向的进给运动都是沿着 Z 坐标轴的负方向进给，但有时按常规的负方向设计进给路线并不合理，甚至导致车废工件。例如当采用尖形车刀加工大圆弧内表面时，应安排两种不同的进给路线，如图 4-12 所示。

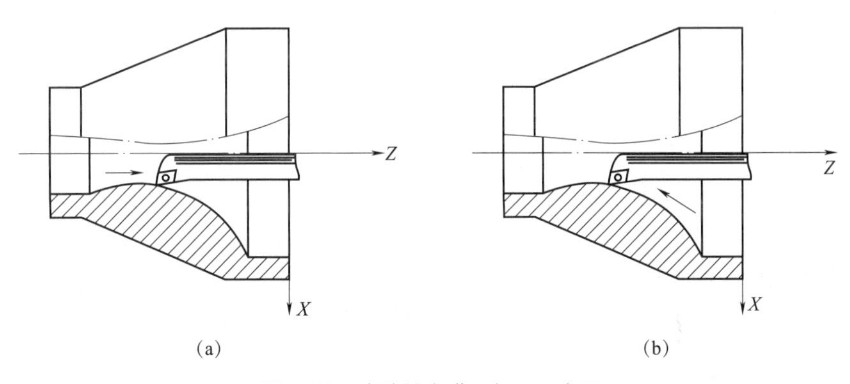

图 4-12　内腔轴向进刀加工示意图

（a）正方向进刀加工；（b）负方向进刀加工

如图 4-12（a）所示，刀具沿内腔轴向正方向进刀加工，即沿着正 Z 向运动。吃刀抗力沿负 X 向作用时，图 4-13 所示刀尖运动到圆弧的换象限处时，X 向吃刀抗力 P_x 方向与横拖板传动力方向相反，即使滚珠丝杠螺母副存在机械传动反向间隙，也不会产生扎刀现象，因此，走刀路线合理。

如图 4-12（b）所示，刀具沿内腔轴向负方向进刀加工，即沿着负 Z 向运动。如图 4-14 所示，当刀尖运动到圆弧的换象限处时，X 向吃刀抗力 P_x 方向与横拖板传动方向一致，若滚珠丝杠螺母副有机械传动反向间隙，就可能使刀尖嵌入工件表面造成扎刀现象，从而大大降低零件的表面质量。

3. 内圆弧面的检测

内圆弧表面用半径样板检测，表面粗糙度用表面粗糙度样板比对。

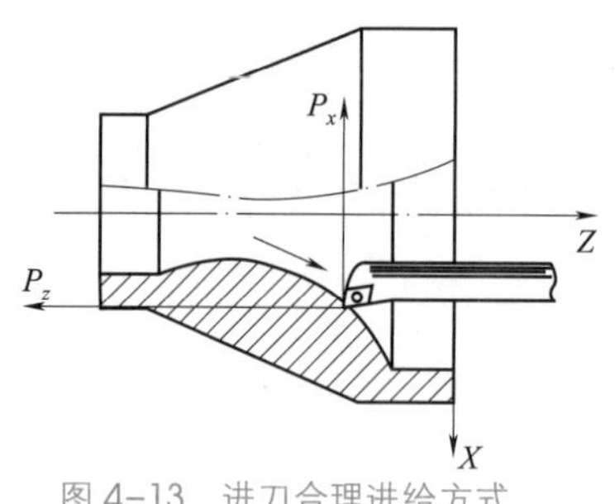

图 4-13　进刀合理进给方式

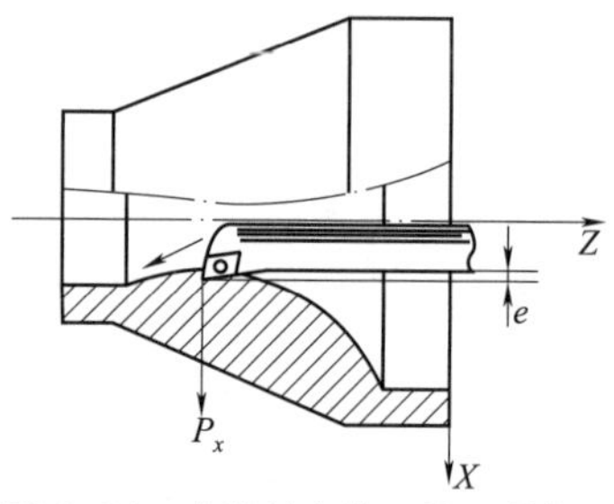

图 4-14　内腔轴向进刀扎刀现象

中国机床撑起中国制造脊梁

1. 中国第一台数控机床试制成功

1958 年，北京第一机床与清华大学合作，试制出中国第一台数控机床——X53K1 三坐标数控机床，填补了中国在数控机床领域的空白。

历时 9 个月时间研制成功数控系统，实现了三个坐标联动数控机床的研制成功，为中国机械 I 业开始高度自动化奠定了基础。

2. 中国机床工具工业协会成立

中国机床工具工业协会英文简称 CMTBA，是经中华人民共和国民政部批准具有社会团体法人资格的全国性社会团体，于 1988 年 3 月正式成立。中国机床工具工业协会是全国性行业组织，以中国机床工具工业制造企业为主体，由有关企业或企业集团、经营公司、科研设计单位、院校和团体自愿组成的全国性行业组织，不以营利为目的，不受地区、部门隶属关系和所有制限制。以维护全行业共同利益，促进行业发展为宗旨。在政府、国内外同行业和用户之间发挥桥梁、纽带和中介组织的中国机床撑起中国制造脊梁。

3. "十三五"装备工业有力支撑制造强国建设

中国已成为世界第一机床消费大国。据德国机床制造商协会资料，2020 年全球机床行业总产值为 578 亿欧元，其中中国以 169. 5 亿欧元的产值位居全球第一，在全球市场中占据 29%的份额；德国、日本的产值分别为 86. 6 亿欧元、82. 2 亿欧元，在全球市场中的份额分别为 15%和 14%。

中国机床产业发展促进中国制造崛起，中国机床产业快速发展，极大促进了中国制造飞速崛起：新能源汽车、工程机械、高速铁路、航空飞行器、船舶、风电、供电设施领域，取得瞩目成就。

4. "十三五"装备工业有力支撑制造强国建设

通过数控机床科技重大专项的实施，重塑了机床产业创新生态，中国机床装备已整体进入数控时代。高档数控机床平均故障时间可实现 500 小时到 1 600 小时的高跨越，精度整体提高 20%，国产高档数控系统国内市场占有率提高 20%以上，大型重载滚珠丝杠精度达到国外先进水平；五抽镜像铣机床、15 万吨充液拉伸装备等 40 余种主机产品达到国际领先或先进水平；飞机结构件加工自动化生产线、运载火箭高效加工、大型结构焊接等关键制造装备实现突破，国内首个轿车动力总成关键装备检证平台解决了汽车领域国产机床验证难题。

课后习题

1 根据所学循环指令，如图 4-15 所示，毛坯尺寸 $\phi50\times32$ mm，材料为 45 号钢，分析加工工艺和编制加工程序。

2 本题主要是训练学生掌握工件上内圆锥的基本加工方法。零件如图 4-16 所示，毛坯尺寸 $\phi45\times27$ mm，材料为 45 号钢，分析零件加工工艺，编写加工程序。

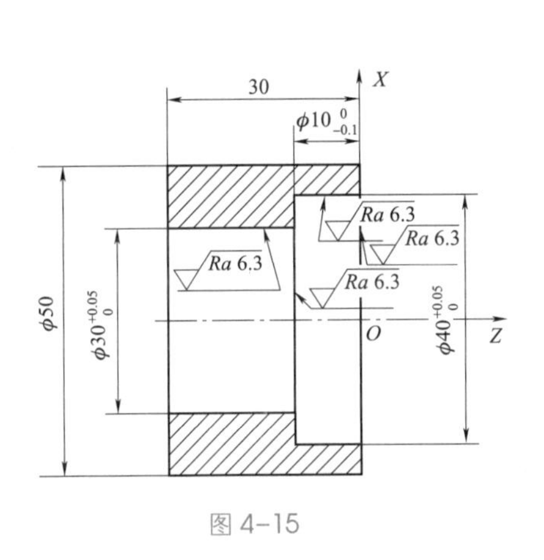

图 4-15

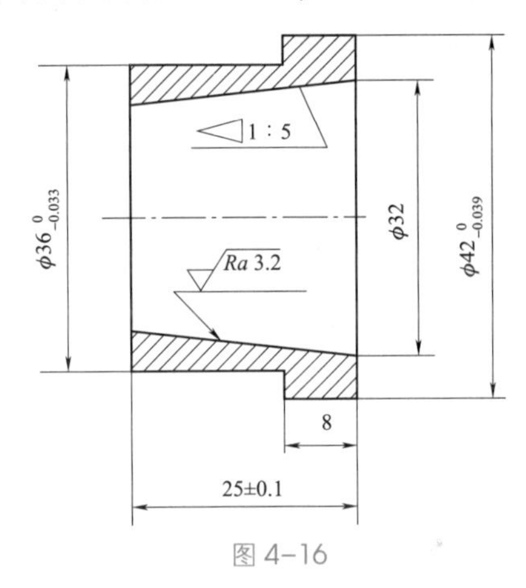

图 4-16

3 本题主要是训练学生掌握工件上内圆弧面的基本加工方法。零件如图 4-17 所示，毛坯尺寸 $\phi52\times37$ mm，材料为 45 号钢，分析零件加工工艺，编写加工程序。

4 本题主要是训练学生掌握工件上内槽的基本加工方法。零件如图 4-18 所示，毛坯尺寸 $\phi60\times30\times100$ mm，材料为 45 号钢，分析零件加工工艺，编写加工程序。

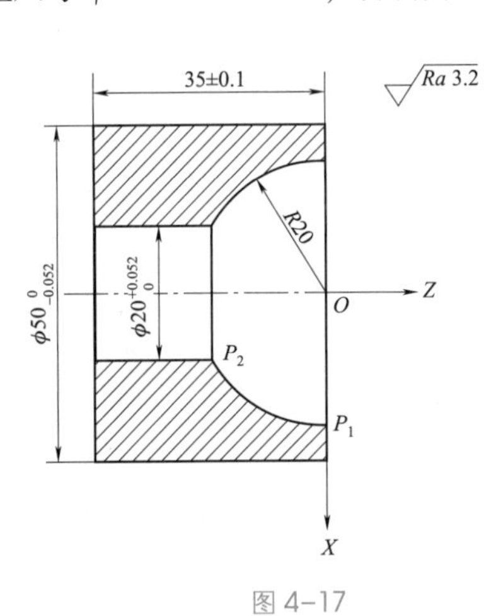

图 4-17

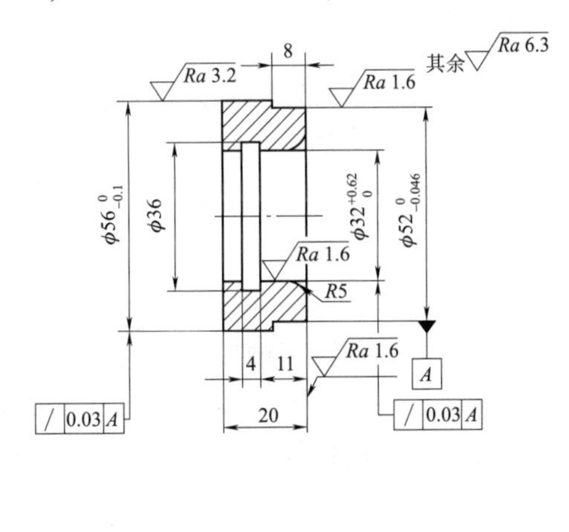

图 4-18

学习笔记

项目5 槽类零件的编程与加工

项目描述

在航空航天、机械、化工等工业加工生产过程中，常会见到不同形状的槽，如螺纹退刀槽、砂轮越程槽、V形带槽等应用较广泛。槽类零件的切削加工是数控车削基本操作技能。本项目主要包括外槽和内槽的加工，介绍了相关指令的运用，制定槽类零件的加工工艺方法，通过学习任务能够完成槽类零件的编程与加工及常见槽类零件问题的解决。

学习目标

（1）掌握槽类零件的加工工艺。

（2）掌握切槽刀的对刀方法。

（3）掌握槽类零件的编程与加工。

任务5.1 外槽的编程与仿真加工

任务目标

知识目标

（1）掌握典型子程序类零件工艺安排。

（2）掌握宽窄槽加工方法。

（3）掌握数控车床子程序类零件的编程方法。

技能目标

（1）能正确编制宽窄槽加工工艺。

（2）能按零件图样要求编程并加工外槽零件。

（3）能正确运用数控车床进行槽类零件的加工。

学习笔记

素质目标

（1）培养学生的沟通能力。

（2）在实际加工中的质量意识。

液压阀芯

任务实施

一、加工任务

如图 5-1 所示，已知液压阀芯零件材料为45#钢，毛坯为 ϕ45×110 mm 的棒料。要求制定零件的加工工艺，编写零件的数控加工程序，并进行零件加工。

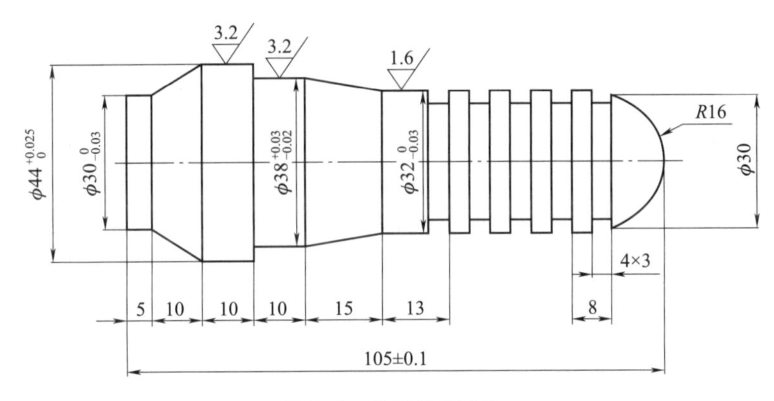

图 5-1　液压阀芯零件

二、任务分析

（1）零件图工艺分析。

图 5-1 所示为液压阀芯零件，该零件毛坯直径为 ϕ45 mm，长度为 105 mm。该零件车削的槽宽均为 4 mm，根据零件的尺寸可归纳为五组相同的形状，因此，可以应用子程序来进行编写。

（2）确定装夹方案。

该工件是一个实心轴，因为轴的长度不是很长，所以采用工件的左端面和 ϕ30 外圆作为定位基准。使用普通三爪卡盘夹紧工件，取工件的右端面中心为工件坐标系的原点。

（3）确定加工顺序及走刀路线。

根据零件的结构特征，可先用外圆刀粗、精加工右端外圆，然后换切槽刀切槽，切断完成工件加工。

（4）刀具选择。T01 号刀为 93°外圆菱形车刀；T02 号刀为切槽刀，其宽度为 4 mm。液压阀芯零件数控加工刀具卡片见表 5-1。

学习笔记

表 5-1　液压阀芯零件数控加工刀具卡片

产品名称或代号			零件名称	液压阀芯零件	零件图号	图 5-1
序号	刀具号	刀具名称及规格	数量	加工表面	刀尖半径/mm	备注
1	T01	93°外圆菱形车刀	1	粗、精车外轮廓	0.4	
2	T02	刀宽 4 mm 切槽刀	1	切槽切断		
编制		审核	批准		共 1 页	第 1 页

5. 填写数控加工工序卡。

液压阀芯零件数控加工工序卡片见表 5-2。

表 5-2　液压阀芯零件数控加工序具卡片

单位名称		产品名称或代号		零件名称			零件图号	
				液压阀芯零件			图 5-1	
工序号	程序编号	夹具名称		使用设备			车间	
01	O0001	三爪卡盘		CAK6150Di			数控	
工步号	工步内容	刀具		切削用量			量具名称	备注
		刀具号	刀具规格/mm	主轴转速 n/(r · min^{-1})	进给速度 f/(mm · min^{-1})	背吃刀量 a_p/mm		
1	粗车右外轮廓，X 向留余量 0.5 mm（双边）	T01	25×25	800	0.25	1.5	游标卡尺	自动
2	精车右外轮廓	T01	25×25	1 200	0.1	0.5	外径千分尺	自动
3	切槽、切断	T02	25×25	400			游标卡尺	自动
编制	审核		批准		年　月　日		共　页	第　页

三、编程加工

1. 编制加工程序

液压阀芯零件数控加工程序单见表 5-3。

表 5-3　液压阀芯零件数控加工程序单

零件号	01	程序名称	液压阀芯零件	编程原点	安装后右端面中心
程序号	O0001	数控系统	FANUC 0i mate-TC	编制	
程序段号	程序		说明		
N10	G54;		工件坐标系设定		

续表

程序段号	程序	说明
N20	S600 M03;	主轴正转，转速为 600 r/min
N30	G00 X100. 0 Z100. 0;	定位换刀点
N40	T0101 M08;	换 1 号外圆刀，切削液开
N50	G00 X45. 0 Z0;	快速进刀
N60	G01 X0 F0. 25;	车端面
N70	G00 X100. 0 Z100. 0;	快速退刀
N80	S800 M03;	转速为 800 r/min
N90	G00 X47. 0 Z3. 0;	快速进刀
N100	G71 U1. 5 R1. 0;	调用外圆粗车循环指令
N110	G71 P120 Q230 U0. 4 W0. 2 F0. 25 S800;	
N120	G00 X0 S1200;	加工轮廓开始
N130	G01 Z0 F0. 1;	定位
N140	G03 X30. 0 Z-10. 0 R14. 0;	加工 R16 圆弧
N150	G01 X32. 0;	加工台阶
N160	G01 Z-55. 0;	加工 ϕ32 mm 外圆
N170	G01 X38. 0 Z-70. 0;	加工圆锥面
N180	Z-80. 0;	加工 ϕ38 外圆
N190	X44. 0;	加工台阶
N200	Z-90. 0;	加工 ϕ44 mm 外圆
N210	X30 Z-100;	加工圆锥面
N220	Z-105;	加工 ϕ30 mm 外圆
N230	G00 X45;	*X* 向退刀
N240	G70 P120 Q230;	精车外轮廓
N250	G00 X100. 0;	回换刀点换刀
N260	Z100. 0;	
N270	T0202;	换 2 号切槽刀
N280	S400 M03;	主轴正转，转速为 400 r/min
N290	G00 X34. 0 Z-4. 0;	定位换刀点
N300	M98 P50002;	调用子程序 5 次，切 5 个槽
N310	G00 X50. 0;	退刀
N320	Z-94. 0;	定位
N330	G01 X0 F0. 1;	切断
N340	G00 X100. 0 Z100. 0 M09;	退回换刀点
N350	M05;	主轴停

续表

程序段号	程序	说明
N336	M30；	主程序结束
	O0002	子程序
N10	G00 W-8.0；	相对值编程
N20	G01 U-12.0 F0.1；	切槽
N30	G04 X1.0；	槽底暂停
N40	G00 U12.0；	转换成绝对值编程
N50	M99；	子程序结束返回

2. 零件的仿真加工

（1）进入数控车仿真软件。

（2）选择机床，机床各轴回参考点。

（3）安装工件，安装刀具并对刀。

（4）输入程序，模拟加工，检测、调试程序。

（5）自动加工，测量工件，优化程序。

3. 零件的实操加工

（1）毛坯、刀具、工具准备。

（2）程序输入与编辑。

（3）机床锁住，空运行，利用数控系统图形仿真，进行程序校验及修整。

（4）安装刀具，对刀操作，建立工件坐标系。

（5）启动程序，自动运行。为了安全，可选择单段运行功能执行程序加工。

（6）停车后，按图纸要求检测工件，对工件进行误差与质量分析。

四、检测与分析

按图纸要求检测工件，填写以下工件质量评分表。

（1）操作技能考核总成绩见表 5-4。

表 5-4　操作技能考核总成绩

班级		姓名		学号		日期	
实训课题	液压阀芯零件的编程与仿真加工				零件图号		图 5-1
序号	项目名称			配分	得分		备注
1	工艺及现场操作规范			12			
2	工件质量			88			
合计				100			

学习笔记

（2）工艺及现场操作规范评分见表 5-5。

表 5-5　工艺及现场操作规范评分

序号	项目	考核内容	配分	学生自评分	教师评分
工艺程序	1	切削加工工艺制定正确	5		
	2	程序正确、简单、明确	5		
现场操作规范	3	正确使用机床	5		
	4	正确使用量具	5		
	5	合理使用刃具	5		
	6	设备维护保养	5		
合计			30		

（3）工件质量评分见表 5-6。

表 5-6　工件质量评分

<table>
<tr><th rowspan="2">检测项目</th><th rowspan="2">序号</th><th rowspan="2">检测内容</th><th colspan="2">配分</th><th rowspan="2">评分标准</th><th rowspan="2">学生自测</th><th rowspan="2">小组互测</th><th rowspan="2">教师检测</th></tr>
<tr><th>IT</th><th>Ra</th></tr>
<tr><td rowspan="3">外圆尺寸</td><td>1</td><td>$\phi30_{-0.03}^{0}$</td><td>5</td><td>5</td><td rowspan="3">超差不得分</td><td></td><td></td><td></td></tr>
<tr><td>2</td><td>$\phi32_{-0.03}^{0}$</td><td>10</td><td>10</td><td></td><td></td><td></td></tr>
<tr><td>3</td><td>$\phi38_{-0.02}^{+0.03}$</td><td>10</td><td>10</td><td></td><td></td><td></td></tr>
<tr><td rowspan="2">长度尺寸</td><td>4</td><td>4×3 槽</td><td>10</td><td>10</td><td rowspan="2">超差不得分</td><td></td><td></td><td></td></tr>
<tr><td>5</td><td>105±0.1</td><td colspan="2">10</td><td></td><td></td><td></td></tr>
<tr><td colspan="3">总配分</td><td colspan="2">70</td><td>总分</td><td></td><td></td><td></td></tr>
<tr><td>评分人</td><td colspan="2"></td><td colspan="3">年　月　日</td><td>核分人</td><td></td><td>年　月　日</td></tr>
</table>

相关知识

一、槽的加工工艺

1. 切槽加工的特点

（1）切削力大。

由于切槽过程中切屑与刀具、工件的摩擦，切槽时被切金属的塑性变形大，所以在切削用量相同的条件下，切槽时的切削力比一般车外圆时的切削力大 20%~25%。

（2）切削变形大。

当切槽时，由于切槽刀的主切削刃和左、右副切削刃伺时参加切削，切屑排出时，受到槽两侧的摩擦、挤压作用，会致切削变形大。

（3）切削热比较集中。

当切槽时，塑性变形大，摩擦剧烈，故产生切削热也多，会加剧刀具的磨损。

（4）刀具刚性差。

通常，由于切槽刀主切削刃宽度较窄（一般为2~6 mm），刀头狭长，所以刀具的刚性差，切断过程中容易产生振动。

2. 切削用量的选择

（1）背吃刀量 a_p。

当横向切削时，切槽刀的背吃刀量等于刀的主切削刃宽度，所以只需确定切削速度和进给量。

（2）进给量 f。

若刀具刚性、强度及散热条件较差，则适当减小进给量。进给量太大时，容易使刀折断；进给量太小时，刀具与工件产生强烈摩擦会引起振动。一般用高速钢切槽刀加工钢料时，f=0. 05~0. 1 mm/r；加工铸铁时，f=0. 1~0. 2 mm/r。当用硬质合金刀加工钢料时，f=0. 1~0. 2 mm/r；加工铸铁料时，f=0. 15~0. 25 mm/r。

（3）切削速度 v_c。

切槽或切断时的实际切削速度随刀具的切入越来越低，因此，切槽或切断时切削速度可选得高一些。用高速钢切槽刀加工钢料时，v_c = 30 ~ 40 m/min；加工铸铁时，v_c = 15 ~ 25 m/min。用硬质合金刀加工钢料时，v_c = 80 ~ 120 m/min；加工铸铁时，v_c = 60 ~ 100 m/min。

3. 槽类工件的加工方法

（1）车槽的刀具的主切削刃应安装在与车床主轴轴线平行并等高的位置上，过高或过低都不利于切削。

（2）切削过程若出现切削平面呈凸、凹形等，或因切断刀主切削刃磨损及“扎刀”，则调整车床主轴转速和进给量。

（3）对于外圆切槽加工，如果槽宽比槽深小，采用多步切槽的方法。

二、子程序

当一个程序反复出现，或在几个程序中都要使用它，可以把这类程序作为固定程序，并事先存储起来，使程序简化，这组程序叫子程序。

主程序可以调用子程序，一个子程序也可以调用下一级子程序。子程序必须在主程序结束后建立，其作用相当于一个固定循环。常用的子程序调用格式有两种。

（1）第一种子程序调用格式。

1）M98 P_ L_ ；

式中　P——调用的子程序号；

　　　L——重复调用的子程序的次数。

2）O　　　　　　　　（子程序号）

　　………

　　M99；　　　　　　（子程序返回）

（2）第二种子程序调用格式。

M98 P_ ；

式中，地址符号 P 后面的八位数字中，前四位表示调用次数，后四位表示子程序号。采用这种调用格式时，调用次数前的“0”可以省略，但子程序号前的“0”不可以省略。

举例说明如下：

M98 P50030；表示调用 0030 号子程序 5 次。

M98 P0080；表示调用 0080 号程序 1 次。

注意，在 FANUC 系统数控车床中，第二种子程序调用格式使用较广。

（3）子程序的嵌套。

为了进一步简化加工程序，可以允许子程序在调用另一个子程序，这一功能称为子程序的嵌套。

当主程序调用子程序时，该子程序被认为是一级子程序，FANUC 0T/18T 系统中，只能有二级嵌套。FANUC O 系统中的子程序允许四级嵌套，如图 5-2 所示。

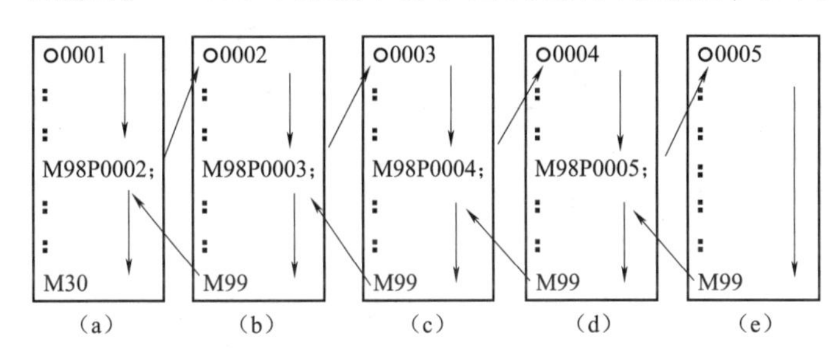

图 5-2　子程序的嵌套

（a）主程序；（b）一级嵌套；（c）二级嵌套；（d）三级嵌套；（e）四级嵌套

（4）子程序调用的特殊用法。

1）子程序返回到主程序中的某一程序段，如果在子程序的返回指令中加上 Pn 指令，则子程序在返回主程序时将返回到主程序中有程序段段号为“Nn”的那个程序段而不直接返回主程序，其程序格式如下：

M99Pn;

如 M99P20；表示返回到 N20 程序段。

2）自动返回到程序开始段，如果在主程序中执行 M99，则程序将返回到主程序的开始程序段并继续执行主程序，也可以在主程序中插入“M99Pa;”用于返回到指定的程序段。为了能执行后面的程序，通常在该指令前加“/”以便在不需要返回执行时跳过该程序段（机床厂家的“拷机”程序常采用该指令进行编程）。

3）强制改变子程序重复执行的次数。用 M99LXX 指令可强制改变子程序重复执行的次数，其中 L 后面的两位数字表示子程序调用的次数，例如如果主程序用 M98PXXL99，而子程序采用 M99L2 返回，则子程序重复执行的次数为两次。

三、切槽刀安装及对刀方法

1. 车外槽刀具的安装

（1）刀具可达加工要求时，安装时车槽刀不宜伸出过长。

（2）车槽横向进给时，主刀刃高度对工件中心控制在 0±0.2 mm，刀片与工件中心尽量等高。

（3）刀片尽量垂直于中心，两个副偏角对称，以保证主刀刃与工件轴线平行。

2. 切槽刀对刀方法

（1）*Z* 方向对刀。

在手动模式下按主轴正转按钮 正转。使主轴转动。选择相应的倍率，移动刀具。接近工件时倍率为 1%，使切槽刀左侧刀尖刚好接触工件右端面。沿-*X* 方向进行车削端面，后保持刀具 *Z* 方向位置不变，再沿+*X* 方向退出刀具，如图 5-3 所示，使主轴停转。然后点击面板上的 OFSET SETTING OFFSET SETTING，进入刀补界面，选择【补正】，把刀具的 *Z* 方向的偏移值输入到相应刀具长度补偿中，用【测量】的方法自动测出并反映到系统中。

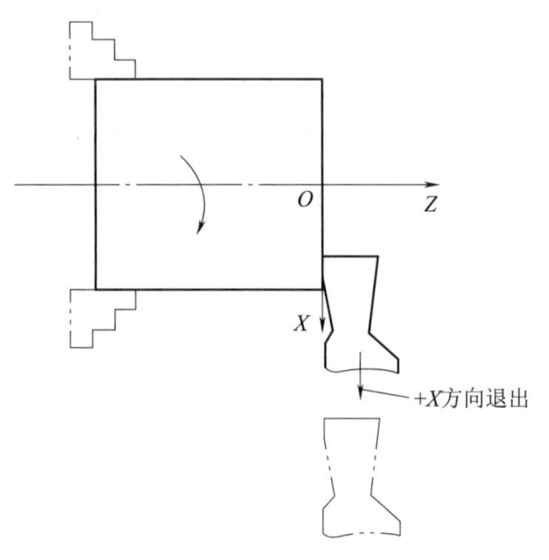

图 5-3　切槽刀 *Z* 方向对刀示意图

（2）*X* 方向对刀。

在手动模式下按主轴正转按钮 正转，使主轴转动。选择相应的倍率，移动切槽刀，沿外圆-*Z* 方向（长 3～5 mm）试切外圆（或主切削刃刚好接触工件），然后保持刀具 *X* 方向位置不变，再沿+*Z* 方向退出刀具，如图 5-4 所示，使主轴停转。此时使用千分尺测量出外圆直径，点击面板上的 OFSET SETTING OFFSET SETTING，进入刀补界面，选择【补正】，把刀具的 *X* 方向的偏移值输入到相应刀具长度补偿中，用【测量】的方法自动测出并反映到系统中。

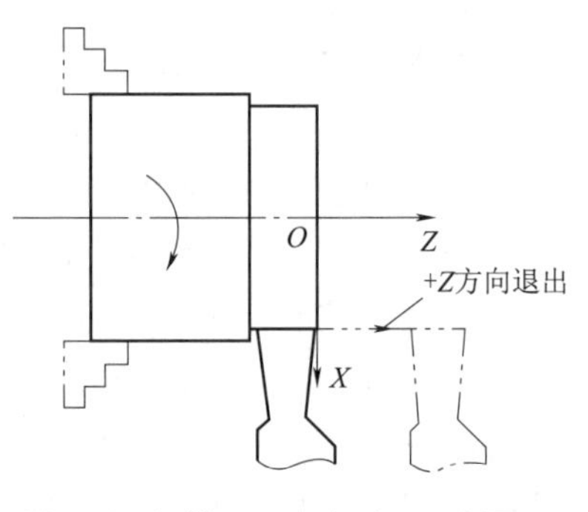

图 5-4　切槽刀 *X* 方向对刀示意图

四、槽加工工艺方案

1. 窄槽加工方法

当槽宽度尺寸不大时，可用刀头宽度等于槽宽的切槽刀，一次进给切出，如图 5-5 所示。编程时还可用 G04 指令在刀具切至槽底时停留一定时间，以光整槽底。

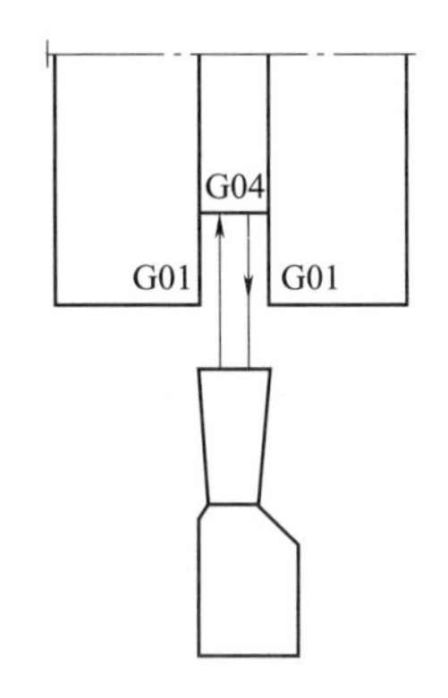

图 5-5 窄槽加工方法

2. 宽槽加工方法

当槽宽度尺寸较大（大于切槽刀刀头宽度）时，应采用多次进给法加工，并在槽底及槽壁两侧留有一定精车余量，然后根据槽底、槽宽尺寸进行精加工。宽槽加工的刀具路线如图 5-6 所示。

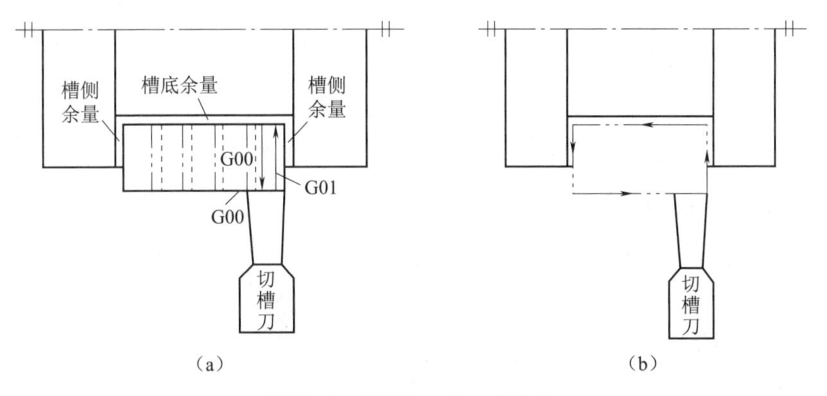

图 5-6 宽槽加工的刀具路线

(a) 宽槽粗加工；(b) 宽槽精加工

3. 切槽加工的注意事项

(1) 切槽刀有左、右两个刀尖及切削刃中心处等三个刀位点。在整个加工程序中应使用同一个刀位点，一般采用左侧刀尖作为刀位点，对刀、编程较方便，如图 5-7 所示。

(2) 切槽过程中退刀路线应合理，切槽后应先沿径向(X 向) 退出刀具，再沿轴向 (Z 向) 退刀，避免撞刀。

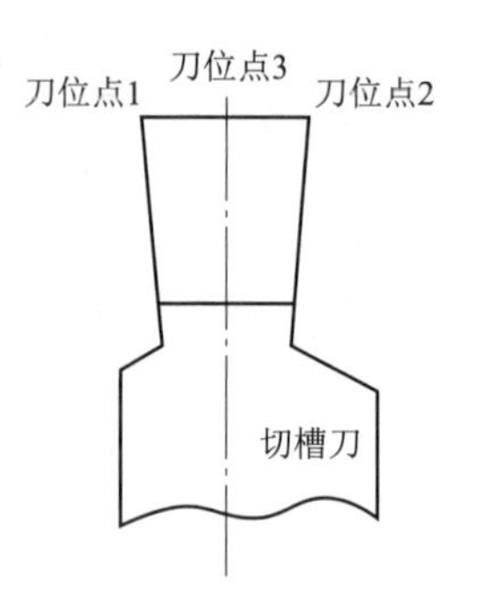

图 5-7　切槽刀刀位点

4. 外槽的检查和测量

(1) 对精度要求高的槽，通常用千分尺，如图 5-8 (a) 所示，样板测量如图 5-8 (b) 所示。

(2) 对精度要求低的槽，可用游标卡尺测量，如图 5-8 (c) 所示。

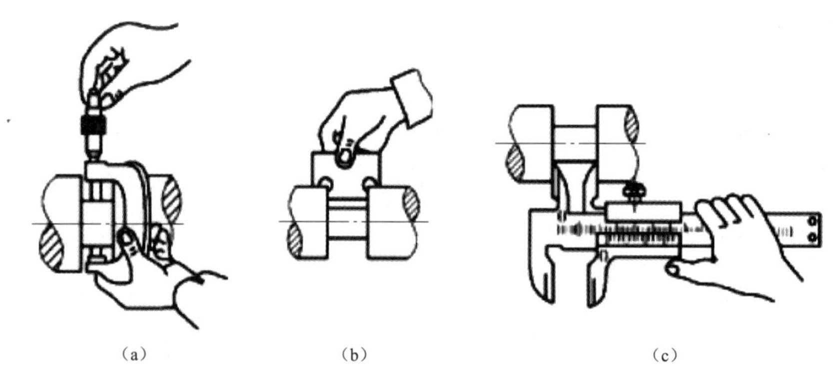

图 5-8　外槽的测量方法

(a) 千分尺测量；(b) 样板测量；(c) 游标卡尺测量

6. 切槽加工常见问题及预防措施

(1) 切槽加工常见问题。

1) 槽的宽度不正确。

2) 槽位置不对。

3) 槽深度不正确。

4) 槽的两侧表面凹凸不平。

5) 表面质量达不到要求。

(2) 预防措施。

1) 根据槽宽度刃磨刀体宽度，正确仔细测量。

2) 正确对刀补，准确定位。

3) X 向刀补要准确，避免有误差，主刀刃安装要平直。

4) 增加切槽刀的强度，刃磨时必须使主刀刃平直，保证两侧副偏角对称。

5) 正确选择两副偏角的数值，选择适当的切削速度。浇注冷却润滑液，采取防振措施，控制切屑的形状和排出方向。

知识拓展

1. 径向切槽（钻孔）循环

径向切槽（钻孔）循环指令适用于加工径向切槽或排屑钻孔。其格式为

G75 R(e)；

G75 X(U) _Z(W) _P(Δi) Q(Δk) R(Δd) F；

式中 e——退刀量，该值是模态值；

X(U) _Z(W) _——切槽终点处坐标；

Δi——X 方向每次切深量，该值用不带符号的值表示；

ΔK——刀具完成一次轴向切削后，在 Z 方向的移动量，该值用不带符号的半径值表示；

Δd——刀具在切削底部的退刀量，d 的符号总是（+）。但是，如果地址 Z(W) 和 k 被省略，退刀方向可以指定为希望的符号；

F——进给速度。

本循环可实现 X 径向切槽、X 向排屑钻孔（此时，忽略 Z、W 和 Q），其走刀路线如图 5-9 所示。

用 G75 指令编写图 5-10 所示工件的切槽（切槽刀刀宽为 3 mm）的加工程序。由于切槽刀在对刀时以刀尖点 M 作为 Z 向对刀点，而切槽时由刀尖点 N 控制长度尺寸 25 mm，因此，G75 循环起始点的 Z 向坐标为-25-3（刀宽）= -28，其加工程序如下。

```
……
N20 G00 X42.0 Z-28.0 S600;                (快速定位至切槽循环起点)
N25 G75 R0.3;
N30 G75 X32.0 Z-31.0 P1500 Q2000 F0.08;   (切槽)
N35 G01 X40.0 Z-24.0;
N40 X34.0 Z-28.0;                         (车削右倒角)
N45 Z-31.0;                               (应准确测量刀宽，以确定刀
                                           具 Z 向移动量)
N50 X40.0 Z-34.0;                         (用刀尖 M 车削左倒角)
N55 G00 X100.0 Z100.0;
N60 M30;
```

2. 使用径向切槽（钻孔）循环时的注意事项

（1）在 FANUC 系统中，当出现以下情况而执行切槽循环指令时，将会出现程序报警。

1）X(U) 或 Z(W) 指定，而 Δi 值或 Δk 值未指定或指定为 0。

2）Δk 值大于 Z 轴的移动量(W)或 Δk 值设定为负值。

3）Δi 值大于 U/2 或 Δi 值设定为负值。

4）退刀量大于进刀量，即 e 值大于每次切削深度 Δi 或 Δk。

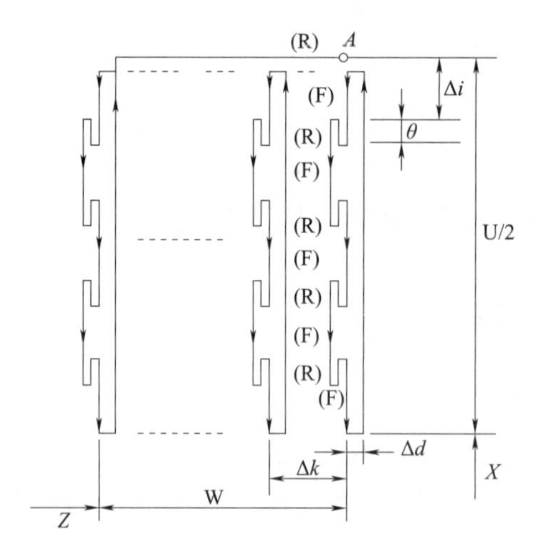

图 5-9　径向切槽循环的走刀路线

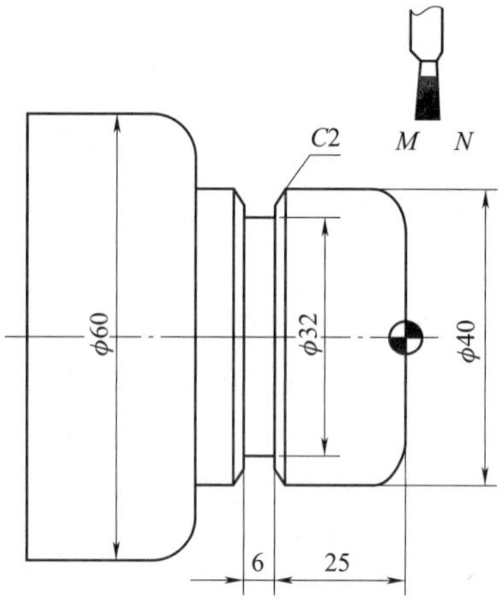

图 5-10　径向切槽循环 G75 实例

（2）由于 Δi 和 Δk 为无符号值，因此，刀具切深完成后的偏移方向由系统根据刀具起刀点及切槽终点的坐标自动判断。

（3）切槽过程中，刀具或工件受较大的单方向切削力，容易在切削过程中产生振动。因此，切槽加工中进给速度 F 的取值应略小（特别是在端面切槽时），通常取 0.05~1.2 mm/min。

任务 5.2　内槽零件的编程与仿真加工

任务目标

知识目标

（1）掌握内槽零件加工的工艺路线。

（2）掌握内槽零件程序的编制。

（3）掌握内槽零件加工刀的工艺特点。

技能目标

（1）了解内槽零件加工工艺特点，并正确选用。

（2）能够读懂内槽零件图纸，分析图纸技术要求。

（3）掌握内槽零件的装夹方法。

（4）掌握切槽刀的对刀方法。

学习笔记

素质目标

（1）培养学生的沟通能力。

（2）在实际加工中的安全意识和质量意识。

仿真加工

任务实施

零件材料为45#钢，制定图 5-11 所示轴承套的数控加工刀具及加工工序卡，并编写加工程序。

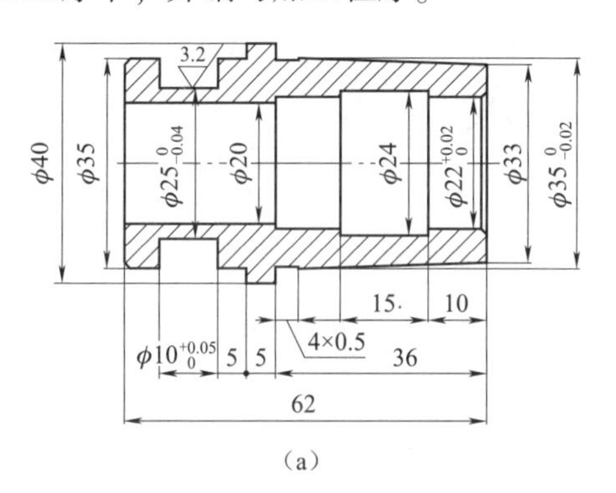

（a）

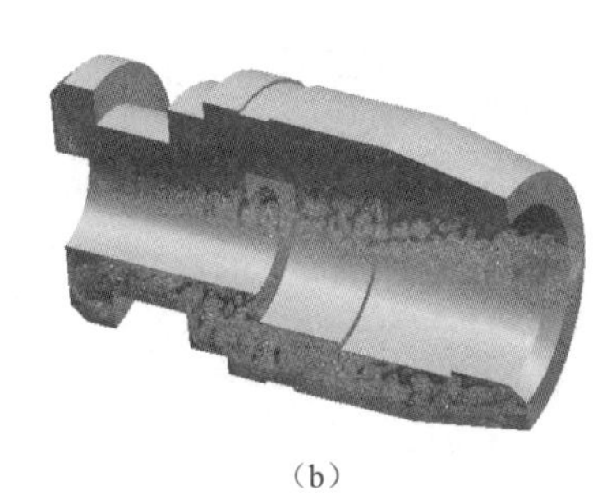

（b）

图 5-11　轴承套零件实例

（a）零件图；（b）实体图

一、加工任务

如图 5-11 所示，已知轴承套零件材料为 45#热轧圆钢，毛坯为 $\phi 45\times 70$ mm 的棒料。要求制定零件的加工工艺，编写零件的数控加工程序，通过数控仿真加工优化程序，并进行零件的机床加工，最后进行零件的检验及质量分析。

二、任务分析

1. 加工工艺

（1）零件图工艺分析。

图 5-11 所示为零件的两个外槽和一个内槽，安排在加工内外圆后进行，内槽采用 3 mm 宽度的内槽刀加工，外槽采用宽度 4 mm 的外切槽刀加工。

为了减少刀具空行程，4×0. 5 mm 外槽采用基本切削指令编程。由于 $10^{+0.05}_{0}$的外槽的宽度和槽底尺寸有较高的精度和表面粗糙度要求，因此，工艺安排为先粗加工后精加工。粗加工采用 G75 编程，精加工采用基本切削指令编程。

（2）确定装夹方案。

由于本工件是一个套类零件，因为一般套类零件壁厚度薄，所以在装夹径向刚性差。在夹紧力和切削力的作用下容易产生变形、振动，影响工件加工精度，还会产生热变形，加工尺寸不易控制。因此，必须采取相应的工件装夹措施，减少因夹紧产生变形。

1）径向夹紧方法。

由于零件壁厚度较薄，使用一般三爪卡盘夹紧工件外圆时，外圆和内孔变成了三棱形，加工时内孔是正圆形，当松开夹头后工件的内孔变成了三棱形。为了减小径向夹紧时，夹紧力对工件造成的变形，可以采用图 5-12（a）所示的开口套过渡装夹，使夹紧接触面积增大，工件圆周上受力均匀和套过渡夹紧如图 5-12（b）所示，或采用接触面积较大的专用夹爪，如图 5-12（c）所示。

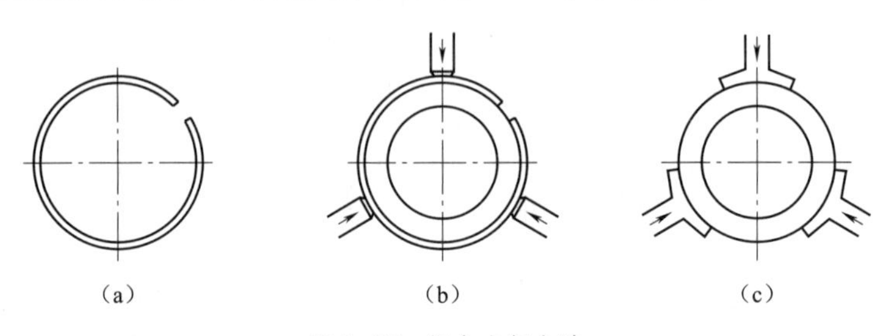

图 5-12　径向夹紧方法

（a）开口套；（b）开口套过渡夹紧；（c）专用夹爪夹紧

2）轴向夹紧方法。

套筒类零件的轴向刚性比径向刚性好，可以采用轴向夹紧的方法，使夹紧力作用的方向与零件刚性好的方向一致，避免径向夹紧时夹紧力对零件产生变形。轴向夹紧时，一般采用专用的夹具，如普通心轴、弹性心轴、夹紧套等，也可采用工件上的凸边或者在工件上做出径向刚性的辅助凸边进行夹紧，增大辅助支撑与工件的接触面积，以减少加工时变形。

①夹紧套夹紧。当先加工套筒类零件的外圆时，同时把零件两个定位端面加工，然后采用如图 5-13（a）所示的专用夹紧套，利用外圆表面径向定位，一端面轴向定位，另一端面用于夹紧。

②利用工件上的凸边或增加工艺凸边作辅助夹紧。采用反爪对图 5-13（b）所示的工件夹紧，工件的左端面为轴向定位面，直接贴紧卡盘端面，工件上的凸边（工件上凸起的最大外圆表面）为夹紧力作用表面，既保证了工件的定位要求，又提高了工件的夹紧可靠性。

③心轴夹紧。当先进行零件内孔加工时，可采用心轴定位夹紧工件来加工外圆，保证内外圆的位置精度要求。心轴夹紧时，将工件套在心轴上，利用螺母和压板对工件进行夹紧，如图 5-13（c）所示。

④弹性心轴夹紧。图 5-13（d）所示为弹性心轴夹紧，它主要由心轴、左锥套、右锥套、弹性套、夹紧螺母等组成。

该夹具的核心元件是弹性套，在心轴上装有左、右一对锥套，将事先加工好内孔和两端面的工件装在弹性套上，拧动螺母使其向左移动时，锥套给弹性套一个径向力，弹性套径向增大，将工件夹紧；反方向拧动螺母时，弹性套收缩，径向尺寸变小，工件松开。图 5-13（d）中的导向销是为了防止弹性套与锥套以及锥套与心轴之间产生相对转动。该夹具特点是使夹紧力均匀作用在工件的内表面上，减小工件因变形而引起的加工误差，消除径向间隙而提高定位精度，能够很好地保证内外圆的同轴度要求。

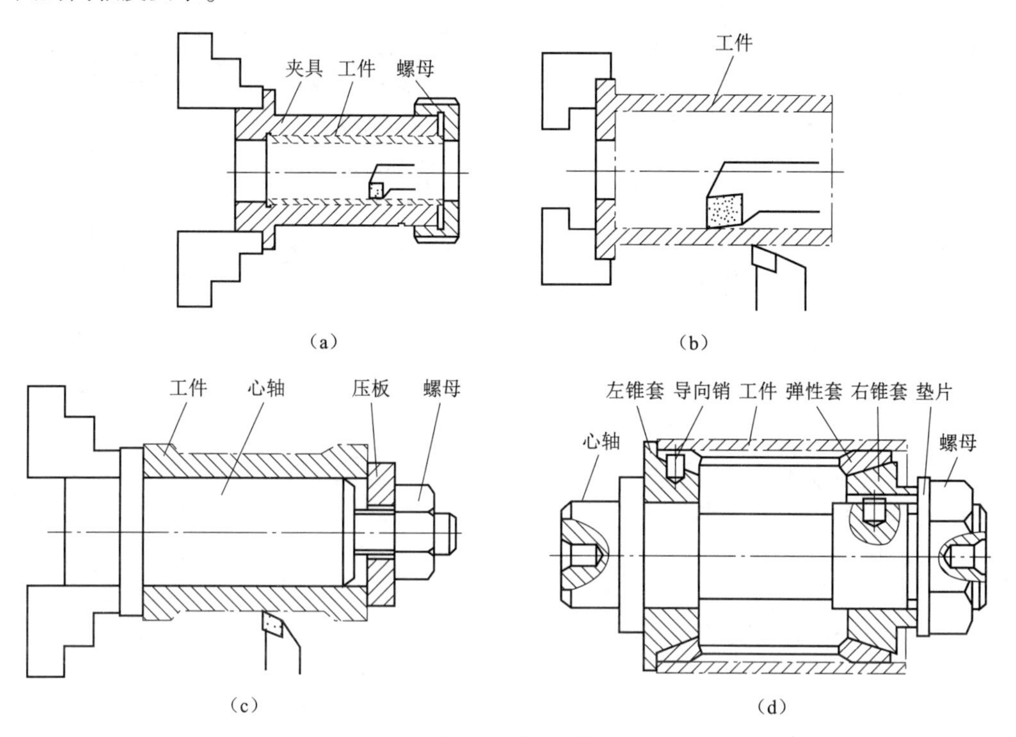

图 5-13　轴向夹紧

(a) 夹紧套夹紧；(b) 利用凸边辅助夹紧；(c) 心轴夹紧；(d) 弹性心轴夹紧

(3) 确定加工顺序及走刀路线。

根据零件结构特点，需要两面加工，首先加工左端 ϕ40 mm 和 ϕ35 mm 外圆、10 mm 宽槽和 4×0.5 mm 槽。然后掉头装夹左端 ϕ35 mm 外圆，加工右端锥面、ϕ35 mm 外圆。镗 ϕ20 mm、ϕ22 mm 内孔。车槽刀切 15 mm 宽内槽。

(4) 刀具选择。

内槽零件数控加工刀具卡片见表 5-7。

表 5-7　内槽零件数控加工刀具卡片

产品名称或代号			零件名称	内槽零件		零件图号	图 5-11
序号	刀具号	刀具名称及规格		数量	加工表面	刀尖半径/mm	备注
1	T01	93°外圆车刀		1	粗精车外轮廓	0.4	
2	T02	刀宽 4 mm 外槽刀		1	切外槽		
3	T03	内孔镗刀		1	镗孔		
4	T04	刀宽 3 mm 内槽刀		1	切内槽		
编制		审核		批准		共 1 页	第 1 页

（5）填写数控加工工序卡。内槽零件数控加工工序卡见表 5-8。

表 5-8　内槽零件数控加工工序卡

单位名称		产品名称或代号		零件名称			零件图号	
				内槽零件			图 5-11	
工序号	程序编号	夹具名称		使用设备			车间	
01		三爪卡盘		CAK6150Di			数控	
工步号	工步内容	刀具		切削用量			量具名称	备注
		刀具号	刀具规格/mm	主轴转速 n/(r·min^{-1})	进给速度 f/(mm·min)	背吃刀量 a_p/mm		
1	ϕ35mm、右端 ϕ40 mm 外圆	T01	25×25	800	0.2	2	游标卡尺	手动
2	10 mm 宽槽和 4×0.5 mm 外槽	T02	25×25	600	0.1	1.5	游标卡尺	自动
3	ϕ22 mm、右端 ϕ25 mm	T03	ϕ10×120	600	0.1	0.5	外径千分尺	自动
4	15 mm 宽内槽	T04	ϕ10×120	500	0.1			手动
编制		审核		批准		年　月　日	共　页	第　页

三、编程加工

1. 编制加工程序

内槽零件数控加工程序单见表 5-9。

表 5-9　内槽零件数控加工程序单

零件号	01	程序名称	内槽零件	编程原点	安装后右端面中心
程序号	O0001	数控系统	FANUC 0i mate-TC	编制	
程序段号	程序		说明		
N10	G54;		工件坐标系设定		
N20	S800 M03 T0101;		主轴正转，调用 1 号刀		
N30	G00 X47 Z2;		定位循环起点		
N40	G90 X43 Z-28 F0.2;		粗车 ϕ35 mm 外圆		
N50	X41;				
N60	X39;				
N70	X37;				
N80	X35.5 Z-26;				

续表

程序段号	程序	说明
N90	G00 X33 Z1;	精车 ϕ35 mm 外圆
N100	G01 Z0 F0.1 S800;	
N110	X35 W-1;	
N120	Z-21;	
N130	X39;	
N140	X40 W-1;	
N150	Z-35;	
N160	G00 X100 Z100;	退刀到安全点
N170	T0202 M03 S600	换 4 mm 宽切槽刀
N180	G00 Z-10;	粗车 ϕ25 mm 槽
N190	X37;	
N200	G75 R8	
N210	G75 X24.9 Z-16 P3000 Q2500 F0.1;	
N220	G00 Z-10;	精车 25×0.5 mm 槽
N230	G01 X25;	
N240	Z-16;	
N250	G00 X37;	车 4×0.5 mm 槽
N260	Z-30;	
N270	G01 X34;	
N280	G00 X37;	
N290	G0 X100 Z100;	退刀到安全点
N300	M05;	主轴停
N310	M30;	程序结束
N10	O0002;	加工右端
N20	G54;	工件坐标系设定
N30	T0101;	调用 1 号车刀
N40	M03 S800;	主轴正转
N50	G00 X47 Z2;	定位循环起点
N60	G71 U2 R1;	粗车 ϕ35 mm 外圆、锥面
N70	G71 P70 Q120 U0.5 F0.2;	
N80	G01 X33 F0.1;	
N90	Z0;	
N100	X35 Z-20;	
N110	Z-36;	
N120	G00 X42;	
N130	G70 P70 Z120;	粗车 ϕ35 mm 外圆、锥面
N140	Z100;	退刀到安全点
N150	T0303;	换 3 号镗刀
N160	M03 S600;	主轴正转
N170	G00 X18 Z2;	定位循环起点

续表

程序段号	程序	说明
N180	G90 X19.5 Z-65 F0.1;	粗车 ϕ20 mm、ϕ22 mm 内孔
N190	X21 Z-36;	
N200	G01 X24 Z0;	精车 ϕ20 mm、ϕ22 mm 内孔
N210	X22 W-1;	
N220	Z-36;	
N230	X20;	
N240	Z-65;	
N250	X18;	退刀到安全点
N260	Z100;	
N270	T0404;	换 4 号刀
N280	M03 S500;	主轴正转
N290	G00 X20;	定位起点
N300	Z -13;	
N310	G75 R3;	粗车 ϕ24 mm 内槽
N320	G75 X23.5 Z-25.0 P2000 Q3000 F0.1;	
N330	G01 X20;	
N340	Z-13;	粗车 ϕ24 mm 内槽
N350	X24;	
N360	Z-25;	
N370	X20;	
N380	G00 Z100;	退刀到安全点
N390	X100;	
N400	M05;	主轴停止
N410	M30;	程序结束

四、检测与分析

按图纸要求检测工件，填写以下工件质量评分表。

（1）操作技能考核总成绩见表 5-10。

表 5-10　操作技能考核总成绩

<table>
<tr><td>班级</td><td></td><td>姓名</td><td></td><td colspan="2">学号</td><td></td><td colspan="2">日期</td><td></td></tr>
<tr><td>实训课题</td><td colspan="4">内槽零件的编程与仿真加工</td><td colspan="3">零件图号</td><td colspan="2"></td></tr>
<tr><td>序号</td><td colspan="3">项目名称</td><td>配分</td><td colspan="3">得分</td><td colspan="2" rowspan="4">备注</td></tr>
<tr><td>1</td><td colspan="3">工艺及现场操作规范</td><td>12</td><td colspan="3"></td></tr>
<tr><td>2</td><td colspan="3">工件质量</td><td>88</td><td colspan="3"></td></tr>
<tr><td colspan="4">合计</td><td>100</td><td colspan="3"></td></tr>
</table>

学习笔记

（2）工艺及现场操作规范评分见表 5-11。

表 5-11　工艺及现场操作规范评分

序号	项目	考核内容	配分	学生自评分	教师评分
工艺程序	1	切削加工工艺制定正确	2		
	2	程序正确、简单、明确	2		
现场操作规范	3	正确使用机床	2		
	4	正确使用量具	2		
	5	合理使用刃具	2		
	6	设备维护保养	2		
合计			12		

（3）工件质量评分见表 5-12。

表 5-12　工件质量评分

检测项目	序号	检测内容	配分		评分标准	学生自测	小组互测	教师检测
			IT	*Ra*				
外圆及内孔尺寸	1	$\phi24/Ra1.6$	8	2	超差不得分，*Ra* 不合格不得分			
	2	$\phi40/Ra1.6$	8	2				
	3	$\phi22^{-0.02}_{0}/Ra1.6$	8	4				
	4	$\phi35^{0}_{-0.02}/Ra1.6$	8	4				
	5	$\phi25^{0}_{-0.04}/Ra1.6$	8	4				
长度尺寸	6	4	4		超差不得分			
	7	10	4					
	8	5	4					
	9	36	4					
	10	62	4					
其他	11	倒角 *C*1×2	4×2		超差不得分			
	12	锥度	4					
总配分			88		总分			
评分人			年　月　日		核分人		年　月　日	

相关知识

1. 内槽的种类及作用

常见的内沟槽的类型有窄槽、宽槽和 V 形槽等几种，见表 5-13。

表 5-13　内槽的种类及作用

类型	窄槽	宽槽	V 形槽
结构	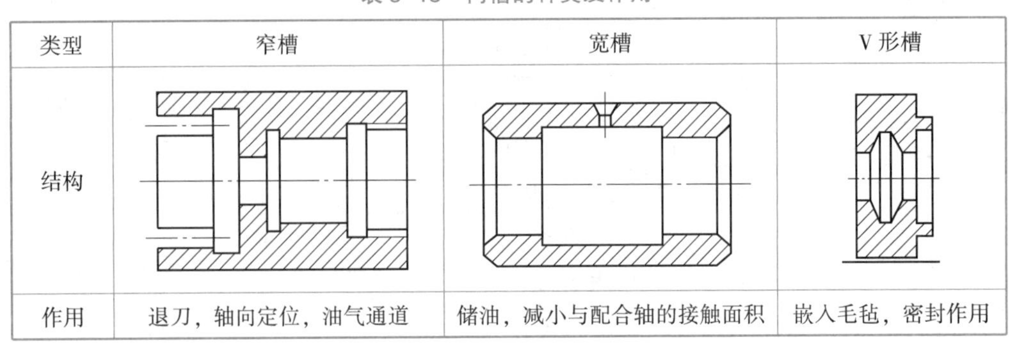		
作用	退刀，轴向定位，油气通道	储油，减小与配合轴的接触面积	嵌入毛毡，密封作用

2. 内槽的工艺特点

（1）内槽加工工艺。

内槽加工与车外槽方法类似。加工宽度较小和要求不高的内槽可用主切削刃宽度等于槽宽的内槽车刀，采用直进法一次车出，如图 5-14（a）所示。加工要求较高或较宽的内槽可采用直进法分几次车出。粗车时，槽壁和槽底留精车余量，然后根据槽宽、槽深进行精车，如图 5-14（b）所示。若内槽深度较浅，宽度很大，可用内圆粗车刀先车出凹槽，再用内槽刀车槽两端垂直面，如图 5-14（c）所示。

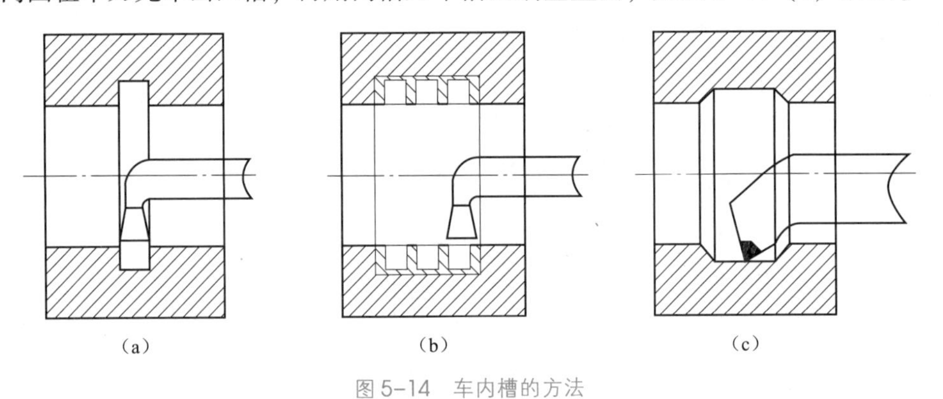

图 5-14　车内槽的方法

（2）车内槽时由于受到孔径和孔深的限制，刀杆细而长、刚性差，切削条件差。操作者不能直接观察到切削过程，故切削用量要比车外槽小些。

（3）车内槽时，切削液不易进入切削区域，切屑不易排出，切削温度可能会较高，加工深孔或较小孔时可以采用多次工艺性退刀，以促进切屑排出。

（4）对于内槽加工，与外圆切槽的方法相似，确保排屑通畅和振动最小。切削时从底部开始向外进行切削有利于排屑。

3. 内槽车刀

内槽车刀的刀杆与内孔车刀一样，其切削部分类似于外圆切槽刀，只是刀具的后刀面呈圆弧状，目的是避免与孔壁相碰。

内槽的主切削刃宽度不能太宽，否则易产生振动（内孔车刀本身刚性较差），刀头长度应略大于槽的深度，并且主切削刃到刀杆侧面距离 a 应小于工件孔径 D，如图 5-15 所示。

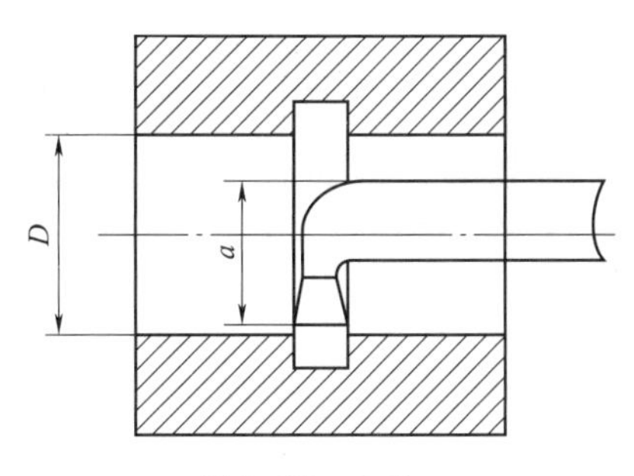

图 5-15　内槽刀

4. 编程特点

（1）内槽和内螺纹的加工指令与外槽和外螺纹的加工指令相同，只是 X 向的进刀和退刀方向相反。

（2）加工时刀具回旋空间小，编程时进、退刀量需仔细计算。

（3）确定换刀点时要考虑刀杆的方向和长度，以免换刀时刀具与工件、尾架（或钻头）发生干涉。

5. 内槽的测量

内槽的测量包括直径测量和宽度测量。

（1）内槽直径的测量。

测量内沟槽直径，可用弹簧内卡钳测量，如图 5-16（a）所示。其使用方法是先把弹簧内卡钳放进沟槽，用调节螺帽把卡钳张开的尺寸调整至松紧适度。在保证不走动调节螺帽的前提下，把卡钳收小，从内孔中取出，然后使其回复原来尺寸，再用外径千分尺测量出弹簧内卡钳张开的距离，这个尺寸就是内沟槽的直径。

但用弹簧内卡钳测量内沟槽直径，其测量过程比较麻烦，且所测尺寸精度不够。对精度要求较高的内径，最好采用图 5-16（b）所示的特殊弯头游标卡尺测量。测量时应注意，沟槽的直径应等于其读数值再加上卡脚尺寸。

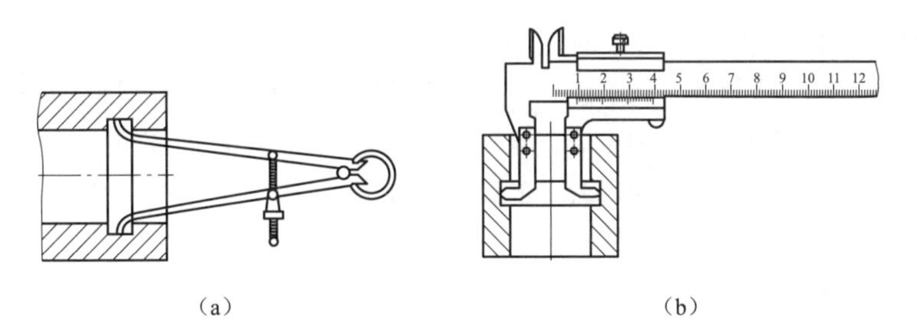

（a）　　（b）

图 5-16　测量内槽直径

（a）弹簧卡钳测量内槽直径；（b）弯头游标卡尺测量内槽直径

（2）内槽宽度的测量。

测量内槽宽度可用游标卡尺，如图 5-17（a）。样板测量如图 5-17（b）所示。采用钩形深度游标卡尺测量内槽的轴向位置，如图 5-17（c）所示。

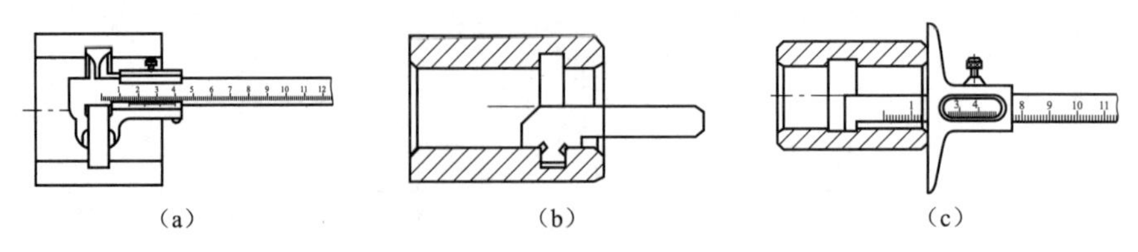

(a)　　(b)　　(c)

图 5-17　测量内槽宽度

(a) 游标卡尺测量内槽宽度；(b) 样板测量内槽宽度；(c) 钩形游标卡尺测量内槽宽度

6. 注意事项

(1) 加工内槽时要严格计算 Z 向尺寸，避免刀具进给深度超过孔深而使刀具损坏。

(2) 内槽刀具切削刃宽度不能过宽，否则会产生振动。

(3) 切削用量选择不合理和刀具刃磨不当，致使铁屑不断屑，应选择合理切削用量及刀具。

知识拓展

车内槽切削用量的选择

车槽刀的刀头强度较差，在选择切削用量时应适当减小其数值。硬质合金车槽刀比高速钢车槽刀选用的切削用量要大，车削钢料时的切削速度比车削铸铁材料时的切削速度要高，而进给量要略小一些。

(1) 背吃刀量 a。

横向切削时槽刀的背吃刀量等于刀的主切刃宽度 ($a_p=a$)，所以只需确定切削速度和进给量。

(2) 进给量 f。

由于刀具刚性、强度及散热条件较差，所以应适当地减小进给量。进给量太大时，容易使刀折断；进给量太小时，刀后面与工件产生强烈摩擦会引起振动。具体数值根据工件和刀具材料来决定，一般用高速钢切槽刀加工钢料时，$f=0.05\sim0.1$ mm/r；加工铸铁时，$f=0\sim0.2$ mm/r。用硬质合金刀加工钢料时，$f=0.1\sim0.2$ mm/r；加工铸铁料时，$f=0.15\sim0.25$ mm/r。

(3) 切削速度 v。

用高速钢切槽力加工钢料时，$v=30\sim40$ m/min；加工铸铁时，$v=15\sim25$ m/min。用硬质合金刀加工钢料时，$v=80\sim120$ m/min；加工铸铁时，$v=60\sim100$ m/min。

素养拓展

技能成才，强国有我

方文墨，现任中航工业沈阳飞机工业（集团）有限公司14厂钳工，中航工业首席技能专家，他曾获“全国技术能手”、“全国五一劳动奖章”、“全国最美职工”、“中国青年五四奖章”、“全国青年岗位能手”、第六届“振兴杯”全国青年职业技能大赛机修钳工第一名、“中央企业优秀共产党员”、“航空工业优秀共产党员”、“辽宁省特等劳动模范”、“辽宁省功勋高技能人才”、“辽宁工匠”等100余项荣誉称号，是国家级“方文墨技能大师工作室”领衔人，享受国务院政府特殊津贴，并以自己的名字命名了0.003 mm加工公差的“文墨精度”，曾多次被中央电视台新闻联播、“大国工匠”纪录片等央媒栏目宣传报道。

航空产品是国家高端制造业的集成产品，被看做是“国之重器”“国之利器”。在我国航空飞行器自主研发的过程中，方文墨始终坚持在生产一线工作——从19岁技工学校毕业参加工作至今已20年。他传承了老一辈航空人“航空报国、航空强国”的精神，用心苦练技术技能，借鉴国内外先进技术经验，先后攻克多项航空产品制造的行业难题，并获得18项国家专利。在沈飞人眼中，方文墨是“一手托着国家财产，一手托着战友生命”的大国工匠，这也是方文墨在保证产品进度的情况下，不懈地追求产品质量的一个因素。

除了用高超的职业技能默默守卫祖国的蓝天，方文墨还通过开展群众性技术创新活动，实现创新创效，利用“小发明、小改造、小革新”解决生产工作中的实际难题。他带领团队完成攻关课题150余项，协调解决工艺问题40余项，通过解决技术瓶颈，不仅提升班组成员的凝聚力、锻炼队伍，还使班组整体的产品质量和生产进度大幅提高。

进入新时代，我国经济迈向高质量发展新阶段，无数像方文墨这样的劳模依旧用“工匠精神”为“中国制造”提供坚强支撑，完美地诠释技能成才，强国有我。作为学生，我们要以榜样的力量时刻激励，奋发有为，向熠熠生辉的目标不断拼搏，成为国之栋梁。

课后习题

1　如图 5-18 所示，零件毛坯尺寸为 $\phi65\times135$ mm 材料铝件，要求制定加工工艺，正确选择切削用量，完成零件程序的编写，并进行加工。

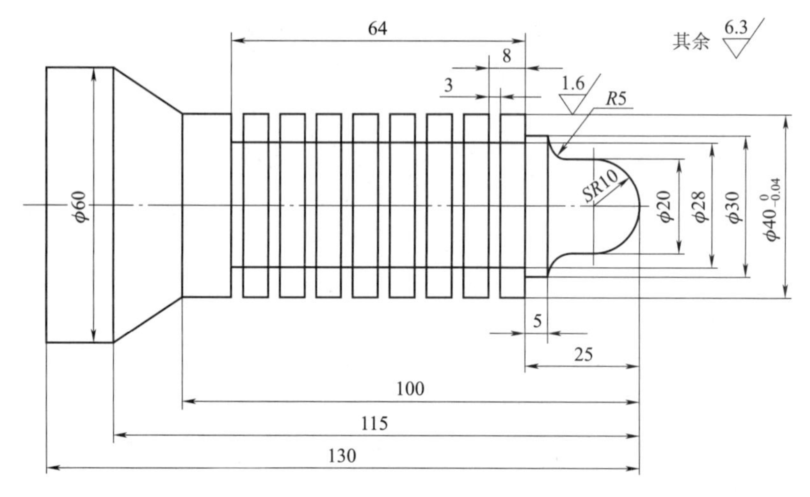

图 5-18　环形槽零件

2　如图 5-19 所示，零件毛坯尺寸为 $\phi60\times80$ mm 材料铝件，要求制定加工工艺，正确选择切削用量，完成零件程序的编写，并进行加工。

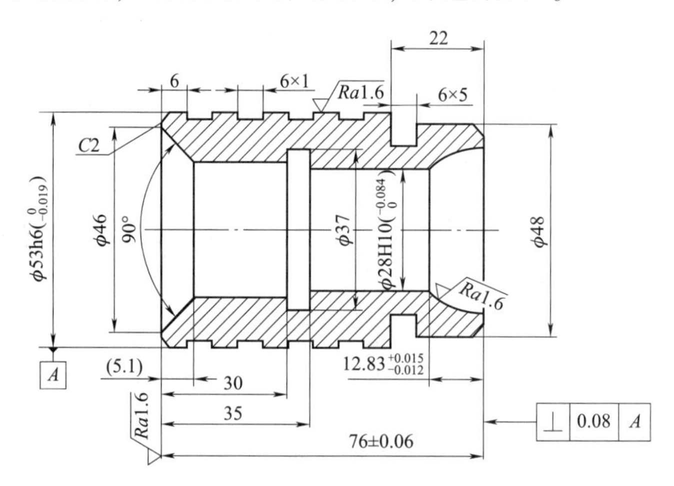

图 5-19　液压阀套零件

学习笔记

项目6　螺纹类零件的编程与加工

项目描述

螺纹是一种常见的零件结构，主要应用在连接和传动件上，在机械设备中用途十分广泛。本项目通过公制三角螺纹加工指令的学习和实践，使学生熟练掌握加工方案的制订，螺纹类零件加工指令的运用，螺纹类零件程序的编制与加工。

学习目标

（1）掌握螺纹类零件尺寸的计算方法。
（2）掌握螺纹类零件加工指令的功能及应用。
（3）掌握螺纹类零件加工工艺指定方法。

任务6.1　外螺纹零件的编程与仿真加工

任务目标

知识目标

（1）外螺纹零件的工艺分析。
（2）掌握外螺纹零件编程 G32、G92 指令。
（3）外螺纹类零件的程序编制。

技能目标

（1）能够对外螺纹零件进行质量分析。
（2）掌握螺纹零件尺寸的计算方法。
（3）掌握螺纹零件车刀的安装及对刀方法。
（4）能够运用数控车床进行螺纹零件的加工。

素质目标

（1）培养学生的沟通能力。

（2）在实际加工中的质量意识。

压力探头零件仿真加工

任务实施

一、加工任务

图6-1所示为压力探头零件，已知材料为45钢，毛坯为ϕ35×70 mm的棒料。要求制定零件的加工工艺，编写零件的数控加工程序，通过数控仿真加工优化程序，并进行零件的机床加工，最后进行零件的检验及质量分析。

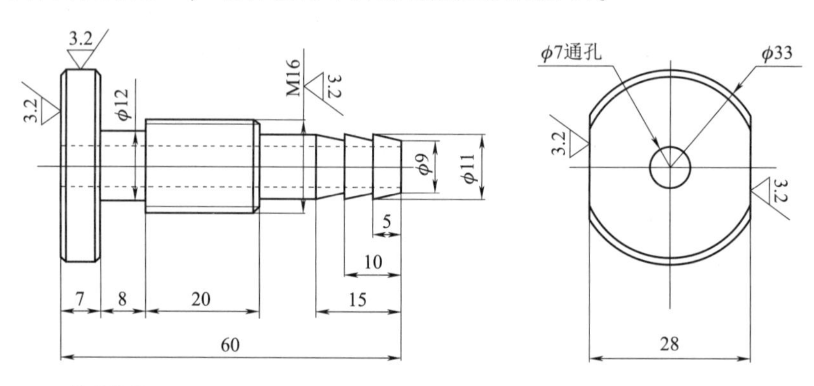

图6-1 压力探头零件

二、任务分析

（1）零件图工艺分析。

图6-1所示为压力探头零件，该零件的加工表面有M16外螺纹、倒锥面、8 mm槽、ϕ7 mm通孔，工件总长60 mm。未注公差尺寸IT14加工。ϕ33 mm外圆和端面表面粗糙度值*Ra*为3.2 μm，螺纹表面粗糙度值*Ra*为6.3 μm。两处铣平面后续铣床加工。

（2）确定装夹方案。

采用三爪自动定心卡盘夹紧。

（3）确定加工顺序及走刀路线。

1）装夹左端ϕ33 mm外圆，粗车右端面→ϕ11 mm外圆→M16螺纹外圆→ϕ33 mm外圆。

2）精车上述各表面→倒锥面→手动钻孔。

3）车ϕ12 mm退刀槽→车M16螺纹→切断。

（4）刀具选择。

压力探头零件数控加工刀具卡片见表 6-1。

表 6-1　压力探头零件数控加工刀具卡片

产品名称或代号			零件名称	压力探头零件	零件图号	图 6-1
序号	刀具号	刀具名称及规格	数量	加工表面	刀尖半径/mm	备注
1	T01	硬质合金 93°外圆车刀	1	粗精车外轮廓	0.4	
2	T02	硬质合金 93°外圆反偏刀		倒锥面		
3	T03	宽 4 mm 切槽刀	1	切槽		
4	T04	60°螺纹车刀	1	车 M20×1.5		
5		中心钻 B 型	1	钻中心孔		手动
6		钻头 ϕ7 mm	1	ϕ7 mm 通孔		手动
编制		审核	批准		共 1 页	第 1 页

（5）填写数控加工工序卡。

压力探头零件数控加工工序卡片见表 6-2。

表 6-2　压力探头零件数控加工工序卡片

单位名称		产品名称或代号		零件名称			零件图号	
				压力探头零件			图 6-1	
工序号	程序编号	夹具名称		使用设备			车间	
01	00001	三爪卡盘		CAK6150Di			数控	
工步号	工步内容	刀具		切削用量			量具名称	备注
		刀具号	刀具规格/mm	主轴转速 n/(r·min^{-1})	进给速度 f/(mm·min^{-1})	背吃刀量 a_p/mm		
1	平右端面	T01	25×25	800			游标卡尺	手动
2	车外轮廓	T01	25×25	800	0.15	2		自动
3	车倒锥面	T02	25×25	800	0.1			自动
4	切 8 mm 槽	T03	25×25	400	0.1		外径千分尺	自动
5	车 M16 螺纹	T04	25×25	450			游标卡尺	自动
6	中心钻		B 型					手动
7	钻头		ϕ7 mm					手动
编制	审核		批准			年　月　日	共　页	第　页

三、编程加工

1. 编制加工程序

压力探头零件数控加工程序单见表6-3。

表6-3 压力探头零件数控加工程序单

零件号		程序名称	压力探头零件	编程原点	安装后右端面中心
程序号	O0001	数控系统	FANUC 0i mate-TC	编制	
程序段号	程序		说明		
N10	G54;		建立工件坐标系		
N20	T0101;		调用1号刀		
N30	M03 S800;		主轴正转转速，转速为800 r/min		
N40	G00 X37 Z2;		定位起点		
N50	G71 U2 R1;		调用粗车循环		
N60	G71 P70 Q200 U0.5 F0.15;				
N70	G01 X0 F0.1;		工件精车轨迹轮廓		
N80	Z0;				
N90	X9;				
N100	X11 Z-5;				
N110	Z-25;				
N120	X14;				
N130	X16 W-2;				
N140	Z-53;				
N150	X31;				
N160	X33 W-1;				
N170	Z-59;				
N180	X31 Z-60;				
N190	Z-62;				
N200	G0 X37;				
N210	G70 P70 Q200;		调用精车循环		
N220	G00 X80 Z100;		退刀到安全点		
N230	T0202 M03 S800;		调用2号车刀		
N240	G00 X37 Z-15;		精车倒锥面轮廓		
N250	G01 X11 F0.1;				
N260	X9 Z-10;				
N270	X11;				
N280	X9 Z-5;				

续表

程序段号	程序	说明
N290	G00 X37;	退刀到安全点
N300	Z150;	
N310	T0303;	换3号切槽刀
N320	M03 S400;	主轴正转，转速为400 r/min
N330	G00 X37 Z-49;	切槽 ϕ12 mm宽8 mm
N340	G01 X12.5 F0.1;	
N350	G00 X37;	
N360	Z-53;	
N370	G01 X12;	
N380	Z-49;	
N390	G00 X37;	退刀到安全点
N400	Z150;	
N410	T0404;	换4号螺纹刀
N420	M03 S450;	主轴正转，转速为450 r/min
N430	G00 X18 Z-23;	定位起点
N440	G92 X15.1 Z-50 F2;	车M16螺纹
N450	X14.5;	
N460	X13.9;	
N470	X13.5;	
N480	X13.4;	
N490	X13.4;	
N500	G00 X37 Z150;	退刀到安全点
N510	T0303;	换3号刀
N520	M03 S400;	主轴正转，转速为400 r/min
N530	G00 X37 Z-64;	切断工件
N540	G01 X7.2 F50;	
N550	G00 X37;	退刀到安全点
N560	Z150;	
N570	M05;	主轴停
N580	M30;	程序结束

2. 零件的仿真加工

（1）进入数控车仿真软件。

（2）选择机床，机床各轴回参考点。

（3）安装工件，安装刀具并对刀。

（4）输入程序，模拟加工，检测、调试程序。

（5）自动加工，测量工件，优化程序。

3. 零件的实操加工

（1）毛坯、刀具、工具准备。

（2）程序输入与编辑。

（3）机床锁住、空运行，利用数控系统图形仿真，进行程序校验及修整。

（4）安装刀具，对刀操作，建立工件坐标系。

（5）启动程序，自动运行。为了安全，可选择单段运行功能执行程序加工。

（6）停车后，按图纸要求检测工件，对工件进行误差与质量分析。

四、检测与分析

按图纸要求检测工件，填写以下工件质量评分表。

（1）操作技能考核总成绩见表6-4。

表6-4　操作技能考核总成绩

<table>
<tr><td>班级</td><td></td><td>姓名</td><td></td><td colspan="2">学号</td><td></td><td colspan="2">日期</td><td></td></tr>
<tr><td>实训课题</td><td colspan="4">压力探头零件加工</td><td colspan="3">零件图号</td><td colspan="2"></td></tr>
<tr><td>序号</td><td colspan="3">项目名称</td><td>配分</td><td colspan="3">得分</td><td colspan="2">备注</td></tr>
<tr><td>1</td><td colspan="3">工艺及现场操作规范</td><td>12</td><td colspan="3"></td><td colspan="2" rowspan="3"></td></tr>
<tr><td>2</td><td colspan="3">工件质量</td><td>88</td><td colspan="3"></td></tr>
<tr><td colspan="4">合计</td><td>100</td><td colspan="3"></td></tr>
</table>

（2）工艺及现场操作规范评分见表6-5。

表6-5　工艺及现场操作规范评分

<table>
<tr><td>序号</td><td>项目</td><td>考核内容</td><td>配分</td><td>学生自评分</td><td>教师评分</td></tr>
<tr><td rowspan="2">工艺程序</td><td>1</td><td>切削加工工艺制定正确</td><td>2</td><td></td><td></td></tr>
<tr><td>2</td><td>程序正确、简单、明确</td><td>2</td><td></td><td></td></tr>
<tr><td rowspan="4">现场
操作
规范</td><td>3</td><td>正确使用机床</td><td>2</td><td></td><td></td></tr>
<tr><td>4</td><td>正确使用量具</td><td>2</td><td></td><td></td></tr>
<tr><td>5</td><td>合理使用刃具</td><td>2</td><td></td><td></td></tr>
<tr><td>6</td><td>设备维护保养</td><td>2</td><td></td><td></td></tr>
<tr><td colspan="3">合计</td><td>12</td><td></td><td></td></tr>
</table>

（3）工件质量评分见表6-6。

表6-6　工件质量评分

检测项目	序号	检测内容	配分		评分标准	学生自测	小组互测	教师检测
			IT	*Ra*				
外圆尺寸	1	$\phi11$	15	8	超差不得分，*Ra*不合格不得分			
	2	$\phi33$	15	8				
螺纹	3	M16	15	8				
长度尺寸	4	7	6		超差不得分			
	5	8	6					
	6	60	7					
总配分			88		总分			
评分人			年　月　日		核分人		年　月　日	

相关知识

一、螺纹的加工工艺

普通螺纹是我国应用最为广泛的一种三角形螺纹，牙型角为60°。普通螺纹分为粗牙普通螺纹和细牙普通螺纹两类。粗牙普通螺纹螺距是标准螺距，其代号用字母“M”及公称直径表示，如M16、M12等。细牙普通螺纹代号用字母“M”及公称直径×螺距表示，如M24×1.5、M27×2等。

普通螺纹又分为左旋螺纹和右旋螺纹两类，左旋螺纹应在螺纹标记的末尾处加注“LH”字，如M20×1.5LH等，未注明的为右旋螺纹。

1. 螺纹牙型高度

螺纹牙型高度是指在螺纹牙型上牙顶到牙底垂直于螺纹轴线的距离。根据GB/T 1159.1—1995普通螺纹国家标准规定，普通螺纹的牙型理论高度$H=0.866P$；但在实际加工中，由于螺纹车刀半径的影响，螺纹实际牙型高度可按下式计算：

$$h=H-2(H/8)=0.6495P\ (P——螺距\ mm)$$

2. 螺纹起点与螺纹终点径向尺寸的确定

螺纹加工中，径向起点（即编程大径）的确定取决于螺纹大径。例如加工M30×2-6g的外螺纹，由GB/T 1159.1—1995可得：

螺纹大径的基本偏差为$e_s=-0.038$ mm，公差为$T_d=0.28$ mm，螺纹大径尺寸为$\phi30_{-0.318}^{-0.038}$ mm，因此，编程大径应在此范围内选取。

径向终点（编程小径）取决于螺纹小径。因为螺纹大径确定后，螺纹的总切深在加工中是由螺纹小径来控制的。可按下式计算：

$$d'=d-2(7/8-R-e_s/2+1/2\times T_{d2}/2)=d-7/4H+2R-e_s-T_{d2}/2$$

式中 d——螺纹公称直径（mm）;

H——螺纹原始三角形高度（mm）;

R——牙底圆弧半径（mm），一般取 R=(1/8-1/6) H;

e_s——螺纹中径基本偏差（mm）;

T_{d2}——螺纹中径公差（mm）。

3. 螺纹起点与终点轴向尺寸的确定

螺纹切削应注意在两端设置足够的升速进刀段 δ_1 和降速退刀段 δ_2。

4. 分层切削深度

如果螺纹牙型深度较深、螺距较大，可分次进给。每次进给的背吃刀量用螺纹深度减去精加工背吃刀量所得的差按递减规律分配，常用螺纹切削的进给次数与背吃刀量见表 6-7。

表 6-7 常用螺纹切削的进给次数与背吃刀量

米制螺纹								
螺距/mm		1.0	1.5	2.0	2.5	3.0	3.5	4.0
牙深/mm		0.649	0.974	1.299	1.624	1.949	2.273	2.598
背吃刀量切削次数	1 次	0.7	0.8	0.9	1.0	1.2	1.5	1.5
	2 次	0.4	0.6	0.6	0.7	0.7	0.7	0.8
	3 次	0.2	0.4	0.6	0.6	0.6	0.6	0.6
	4 次		0.16	0.4	0.4	0.4	0.6	0.6
	5 次			0.1	0.4	0.4	0.4	0.4
	6 次				0.15	0.4	0.4	0.4
	7 次					0.2	0.2	0.4
	8 次						0.15	0.3
	9 次							0.2
英制螺纹								
螺纹参数 a（牙/in）		24	18	16	14	12	10	8
牙深/mm		0.678	0.904	1.016	1.162	1.355	1.626	2.033
背吃刀量切削次数	1 次	0.8	0.8	0.8	0.8	0.9	1.0	1.2
	2 次	0.4	0.6	0.6	0.6	0.6	0.7	0.7
	3 次	0.16	0.3	0.5	0.5	0.6	0.6	0.6
	4 次		0.11	0.14	0.3	0.4	0.4	0.5
	5 次				0.13	0.21	0.4	0.5
	6 次						0.16	0.4
	7 次							0.17

二、单行程螺纹切削

G32 指令是完成单行程螺纹切削，车刀进给运动严格根据输入的螺纹导程进行，

但是车入、切出、返回均需输入程序。其指令格式为

G32 X(U) _Z(W) _F_ ;

式中　F——螺纹导程（0.01 mm/min）。此式为整数导程螺纹切削。

如图 6-2 所示，对于锥螺纹，α 小于 45°时，螺纹导程以 Z 轴方向指定；α 为 45°~90°时，螺纹导程以 X 轴方向指定。

螺纹切削应注意在两端设置足够的升速进刀段 δ_1 和降速退刀段 δ_2。

如图 6-3 所示，锥螺纹导程为 3.5 mm，$\delta_1=2$ mm，$\delta_2=1$ mm，每次背吃刀量为 1 mm，则程序为

螺纹加工运动轨迹

```
N05 G00 X12.0;
N10 G32 X41.0 W-43.0 F3.5;
N15 G00 X50.0;
N20 W43.0;
N25 X10.0;
N30 G32 X39.0 W-43.0;
N35 G00 X50.0;
N40 W43.0;
```

螺帽仿真加工

该指令编写螺纹加工程序烦琐，计算量大，一般很少使用。

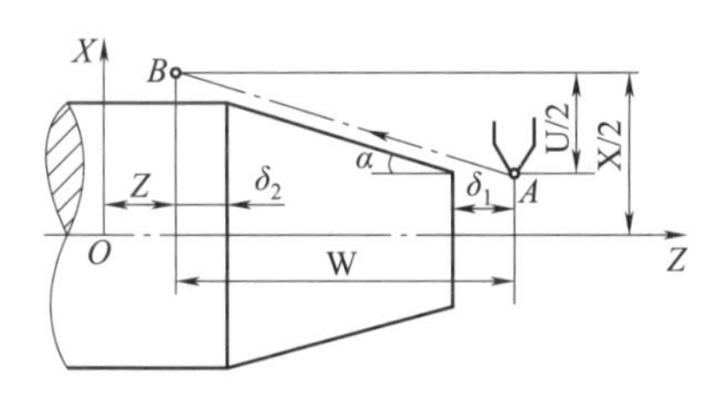

图 6-2　螺纹切削 G32

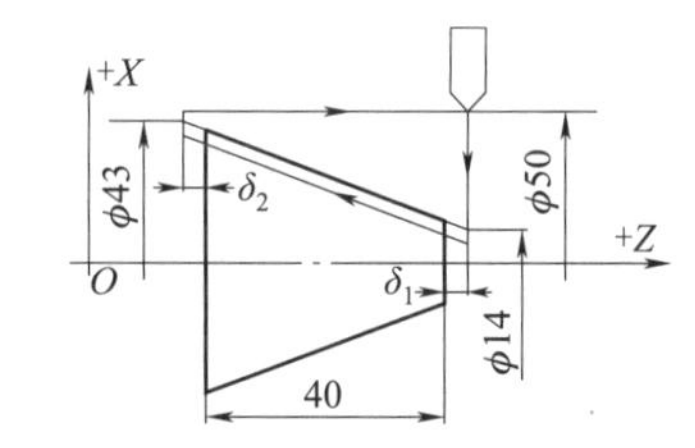

图 6-3　螺纹切削 G32 加工实例

三、螺纹切削循环

螺纹切削循环 G92 为简单螺纹循环，该指令可以切削锥螺纹和圆柱螺纹，其循环路线与前面讲述的单一形状固定循环指令基本相同，只是 F 后边的进给量改为螺距值即可，其格式为

G92 X(U) _Z（W）_I_ F_ ;

图 6-4 所示为螺纹切削循环 G92。刀具从循环开始，按 A、B、C、D 进行自动循环，最后又回到循环起点 A。图 6-4 中虚线表示按 R 快速移动，实线表示按 F 指定的工作进给速度移动。X、Z 为螺纹终点（C 点）的坐标值；U、W 为螺纹终点坐标，相对于螺纹起点的增量坐标；I 为锥螺纹起点和终点的半径差（有正、负之分）。加工圆柱螺纹时为零，可省略。

图 6-5 所示为螺纹切削循环 G92 加工实例。螺纹的螺距为 2 mm，车削螺纹前工件直径为 $\phi58$，第一次切削量为 0.4 mm，第二次切削量为 0.3 mm，第三次切削量为 0.25 mm，第四次切削量为 0.15 mm，采用绝对值编程，其加工程序如下。

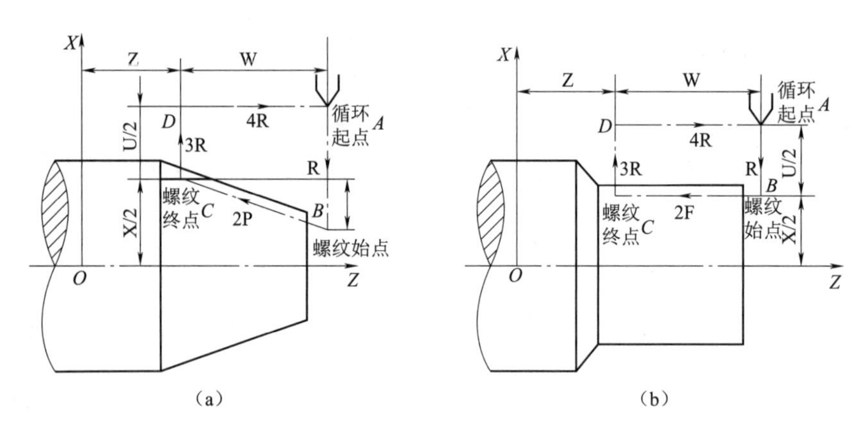

图 6-4 螺纹切削循环 G92
（a）圆锥螺纹循环；（b）圆柱螺纹循环

N001 G54;
N002 M03 S800 T0101;
N003 G00 X58.0 Z71.0;
N004 G92 X47.2 Z12.0 F2.0;
N005 X46.6;
N006 X46.1;
N007 X45.8;
N008 G00 X220.0 Z200.0 T0000;
N009 M05;
N010 M30;

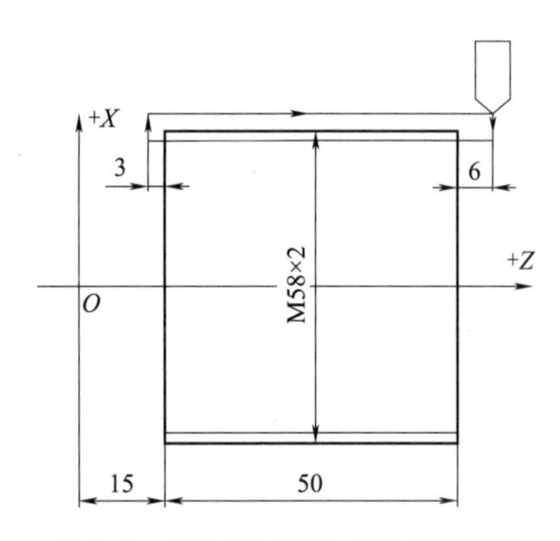

图 6-5 螺纹切削循环 G92 加工实例

在使用螺纹切削单一固定循环（G92）时，需要注意以下几方面：

①在螺纹切削过程中，按下循环暂停键时，刀具立即按斜线回退，先回到 X 轴的起点，再回到 Z 轴的起点。在回退过程中，不能暂停。

②如果在单段方式下执行 G92 循环，则每执行一次循环必须按 4 次循环启动按钮。

③G92 指令是模态指令，当 Z 轴移动量没有变化时，只需对 X 轴指定其移动指令即可重复执行固定循环动作。

④在 G92 指令执行过程中，进给速度倍率和主轴速度倍率均无效。

四、螺纹的车削方法

（1）进刀方式在数控车床上加工螺纹常用的方法有直进法、斜进法两种，如图 6-6 所示。直进法适合加工螺距较小（≤3 mm）的螺纹，斜进法适合加工螺距较大的螺纹。螺纹加工中的走刀次数和背吃刀量会直接影响螺纹的加工质量，应根据螺距大小选取适当的走刀次数及背吃刀量。用直进法高速车削普通螺纹时，螺距小于 3 mm 的螺纹一般 3~6 刀完成，且大部分余量在第一、二刀时去掉。

（2）螺纹车削的切入与切出行程在数控车床上加工螺纹时，螺距是通过伺服系统中装在主轴上的位置编码器进行检测，并实时地读取主轴转速转换为刀具的每分钟进给量来保证的。由于机床伺服系统本身具有滞后特性，会在螺纹的起始段和停止段出现螺距不规则，所以实际加工螺纹的长度应包括切入和切出的空行程量。如图 6-7 所示，L_1 为切入空行程量，一般取 2~5 mm；L_2 为切出空行程量，一般取 2~3 mm。

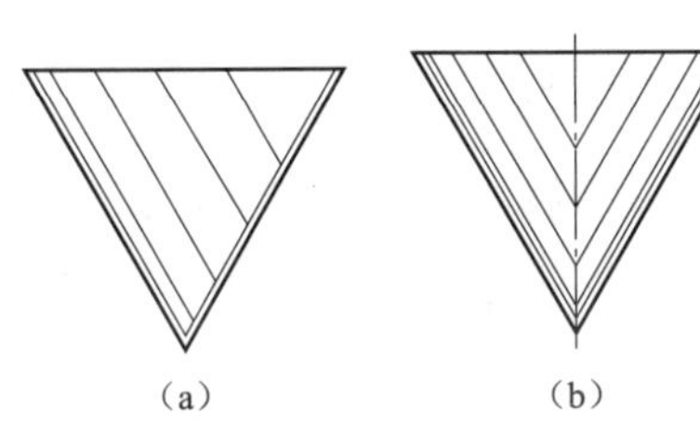

图 6-6　螺纹的进刀方式
（a）直进法；（b）斜进法

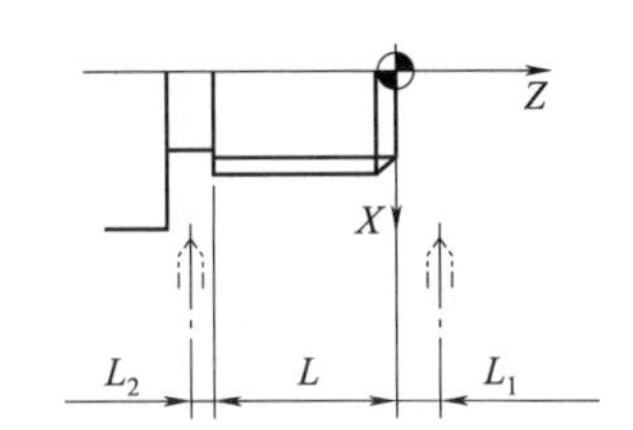

图 6-7　螺纹的切入与切出空行程量

五、螺纹车刀安装及对刀方法

1. 螺纹车刀的安装

螺纹车刀的刀尖角度直接决定了螺纹的成型和螺纹的精度。安装螺纹车刀时，车刀的刀尖角等于螺纹牙型角 $X=60$，其前角 $Y_o=0°$以保证 工件螺纹的牙型角，否则牙型角将产生误差。只有粗加工或螺纹精度要求不高时，为提高切削性能，其前角才可取 $Y=5°\sim20°$。安装螺纹车刀时，刀尖对准工件中心，并用样板对刀，以保证刀尖角的角平分线与工件的轴线垂直，这样车出的牙型角才不会偏斜。刀尖安装高度与工件轴线等高。为防止硬质合金车刀高速切削时扎刀，刀尖允许高于工件轴线百分之一的螺纹大径，如图 6-8 所示。

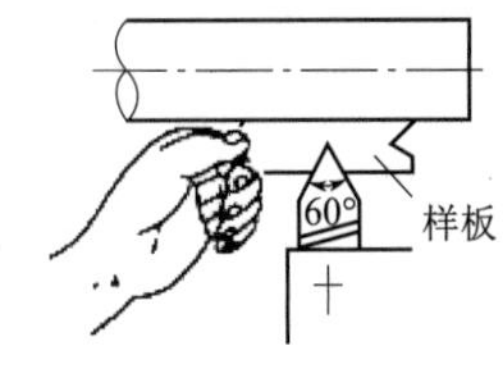

图 6-8　螺纹刀安装

2. 螺纹车刀与主轴旋转方向的确定

加工螺纹时，应特别注意螺纹车刀安装方向（正向、反向）、主轴旋转方向（M03、M04）、刀架配置方式（前置刀架、后置刀架）、螺纹旋向（左旋、右旋）和进给方向（从右至左、从左至右）之间的关系，表 6-8 所示为外螺纹加工机床各要素配置关系。

表 6-8 外螺纹加工机床各要素配置关系

刀架配置 \ 工件螺纹旋向	左旋螺纹	右旋螺纹
后置刀架	刀具正向安装，主轴 M04，刀具从右至左进给 刀具反向安装，主轴 M03，刀具从左至右进给	刀具正向安装，主轴 M04，刀具从左至右进给 刀具反向安装，主轴 M03，刀具从右至左进给
前置刀架	刀具正向安装，主轴 M03，刀具从左至右进给 刀具反向安装，主轴 M04，刀具从右至左进给	刀具正向安装，主轴 M03，刀具从右至左进给 刀具反向安装，主轴 M04，刀具从左至右进给

3. 螺纹车刀对刀

（1）*Z* 方向对刀。

手动模式下移动螺纹车刀，使刀尖与工件右端面平齐（见图 6-9），为保证对刀精度，可借助直尺确定，然后点击 OFFSET SETTING，进入刀补界面，选择【补正】，把刀具的 *Z* 方向的偏移值输入到相应刀具长度补偿中，用【测量】的方法自动测出并反映到系统中。

（2）*X* 方向对刀。

手动模式下按主轴正转按钮 正转，使主轴转动。选择相应的倍率，移动螺纹车刀，沿着外圆 -*Z* 方向（长 3~5 mm）试切外圆，后保持刀具 *X* 方向位置不变，再沿 +*Z* 方向退出刀具（见图 6-10），使主轴停转。此时使用千分尺测量出外圆直径，点击 OFSET SETTING OFFSET SETTING，进入刀补界面，选择【补正】，把刀具的 *X* 方向的偏移值输入到相应刀具长度补偿中，用【测量】的方法自动测出并反映到系统中。

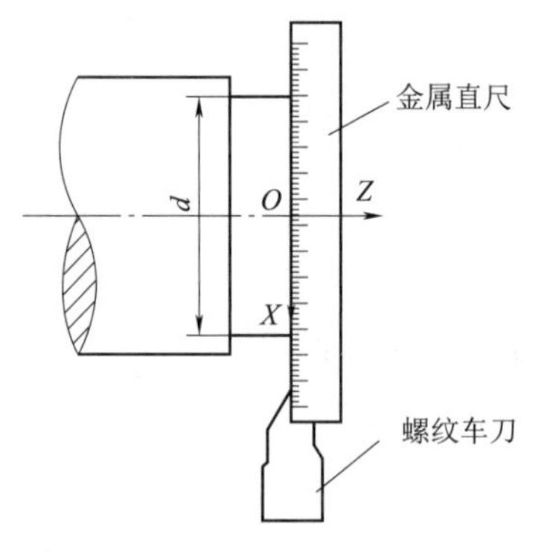

图 6-9 螺纹车刀 *Z* 方向对刀示意图

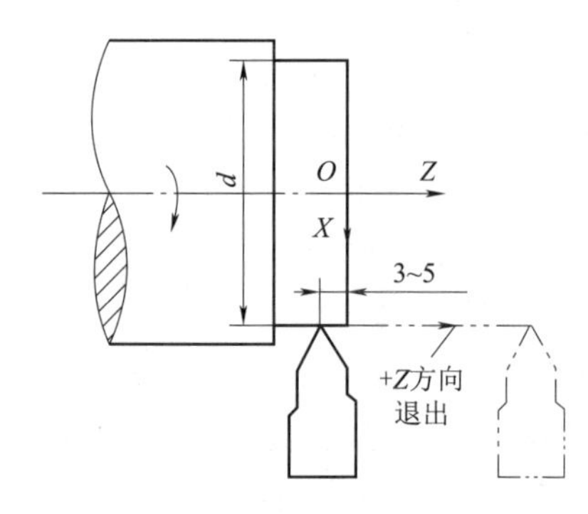

图 6-10 螺纹车刀 *X* 方向对刀示意图

知识拓展

螺纹切削复合循环

螺纹切削复合循环的指令格式为

G76 P(*m*) (*r*) (*a*) Q($\Delta d_{\min}$) R(*d*);

G76 X(*u*) Z(*w*) R(*i*) P(*k*) Q(Δd) F;

式中 *m*——精加工重复次数（01~99）；

r——倒角量，即螺纹切削退尾处（45°）的 *Z* 向退刀距离；

a——刀尖角度可以选择 80°、60°、55°、30°、29°或 0°，由 2 位数规定，例如当 $m=2$，$r=1.2L$（*L* 是螺距），$a=60°$，指令为 $P\frac{021260}{m\ r\ a}$；当螺距由 *L* 表示时，可以从 0.1 *L* 到 9.9 *L* 设定，单位为 0.1 *L*（两位数从 00 到 99）；

$\Delta d_{\min}$——最小切深（该值不带小数点的半径值表示），当一次循环运行（$\Delta d_n-\Delta d_{n-1}$）的切深小于此值时，切深在此值处；

d——精加工余量，该值不带小数点的半径值表示；

X(u) _ Z(w) _ ——螺纹终点坐标值；

i——锥螺纹起点与终点的半径差，*i* 为零时可加工圆柱螺纹；

k——螺纹牙型高度，该值不带小数点的半径值表示为正；

Δd——第一刀切削深度（半径值）为正；

L——螺纹导程。

图 6-11 所示为 G76 螺纹切削复合循环的刀具运动轨迹及进刀轨迹。以加工圆柱外螺纹为例，刀具从循环起点*A* 处，以 G00 方式沿 *X* 向进给至螺纹牙顶 *X* 坐标处（*B* 点，该点的 *X* 坐标值 = 小径 + 2*k*），然后沿基本牙型一侧平行的方向进给如图 6-11（b），*X* 向切深为 Δd，再以螺纹切削方式切削至离 *Z* 向终点距离为 *r* 处，倒角退刀至 *D* 点，再 *X* 向退刀至 *E* 点，最后返回 *A* 点，准备第二刀切削循环。分多刀切削循环，直至循环结束。

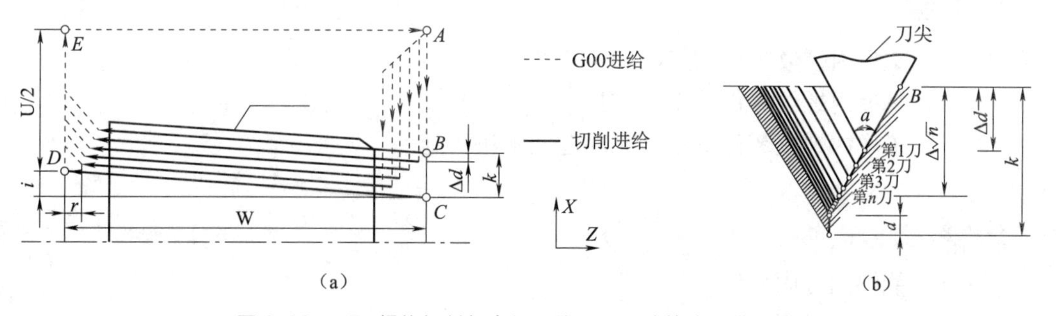

图 6-11　G76 螺纹切削复合循环的刀具运动轨迹及进刀轨迹

第一刀切削循环时，背吃刀量为 Δd，第二刀的背吃刀量为（$\sqrt{2}-1$）Δd，第 *n* 刀

的背吃刀量为（$\sqrt{n}-\sqrt{n-1}$）Δd。因此，执行 G76 循环的背吃刀量是逐步递减的。

螺纹车刀向深度方向并沿基本牙型一侧的平行方向进刀，从而保证螺纹粗车过程中始终用一个刀刃进行切削，减小了切削阻力，提高了刀具寿命，为螺纹的精车质量提供了保证。

螺纹切削复合循环加工示例如图 6-12 所示，加工程序为

```
G80 G00 X80.0 Z130.0;
G76 P011060 Q100 R200;
G76 X55.564 Z25.0 P3680 D1800 F6.0;
```

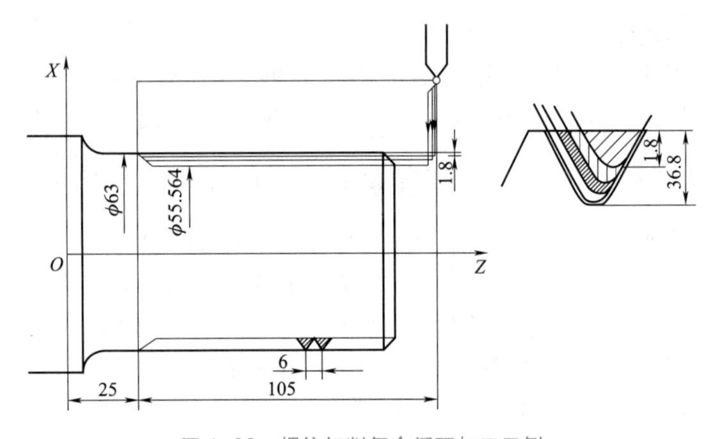

图 6-12　螺纹切削复合循环加工示例

任务 6.2　内螺纹零件的编程与仿真加工

任务目标

知识目标

（1）掌握内螺纹零件加工的加工工艺。

（2）掌握内螺纹零件的编程与加工。

（3）了解内螺纹零件加工常见问题及解决措施。

技能目标

（1）能够加工内螺纹。

（2）正确测量螺纹。

（3）对已加工的螺帽进行质量分析。

素质目标

(1) 培养学生的沟通能力。

(2) 在实际加工中的安全意识和质量意识。

任务实施

一、加工任务

如图 6-13 所示，已知螺帽零件材料为 45 钢，毛坯为 $\phi55\times75$ mm 的棒料。要求制定零件的加工工艺，编写零件的数控加工程序并进行加工，最后进行零件的检验及质量分析。

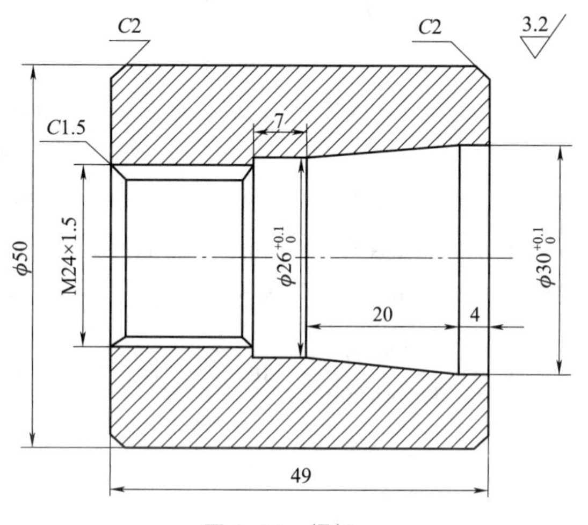

图 6-13　螺帽

二、任务准备

(1) 零件图工艺分析。

螺帽零件结构简单，工件总长 49 mm，加工表面主要包括 $\phi50$ mm 外圆、$\phi26$ mm、$\phi30$ mm 内圆柱面及内螺纹，其中 $\phi26$ mm、$\phi30$ mm 加工精度要求较高、表面粗糙度值 *Ra* 要求为 3. 2 μm。

(2) 确定装夹方案。

采用三爪夹盘装夹。

(3) 确定加工顺序及走刀路线。

螺帽零件外轮廓结构简单便于安装，先进行 $\phi50$ 外轮廓加工→换 2 号镗孔刀，镗孔保证 $\phi26$、$\phi30$ 内孔精度→换 2 号螺纹刀车 M24×1. 5→切断。

(4) 刀具选择。

螺帽数控加工刀具卡片见表 6-9。

表 6-9　螺帽数控加工刀具卡片

产品名称或代号		螺帽加工实例	零件名称	螺帽	零件图号	图 6-13
序号	刀具号	刀具名称及规格	数量	加工表面	刀尖半径/mm	备注
1	T01	45°端面车刀	1	平端面	0. 4	
2	T01	硬质合金 93°外圆车刀	1	粗精车外轮廓	0. 4	
3	T02	4 mm 切断刀	1	切断工件		
4	T03	内孔镗刀	1	$\phi26$ mm、$\phi30$ mm		
4	T04	60°内螺纹车刀	1	M24×1. 5		
编制		审核	批准		共　页	第　页

（5）填写数控加工工序卡。

螺帽数控加工工序卡见表 6-10。

表 6-10　螺帽数控加工工序卡

单位名称		产品名称或代号		零件名称			零件图号	
				螺帽			图 6-13	
工序号	程序编号	夹具名称		使用设备			车间	
01	O0001	三爪卡盘		CAK6150Di			数控	
工步号	工步内容	刀具		切削用量			量具名称	备注
		刀具号	刀具规格/mm	主轴转速 n/(r·min^{-1})	进给速度 f/(mm·min^{-1})	背吃刀量 a_p/mm		
1	平右端面	T01	45°车刀	800	40		游标卡尺	手动
2	车 ϕ50 外圆	T01	25×25	800	50	1.5	游标卡尺	自动
3	切断	T02	25×25	450	50			
4	ϕ26 mm、ϕ30 mm 内孔	T03	ϕ10	600	50	0.4		自动
5	车 M24×1.5 螺纹	T04	25×25	450		0.5		手动
编制		审核		批准		年　月　日	共　页	第　页

三、编程加工

1. 编制加工程序

螺帽数控加工程序单见表 6-11。

表 6-11　螺帽数控加工程序单

零件号		程序名称	螺帽零件	编程原点	安装后右端面中心
程序号	O0001	数控系统	FANUC 0i mate-TC	编制	
程序段号	程序		说明		
N10	G54;		建立工件坐标系		
N20	T0101;		调 1 号车刀		
N30	M03 S850;		主轴正转		
N40	G00 X57 Z2;		定位起点		
N50	G90 X54 Z-52 F50;		粗车 ϕ50 外圆		
N60	X52 Z-52;				
N70	X50.5 Z-52;				

学习笔记

续表

程序段号	程序	说明
N80	G00 X57 Z2;	精车 φ50 外圆
N90	G01 X46 Z0 F50;	
N100	X50 W-2;	
N110	Z47;	
N120	X46 W-2;	
N130	Z-52;	
N140	G00 X80;	退刀到安全点
N150	Z100;	
N160	T0303;	调 3 号刀
N170	M03 S600;	主轴正转
N180	G00 X22 Z2;	定位循环点
N190	G71 U1 R1;	粗车内孔轮廓
N200	G71 P210 Q 300 U-0.5 F50;	
N210	G00 X30;	
N220	G01 Z0;	
N230	Z-4;	
N240	X26 W-20;	
N250	X24;	
N260	X22.5 W-1.5;	
N270	Z-47.5;	
N280	X24 W-1.5;	
N290	Z-52;	
N300	G0 X22;	
N310	G70 P210 Q300;	精车内孔轮廓
N320	G00 X100 Z100;	退刀到安全点
N330	T0404;	调 4 号刀
N340	M03 S450;	主轴正转
N350	G00 X22;	定位起点
N360	Z-20;	

续表

程序段号	程序	说明
N370	G92 X23.1 Z-52 F1.5;	车内螺纹
N380	G92 X23.5 Z-52 F1.5;	
N390	G92 X23.7 Z-52 F1.5;	
N400	G92 X23.9 Z-52 F1.5;	
N410	G92 X24 Z-52 F1.5;	
N420	G92 X24 Z-52 F1.5;	
N430	G00 X22;	退刀到安全点
N440	Z100;	
N450	T0202;	掉 2 号刀
N460	M03 S450;	主轴正转
N470	G00 X55;	切断工件
N480	Z-53;	
N490	G01 X20;	
N500	G00 X55;	退刀到安全点
N510	G00 Z100;	
N520	M05;	主轴停止
N530	M30;	程序结束

2. 零件的仿真加工

(1) 进入数控车仿真软件。

(2) 选择机床，机床各轴回参考点。

(3) 安装工件，安装刀具并对刀。

(4) 输入程序，模拟加工，检测、调试程序。

(5) 自动加工，测量工件，优化程序。

3. 零件的实操加工

(1) 毛坯、刀具、工具准备。

(2) 程序输入与编辑。

(3) 机床锁住、空运行，利用数控系统图形仿真，进行程序校验及修整。

(4) 安装刀具，对刀操作，建立工件坐标系。

(5) 启动程序，自动运行。为了安全，可选择单段运行功能执行程序加工。

(6) 停车后，按图纸要求检测工件，对工件进行误差与质量分析。

四、检测与分析

按图纸要求检测工件，填写以下工件质量评分表。

(1) 操作技能考核总成绩见表 6-12。

学习笔记

表 6-12 操作技能考核总成绩

班级		姓名		学号		日期	
实训课题	螺帽的编程与加工				零件图号		
序号	项目名称			配分	得分	备注	
1	工艺及现场操作规范			12			
2	工件质量			88			
合计				100			

（2）工艺及现场操作规范评分见表 6-13。

表 6-13 工艺及现场操作规范评分

序号	项目	考核内容	配分	学生自评分	教师评分
工艺程序	1	切削加工工艺制定正确	2		
	2	程序正确、简单、明确	2		
现场操作规范	3	正确使用机床	2		
	4	正确使用量具	2		
	5	合理使用刃具	2		
	6	设备维护保养	2		
合计			12		

（3）工件质量评分见表 6-14。

表 6-14 工件质量评分

检测项目	序号	检测内容	配分		评分标准	学生自测	小组互测	教师检测
			IT	*Ra*				
外圆尺寸	1	$\phi 26_{0}^{0.1}$/*Ra*3.2	8	8	超差不得分，*Ra* 不合格不得分			
	2	$\phi 30_{0}^{0.1}$/*Ra*3.2	8	8				
	3	50/*Ra*3.2	8	6				
长度尺寸	4	49 mm	8		超差不得分			
螺纹	5	M24×1.5	10					
其他	6	倒角 *C*2×2	10		超差不得分			
	7	倒角 *C*1.5×2	8					
	8	锥度	6					
总配分			88		总分			
评分人		年 月 日			核分人			年 月 日

相关知识

1. 内螺纹刀

内螺纹孔的形状常见的有通孔、不通孔（盲孔）和台阶孔三种，如图 6-14 所示。由于内螺纹形状不同，因此车削方法及所用的螺纹刀具也不同。

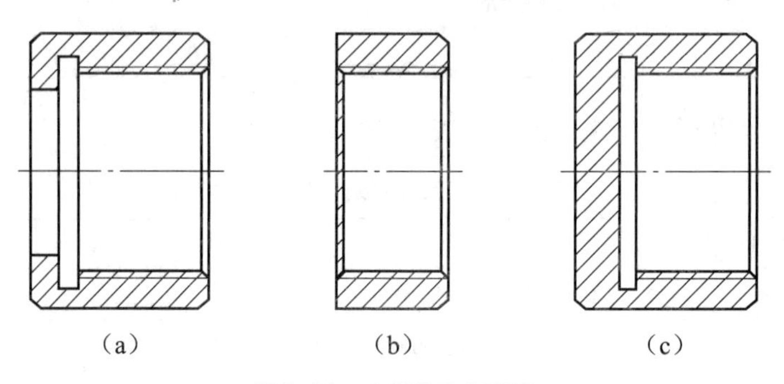

图 6-14　内螺纹孔的形状

(a) 台阶孔；(b) 直通孔；(c) 不通孔

根据所加工内螺纹孔的形状来选择内螺纹车刀。车削通孔内螺纹时可选图 6-15（a）、（b）所示的刀具；车削不通孔或台阶孔内螺纹时可选如图 6-15（c）、（d）所示的刀具，刀尖尽可能靠近左端，其左侧切削刃短些。

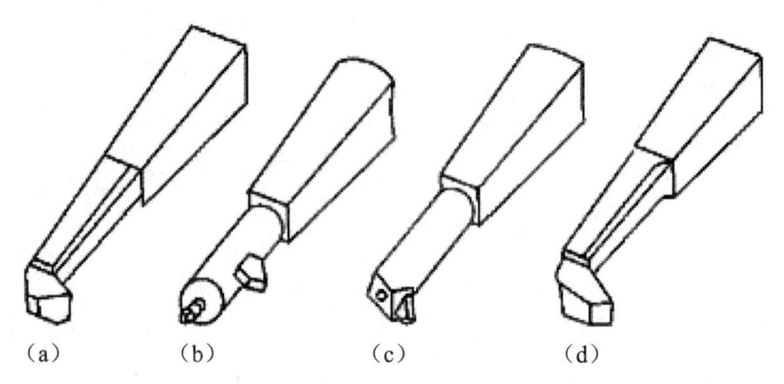

图 6-15　内螺纹刀具

2. 内螺纹车刀安装

装夹内螺纹车刀时，刀柄的伸出长度应大于内螺纹长度 10～20 mm，保证刀尖与工件轴心线等高。如果装得过高，车削时容易引起振动，使螺纹表面产生鱼鳞斑；如果装得过低，刀头下部会与工件发生摩擦，车刀切不进去。装夹时将螺纹对刀样板侧面靠平工件端面，刀尖部分进入样板的槽内进行对刀，同时调整并夹紧刀具，装夹好的螺纹车刀应在底孔内手动试走一次，以防正式加工时刀柄和内孔相碰而影响加工。内螺纹车刀的安装如图 6-16 所示。

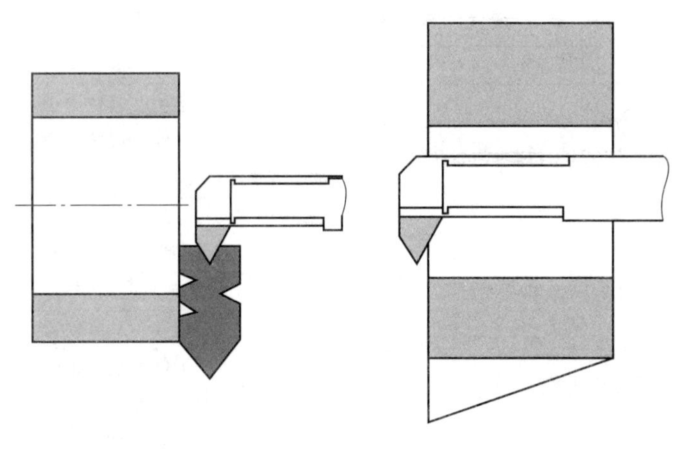

图 6-16 内螺纹车刀的安装

3. 内螺纹尺寸计算

（1）内螺纹的小径。

内螺纹的小径即顶径，车削三角形内螺纹时，考虑螺纹的公差要求和螺纹切削过程中对小径的挤压作用，所以车削内螺纹前的孔径（即实际小径 D_1'）要比内螺纹小径 D_1 略大些，可采用下式计算：

车削塑性金属的内螺纹的编程小径：$D_1' \approx D_1 - P$

车削脆性金属的内螺纹的编程小径：$D_1' \approx D_1 - 1.05P$

（2）内螺纹的大径。

内螺纹的大径即底径，取螺纹的公称直径 D 值，该直径为内螺纹切削终点处的 X 坐标。

（3）内螺纹的中径在数控车床上，内螺纹的中径是通过控制螺纹的削平高度（由螺纹车刀的刀尖体现）、牙型高度、牙型角和大径来综合控制的。

（4）螺纹总切深内螺纹加工中，螺纹总切深的取值与外螺纹加工相同。

4. 内螺纹车削方法

内螺纹的车削方法与外螺纹的加工方法基本相同，编程所用的指令也相同，但进、退刀方向相反。车削内螺纹时，由于内螺纹车刀的大小受内螺纹底孔直径的限制，所以会有刀杆细、刚性差、切屑不易排出、切削液不易注入及不便观察等问题，比车削外螺纹要难一些。一般内螺纹车刀刀体的径向尺寸应至少比底孔直径小 3～5 mm，否则退刀时易碰伤牙顶。

知识拓展

螺纹精度降低的原因

在数控车床加工螺纹过程中产生螺纹精度降低的原因是多方面的，常见的如表 6-15 所示。

表 6-15　螺纹精度降低的原因

序号	问题现象	产生原因
1	螺纹牙顶呈刀口状或过平	刀具角度选择不正确
2		工件外径尺寸不正确
3		螺纹切削深度或背吃刀量不够
4		刀具中心错误
5	刀具牙底圆弧过大或过宽	刀具选择错误
6		刀具磨损严重
7		螺纹右乱牙现象
8	螺纹牙型半角不正确	工件安装不正确
9		刀具角度刃磨不正确
10	螺纹表面粗糙度值大	切削速度过低
11		刀具中心过高
12		切削液选用不合理
13		刀尖产生积屑瘤
14		刀具与工件安装不正确，产生振动
15		切削参组选用不正确，产生振动
16	螺距误差	伺服系统滞后效应
17		加工程序不正确

素养拓展

中国智造，助力 C919 一飞冲天

C919 大型客机，全称 COMAC919，是我国按照国际民航规章自行研制、具有自主知识产权的大型喷气式民用飞机，座级 158～168 座，航程 4 075～5 555 公里，其性能与国际新一代的主流单通道客机相当。COMAC 是 C919 的主制造商中国商飞公司的英文名称简写，C 既是 COMAC 的第一个字母，也是中国的英文名称 CHINA 的第一个字母，体现了大型客机是国家的意志、人民的期望 。

C919 大型客机，于 2017 年 5 月 5 日成功首飞，标志着中国从此跻身少数几个拥有研制大型客机能力的国家行列。

C919 的关键技术是掌握在中国人手上的，不是依靠外界，也不是引进不来的。从产业链的角度上来说，未来还有很大的扩展空间。装配工艺占飞机制造总周期的 40%，飞机本身是亮点，飞机上使用到的装备、设备等，都是可以国产化的，对中国智造的意义非常大。对于大飞机这样复杂的产品来说，整体的设计是极其重要的。我国国产大型客机 C919 的总设计师吴光辉强调，针对飞机整体设计来说中国拥有完全自主知识产权。C919 大型客机全机对接 5 条国际先进生产线，攻克 100 多项核心关键技术，实现 60% 国产化。C919 需要 100 多万个零件精度，要求极高，航天产品零件的特点是耐高温、高强度、复合材料、复杂结构件多、工艺要求高、加工难

学习笔记

度大，需要大型、高速、精密、多轴的高性能数控机床进行加工。中国智造凝聚中国人智慧的成果，助力 C919 一飞冲天。

课后习题

1　如图 6-17 所示，1+X 技能鉴定内外螺纹零件，毛坯尺寸为 $\phi65\times125$ mm 材料钢件，要求制定加工工艺，正确选择切削用量，完成零件程序的编写，并进行加工。

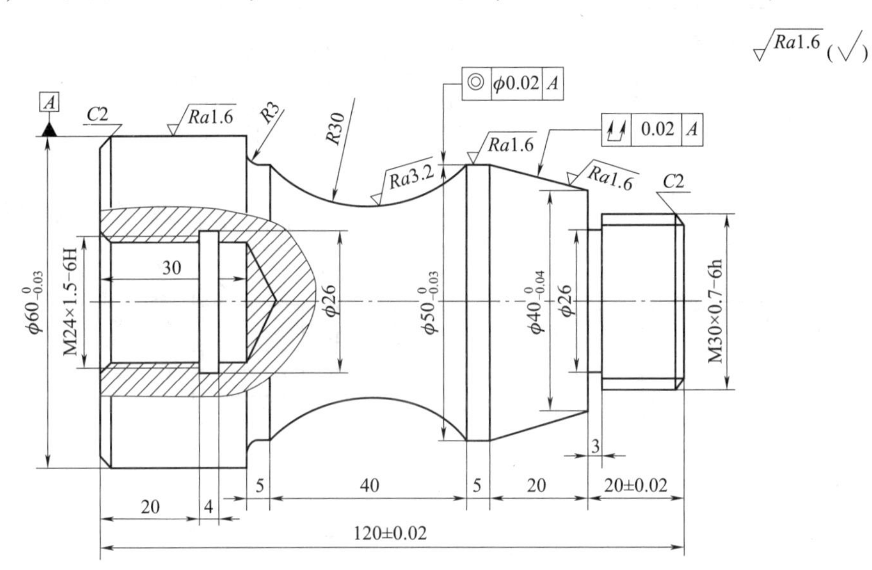

图 6-17　内外螺纹零件

2　如图 6-18 所示，零件毛坯尺寸为 $\phi50\times55$ mm 材料钢件，要求制定加工工艺，正确选择切削用量，完成零件程序的编写，并进行加工。

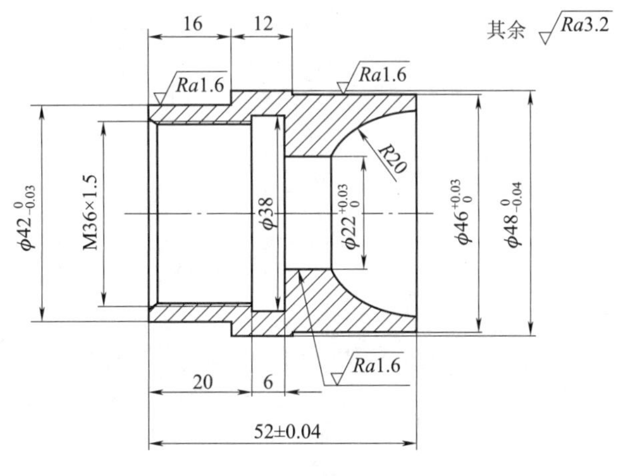

图 6-18　内螺纹零件

3　图 6-19 所示为螺纹配合类零件的装配图，零件材料为 45 钢，毛坯尺寸为

$\phi 40\times10$ mm、$\phi 35\times10$ mm，编写数控加工程序进行加工完成装配。

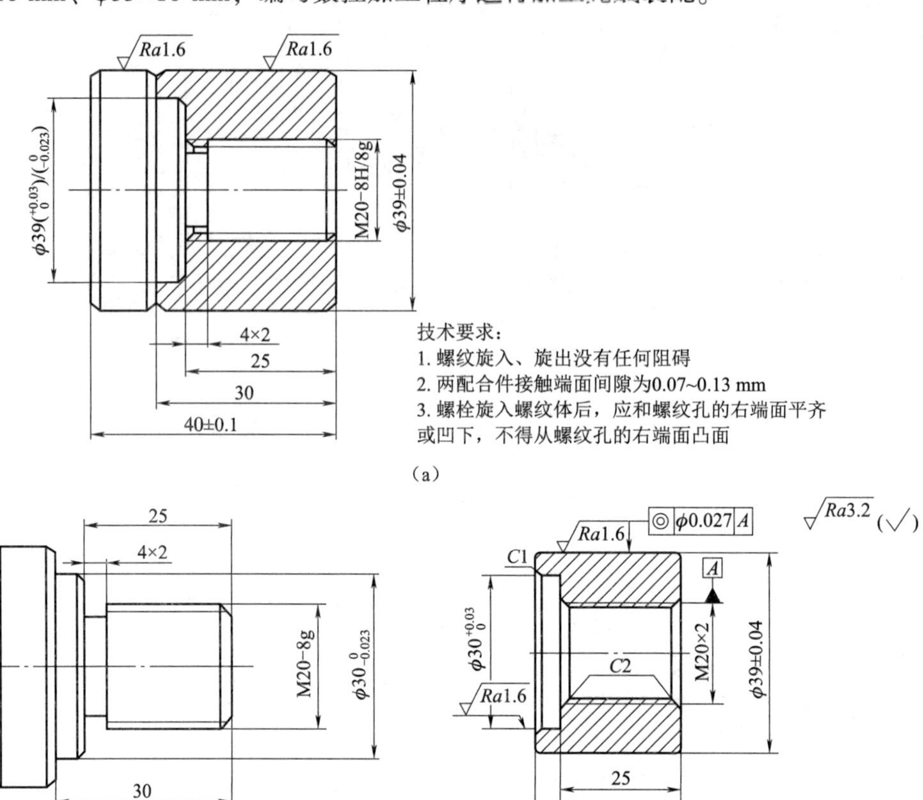

图 6-19　螺纹配合零件

项目 7　宏程序的编程与加工

项目描述

（1）掌握数控车床宏程序数学运算功能、逻辑判断功能，程序循环功能。
（2）掌握轴类零件的数控加工方法。
（3）掌握轴类零件的检测方法。

学习目标

（1）掌握数控车床宏程序的算术运算和逻辑运算。
（2）掌握零件的数控加工方法。
（3）掌握零件的检测方法。
（4）精益求精的工匠精神。

任务 7.1　椭圆轴零件的编程与仿真加工

任务目标

知识目标

（1）椭圆轴零件车削工艺分析。
（2）椭圆轴零件宏程序的编写。
（3）椭圆轴零件的测量工具。

技能目标

（1）能正确编制椭圆轴零件车削工艺。
（2）能按零件图样要求编程并加工。

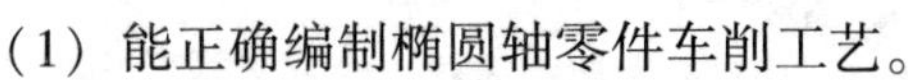

（3）能按零件图样要求对零件进行检测及加工误差分析。

素质目标

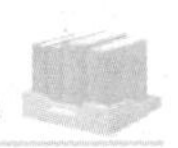

（1）培养学生的沟通能力。

(2) 在实际加工中的安全意识和质量意识。

任务实施

一、加工任务

如图 7-1 所示，已知零件材料为 45#热轧圆钢，毛坯为 ϕ50×100 mm 的棒料。要求制定零件的加工工艺，编写零件的数控加工程序，通过数控仿真加工优化程序，并进行零件的机床加工，最后进行零件的检验及质量分析。

二、任务分析

仿真加工

(1) 零件图工艺分析。

如图 7-1 所示，椭圆轴零件形状简单，结构尺寸变化不大。该零件由椭圆、斜面、圆柱面等部分组成，未注公差按自由公差加工，表面粗糙度值 *Ra* 不大于 3.2 μm。

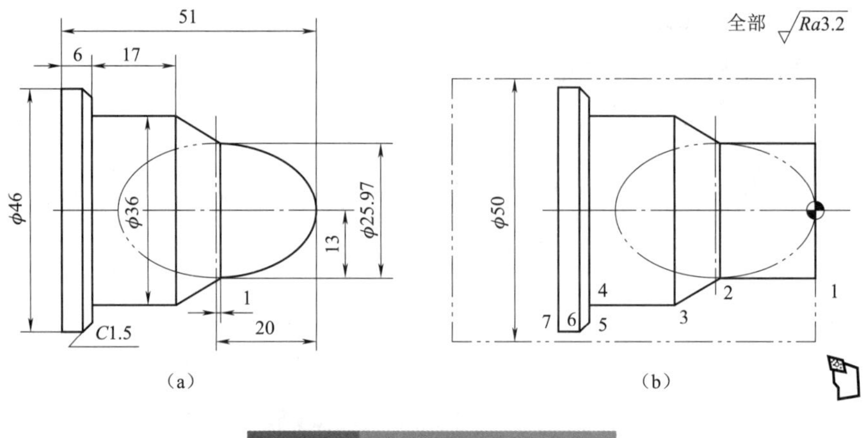

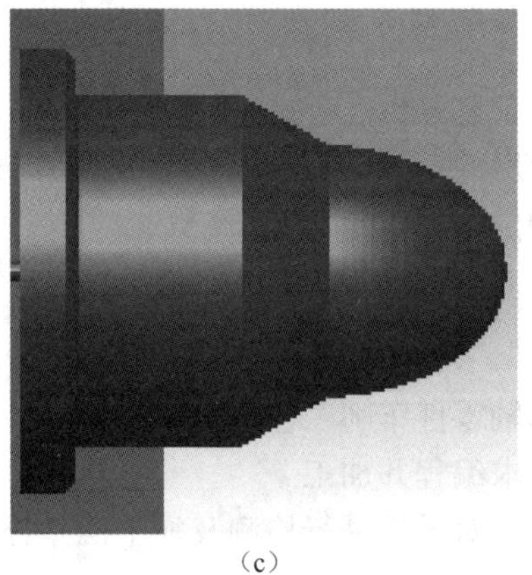
(c)

图 7-1　椭圆轴零件图

（2）确定装夹方案。

采用三爪自动定心卡盘夹紧。

（3）确定加工顺序及走刀路线。

根据零件的结构特征，可先粗、精加工外圆表面，然后切断。

（4）刀具选择。

选择外圆车刀加工外圆表面选用切槽刀切断。椭圆轴零件数控加工刀具卡片见表 7-1。

表 7-1　椭圆轴零件数控加工刀具卡片

<table>
<tr><td colspan="2">产品名称或代号</td><td>椭圆零件加工实例</td><td>零件名称</td><td>椭圆轴</td><td>零件图号</td><td>图 7-1</td></tr>
<tr><td>序号</td><td>刀具号</td><td>刀具名称及规格</td><td>数量</td><td>加工表面</td><td>刀尖半径/mm</td><td>备注</td></tr>
<tr><td>1</td><td>T01</td><td>硬质合金 93°外圆车刀</td><td>1</td><td>粗车外轮廓</td><td>0. 2</td><td></td></tr>
<tr><td>2</td><td>T01</td><td>硬质合金 93°外圆车刀</td><td>1</td><td>精车外轮廓</td><td>0. 2</td><td></td></tr>
<tr><td>3</td><td>T02</td><td>刃宽 3 mm 切槽刀</td><td>1</td><td>切断</td><td></td><td></td></tr>
<tr><td>编制</td><td></td><td>审核　　</td><td>批准</td><td></td><td>共 1 页</td><td>第 1 页</td></tr>
</table>

5. 填写数控加工工序卡。椭圆轴零件数控加工工序卡片见表 7-2。

表 7-2　椭圆轴零件数控加工工序卡片

<table>
<tr><td rowspan="2">单位名称</td><td rowspan="2"></td><td colspan="2">产品名称或代号</td><td colspan="3">零件名称</td><td colspan="2">零件图号</td></tr>
<tr><td colspan="2">阶梯轴加工实例</td><td colspan="3">椭圆零件</td><td colspan="2">图 7-1</td></tr>
<tr><td>工序号</td><td>程序编号</td><td colspan="2">夹具名称</td><td colspan="3">使用设备</td><td colspan="2">车间</td></tr>
<tr><td>01</td><td>00071</td><td colspan="2">三爪卡盘</td><td colspan="3">CAK6150Di</td><td colspan="2">数控</td></tr>
<tr><td rowspan="2">工步号</td><td rowspan="2">工步内容</td><td colspan="2">刀具</td><td colspan="3">切削用量</td><td rowspan="2">量具名称</td><td rowspan="2">备注</td></tr>
<tr><td>刀具号</td><td>刀具规格/mm</td><td>主轴转速 n/(r · min^{-1})</td><td>进给速度 f/(mm · min^{-1})</td><td>背吃刀量 a_p/mm</td></tr>
<tr><td>1</td><td>粗车右外轮廓，X 向留余量 0. 5 mm（双边）</td><td>T01</td><td>25×25</td><td>800</td><td>0. 25</td><td>1. 5</td><td>游标卡尺</td><td>自动</td></tr>
<tr><td>2</td><td>精车右外轮廓</td><td>T01</td><td>25×25</td><td>1 200</td><td>0. 1</td><td>0. 5</td><td>外径千分尺</td><td>自动</td></tr>
<tr><td>3</td><td>切断</td><td>T02</td><td>25×25</td><td>400</td><td></td><td></td><td>游标卡尺</td><td>手动</td></tr>
<tr><td>编制</td><td></td><td>审核</td><td></td><td>批准</td><td></td><td>年　月　日</td><td>共　页</td><td>第　页</td></tr>
</table>

学习笔记

三、编程加工

1. 编制加工程序

椭圆轴零件数控加工程序单见表 7-3。

表 7-3 椭圆轴零件数控加工程序单

零件号		程序名称	椭圆轴	编程原点	安装后右端面中心
程序号	O0071	数控系统	FANUC 0i mate-TC	编制	
程序			说明		
G54 G40 G97 G99;			建立工件坐标系，程序初始化		
G00 X60 Z100;			快速定位到换刀点		
T0101;			换 1 号刀，选择 1 号刀补		
M03 S800;			主轴正转，主轴转速是 800 r/min		
G00 X52 Z3;			刀具快速定位至固定循环起点		
G94 X0 Z0 F0.25			切削端面		
G00 X52 Z2;			刀具快速定位至固定循环起点		
G71 U1.5 R0.5;			粗车循环，粗加工背吃刀量是 1.5 mm，退刀量 0.5 mm		
G71 P1 Q20 U0.5 W0.5 F0.25;			粗车循环，起始程序顺序号 N1，终止程序顺序号 N20，精加工余量 X 和 Z 方向均为 0.5 mm，粗加工进给速度为 0.25 mm/r		
N1 G00 X0;			循环开始，快速定位到 X0 处		
G01 Z0;			直线插补到 X0 Z0 处		
#1=20;			定义椭圆长半轴		
#2=13;			定义椭圆短半轴		
#3=20;			定义加工起点距离椭圆中心的初始位置		
N5#12=SQRT[#1*#1-#3*#3];			根据椭圆方程式定义中间变量		
#13=#2*#12/#1;			根据椭圆方程式定义 X 轴变量（半径值）		
G01 X[2*#13] Z[#3-#1];			以指定步长进行椭圆的直线插补运动		
#3=#3-0.5;			指定 Z 轴运行轨迹步长，每步减 0.5 mm		
IF[#3GE1.]GOTO5;			条件语句，如果 Z 轴从初始 20 减到大于等于 1，跳转到程序顺序号 5，执行椭圆加工		

续表

程序	说明
N10 G01 X36 Z-28;	若条件不满足，执行下一步，加工圆锥面
G01 W-17;	加工直径为 36 mm 的圆柱面
X43;	加工台阶面
X46 W-1.5;	加工 *C*1.5 倒角
Z-51;	加工直径为 46 mm 的圆柱面
N20 G01 X52;	循环加工终止，抬刀
G00 X60 Z100;	快速定位到换刀点
M05;	主轴停止
M00;	程序停止（用来测量粗加工后的尺寸，调磨耗）
M03 S1200;	主轴正转，主轴转速是 1 200 r/min
G00 X52 Z3;	快速定位精加工循环起点
G70 P1 Q20 F0.1;	进行精加工循环，精加工进给速度为 1 mm/r
G00 X60 Z100;	快速定位到换刀点
T0202;	换 2 号刀
G00 X52;	快速定位到 X52
Z-54;	快速定位到 Z-54（零件长度 51 mm 加上切断刀刃宽 3 mm）
G01 X6 F0.1;	切断工件
G01 X55;	退刀
G00 X60 Z100;	快速定位到安全换刀点
M05;	主轴停
M30;	程序结束
%	

2. 零件的仿真加工

（1）进入数控车仿真软件。

（2）选择机床，机床各轴回参考点。

（3）安装工件，安装刀具并对刀。

（4）输入程序，模拟加工，检测、调试程序。

（5）自动加工，测量工件，优化程序。

3. 零件的实操加工

（1）毛坯、刀具、工具准备。

（2）程序输入与编辑。

（3）机床锁住、空运行，利用数控系统图形仿真，进行程序校验及修整。

（4）安装刀具，对刀操作，建立工件坐标系。

（5）启动程序，自动运行。为了安全，可选择单段运行功能执行程序加工。

（6）停车后，按图纸要求检测工件，对工件进行误差与质量分析。

四、检测与分析

按图纸要求检测工件，填写工件质量评分表。

（1）操作技能考核总成绩见表 7-4。

表 7-4　操作技能考核总成绩

班级		姓名		学号		日期	
实训课题		椭圆轴的编程与加工		零件图号	1		
序号	项目名称		配分	得分	备注		
1	工艺及现场操作规范		12				
2	工件加工及加工质量		88				
合计			100				

（2）工艺及现场操作规范评分见表 7-5。

表 7-5　工艺及现场操作规范评分

序号	项目	考核内容	配分	学生自评分	教师评分
工艺程序	1	切削加工工艺制定正确	2		
	2	程序正确、简单、明确	2		
现场操作规范	3	正确使用机床	2		
	4	正确使用量具	2		
	5	合理使用刃具	2		
	6	设备维护保养	2		
合计			12		

（3）工件质量评分见表 7-6。

表 7-6　工件质量评分

检测项目	序号	检测内容	配分		评分标准	学生自测	小组互测	教师检测
			IT	*Ra*				
外圆尺寸	1	椭圆	15	5	超差不得分，*Ra* 不合格不得分			
	2	ϕ25.97-ϕ36 圆锥	10	5				
	3	ϕ36	10	5				
	4	ϕ46	10	5				
长度尺寸	5	19	8		超差不得分			
	6	28	5					
	7	17	5					
	8	6	5					
总配分			88		总分			
评分人			年　月　日		核分人		年　月　日	

2. **加工误差分析**

数控车床在加工外圆的过程中会遇到各种各样的加工误差问题，表 7-7 对外圆加工中较常出现的问题、产生的原因、预防及解决方法进行了分析。

表 7-7　加工误差分析

问题现象	产生原因	预防和消除
工件外圆尺寸超差	1. 刀补数控不正确 2. 程序错误 3. 切削用量选择不合理	1. 重新对刀 2. 检查、模拟修改程序 3. 选择合适切削用量
外圆表面粗糙度超差	1. 切削速度过低 2. 工艺安排不合理 3. 切屑形状差 4. 刀尖产生积屑瘤	1. 选择合适的切削用量 2. 安排粗、精车 3. 选择合适的切削深度 4. 选择合适的切速范围

相关知识

（1）宏程序是用户利用数控系统提供的变量、数学运算功能、逻辑判断功能、程序循环功能等功能，来实现一些特殊的用法。

（2）变量的类型见表 7-8。

表 7-8　变量的类型

变量号	变量类型	功能
#0	空变量	该变量总是空，没有值能赋给该变量
#1 -#33	局部变量	局部变量只能用在宏程序中存储数据，例如运算结果。当断电时，局部变量被初始化为空
#100 -#199 #500 -#999	公共变量	公共变量在不同的宏程序中的意义相同。当断电时，变量#100-#199 初始化为空，变量#500-#999 的数据保存，即使断电也不丢失
#1000	系统变量	系统变量用于读和写 CNC 运行时的各种数据，例如刀具的当前位置和补偿值

（3）算术和逻辑运算见表 7-9。

表 7-9　算术和逻辑运算

功　能	格　式
定义	#I=#j;
加法	#I=#j+#k;
减法	#i=#j-#k;
乘法	#i=#j * #k;
除法	#i=#j/#k;
正弦	#i=SIN[#j];
反正弦	#i=ASIN[#j];
余弦	#i=COS[#j];
反余弦	#i=ACOS[#j];
正切	#i=TAN[#j];
反正切	#i=ATAN[#j]/[#k];
平方根	#i=SQRT[#j];
绝对值	#i=ABS[#j];
舍入	#i=ROUN[#j];
上取整	#i=FIX[#j];
下取整	#i=FUP[#j];
自然对数	#i=LN[#j];
指数函数	#i=EXP[#j];
或	#i=#j OR #k;
异或	#i=#j XOR #k;
与	#i=#j AND #k;
从 BCD 转为 BIN	#i=BIN[#j];
从 BIN 转为 BCD	#i=BCD[#j];

（4）比较运算

EQ：等于；GE：大于或等于；LE：小于或等于；NE：不等于；GT：大于；LT：小于。

（5）用户宏程序语句

转移和循环：
- GOTO 语句（无条件转移）
- IF 语句（条件转移：IF…THEN…）
- WHILE 语句（当…时循环）

知识拓展

一、条件转移（IF 语句）

1. IF<条件表达式>GOTOn；

如果指定的<条件表达式>（真）满足，则转移到顺序号为 n 的语句；如果条件表达式不满足，程序执行下一程序段。

如果#1 大于 10，向顺序号 N2 转移

IF[#1GT10] GOTO2

……　　　　　　　　　　　　　　（条件不成立时）

N2 G00 G91 X10.0；　　　　　　　（条件成立时）

2. IF<条件表达式>THEN；

如果<条件表达式≥>成立（真），则执行指定在 THEN 之后的宏语句。但是，此宏语句仅限 1 个。

#1 与#2 一致时，向#3 代入 0。

IF[#1EQ#2] THEN#3=0；

3. IF<条件表达式>THEN；多程序段 ENDIF；

<条件表达式>成立（真）时，执行 THEN～ENDIF 之间的程序段。不成立（假）时，跳过 THEN～ENDIF 之间的程序段。可在 THEN～ENDIF 指定多个 NC 语句/宏语句。

#1 与#2 一致时，执行 THEN～ENDIF 之间的程序段。

IF [#1 EQ #2] THEN；

#101=#4201；

#102 =#5041；

G91 G28 X0；

ENDIF；

4. IF<条件表达式>THEN 宏语句 1；ELSE 宏语句 2；

<条件表达式>成立（真）时，执行宏语句 1。不成立（假）时，执行宏语句 2. 但是，宏语句各限 1 个。

#1 与#2 一数时，向#3 代入 0。不一致时，向#4 代入 0。

IF[#1 EQ #2] THEN #3=0;

EISE#4=0;

5. IF<条件表达式>THEN；多程序段 1ELSE；多程序段 2ENDIF；

<条件表达式>成立（真）时，执行 THEN；~ELSE；之间的多程序段 1。不成立（假）时，执行 ELSE；~ENDIF；之间的多程序段 2。

可在多程序段 1/多程序段 2 指定多个 NC 语句/宏语句。

#1 与#2 一致时，执行 THEN；~ELSE；之间的程序段。

不一致时，执行 ELSE；~ENDIF；之间的程序段。

IF ［#1 EQ #2］ THEN；

#101=#4201；

#111=#5041；

G91 G28 X0；

ELSE；

#102=#4202；

二、 WHILE 语句

在 WHILE 后指定条件表达式。

当指定的条件表达式满足时，执行 DO~END 的程序当指定的条件表达式不满足时，进入 END 后面的程序段。

当指定的条件表达式满足时，执行紧跟 WHILE 后的 DO~END 的程序。当指定的条件表达式不满足时，执行与 DO 对应的 END 后面的程序段。

条件表达式和算符与 IF 语句相同。

DO 和 END 后面的数值是指定执行范围的识别号，可用 1、2、3 作为识别号。如果用 1、2、3 以外的数字作为识别号，则会有报警（PS0126），“DO 非法循环数”发出。

嵌套

识别号（1~3）在 DO~END 可多次使用。但是，当重复的循环相互交叉时，会有报警（PSI124），“没有‘END’语句”发出。

学习笔记

WHILE[条件表达式]DO m；（m=1,2,3）

条件不成立时　　条件成立时

处理

END m；
⋮

1.识别号（1~3）可使用多次

```
WHILE[…]DO 1；
  处理
END 1；
⋮
WHILE[…]DO 1；
  处理
END 1；
⋮
```

2.DO 的范围无法交叉

```
WHILE[…]DO 1；
  处理
WHILE[…]DO 2；
⋮
END 1；
  处理
END 2；
```

3.DO 最大可嵌套三层

```
WHILE[…]DO 1；
⋮
  WHILE[…]DO 2；
  ⋮
    WHILE[…]DO 3；
      处理
    END 3；
    ⋮
  END 2；
  ⋮
END 1；
```

4.控制可转移到循环体外面

```
WHILE[…]DO 1；
IF[…]GOTO n；
END 1；
Nn
```

5.不能转移到循环体中

```
IF[…]GOTO n；
⋮
WHILE[…]DO 1；
Nn…；
END 1；
```

任务 7.2　抛物线轴零件的编程与仿真加工

任务目标

知识目标

（1）抛物线轴零件车削工艺分析。

（2）抛物线轴程序的编写。

技能目标

（1）能正确编制抛物线轴车削工艺。

（2）能按零件图样要求编程并仿真加工零件。

任务实施

仿真加工

一、加工任务

利用宏程序和复合循环指令对图 7-2 所示综合零件编程。毛坯是 $\phi65\times100$ mm 的铝棒。

零件未注表面粗糙度值 Ra 按大于 3.2 μm 处理，未注分差按自由公差处理。

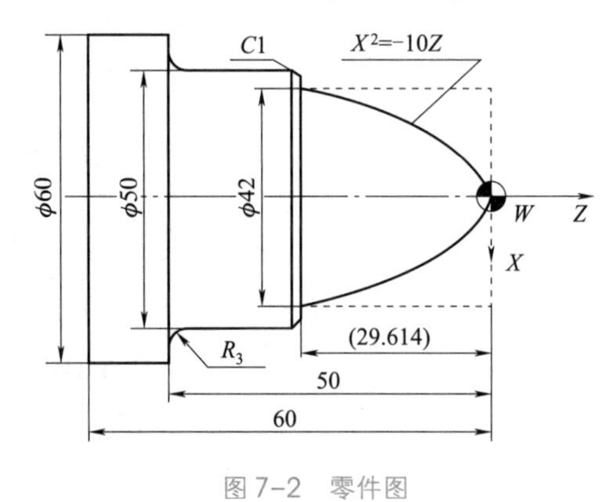

图 7-2　零件图

二、任务分析

（1）零件图的工艺分析。

图 7-2 所示的轴类零件形状简单，结构尺寸变化不大。零件的难点在于抛物线

程序的编写，

(2) 确定装夹方案。

采用三爪自动定心卡盘夹紧。

(3) 确定加工顺序及走刀路线。

根据零件的结构特征，可先粗、精加工右端外圆表面，然后切断。

(4) 刀具的选择。

见表 7-1。

(5) 填写数控加工工序卡。

见表 7-2。

三、编程加工

抛物线轴零件数控加工程序单见表 7-10。

表 7-10　抛物线轴零件数控加工程序单

零件号		程序名称	抛物线轴加工	编程原点	安装后右端面中心
程序号	O0072	数控系统	FANUC 0i mate-TC	编制	
程序			说明		
G54 G40 G49 G97 G99;			程序初始化		
G00 X75 Z50;			快速定位到换刀点		
T0101 M03 S800;			换 1 号刀选择 1 号刀补，主轴正转，主轴转速是 800 r/min		
G00 X72 Z3;			快速定位到粗车循环起点		
G71 U1.5 R0.5;			粗车循环，背吃刀时为 1.5 mm，退刀量为 0.5 mm		
G71 P1 Q2 U0.5 W0.2 F0.3;			加工循环起始号 N1，终止号 N2，*X* 方向直径余量 0.5 mm，*Z* 方向余量 0.2 mm，粗加工进给速度每转 0.3 mm		
N1 G00 X0;			加工循环开始，快速定位到 X0 处		
G01 Z0;			直线插补到 Z0 处		
#100=0;			抛物线 *X* 方向变量起点		
#101=0;			抛物线 *Z* 方向变量起点		
WHILE[#101GE-29.614] DO1;			当 *Z* 变量大于等于-29.614 时，执行抛物线程序加工		
#100=SQRT[-10*#101];			抛物线公式		
G01 X[2*#100] Z[#101];			直线插补，加工抛物线		
#101=#101-1.5;			设置 *Z* 方向加工步长		
END1;			宏程序结束		

续表

程序	说明
G01 X48；	加工台阶
X50 W-1；	加工 $C1$ 倒角
Z-47；	加工 $\phi50$ 圆柱面
G02 X56 Z-50 R3；	加工 R3 的圆弧面
G01 X60；	加工 $\phi60$ 起始台阶面
Z-60；	加工 $\phi60$ 圆柱
N2 G01 X72；	加工循环终止，抬刀
G70 P1 Q2 S1200 F0.1；	精加工循环
G00 X72 Z50；	快速定位到换刀点
T0202；	换切断刀
G00 Z-63；	定位到切断的 Z 方向位置
G01 X65；	X 方向接近工件
G01 X0 F0.1；	切断工件
G01 X72；	抬刀
G00 Z50；	刀具退回到安全位置
M05；	主轴停
M30；	程序结束

二、零件的仿真加工

（1）进入数控车仿真软件。
（2）选择机床，机床各轴回参考点。
（3）安装工件，安装刀具并对刀。
（4）输入程序，模拟加工，检测、调试程序。
（5）自动加工，测量工件，优化程序。

相关知识

抛物线公式如图 7-3 所示。

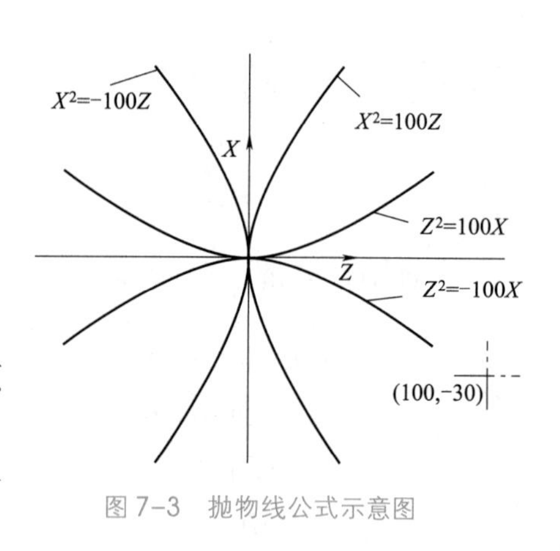

图 7-3　抛物线公式示意图

一、工艺分析

车削图 7-2 所示抛物线时，假设工件坐标原点在抛物线顶点上，采用直线逼近（拟合）法，即在 X（Z）向分段，以 0.2~0.01 mm 为一个步距，并把 X（Z）作为自变量，把 Z（X）作为

学习笔记

X（Z）的函数。为了适应不同的抛物线曲线（不同的对称轴和不同的焦点）、不同的起始点（终点）及不同的步距，可以编写一个只用变量不用具体数据的宏程序，然后在主程序中调出该宏程序的用户宏指令为上述变量赋值即可。

二、编程计算

抛物线的一般方程为 X2=±2PZ 或 $Z^2=\pm 2PX$。抛物线轮廓曲线根据其开口方向有四种常见形式，即 Z2=100X，Z2=−100X，X2=100Z 或 X2=−100Z。

1. 抛物线 Z2=100X 和 Z2=−100X 的编程

以该曲线一般方程 Z2=±2PX 为例。以 X 为自变量，设为#1；Z 为因变量，设为#2。凹抛物线 Z2=100X（在第一、二象限内）的公式转换为 X=Z * Z/2P，用变量编程为#1=#2 * #2/2P；

凸抛物线 Z2=−100X（在第三、四象限内）的公式转换为 X=−Z * Z/2P，用变量编程为#1=−#2 * #2/2P；

直线插补编程为 G01 X［2. 0 * #1］ Z[#2］ F0. 2；

2. 抛物线 X2=100Z 和 X2=−100Z 的编程

以该曲线一般方程 X2=±2PZ 为例。

抛物线 X=100Z（在第一、四象限内）的公式转换为 Z=X * X/2P，用变量编程为#2=#1 * #1/2P；

抛物线 X=−100Z（在第二、三象限内）的公式转换为 Z=−X * X/2P，用变量编程为#2=−#1 * #1/2P；

直线插补编程为 G01 X[2. 0 * #1］ Z[#2］ F0. 2；

3. 抛物线顶点不在工件坐标系原点的编程

如果工件坐标系选择在抛物线 Z2=100X 和 Z2=−100X 右侧（100，−30），那么该抛物线顶点在工件坐标系下的坐标变为（−100，30）。该抛物线 X 变量为#3、Z 变量为#4 在抛物线上拟合点的坐标如下：

凹抛物线 Z2=100X（在第一、二象限）为#3=2. 0 * #1+60. 0；#4=#2−100. 0；

凸抛物线 Z2=−100X（在第三、四象限）为#3=2. 0 * #1+60. 0；#4=#2−100. 0；

直线插补为 G01X［#3］ Z[#4］ F0. 2；

同理，抛物线 X2=100Z 和 X2=−100Z 的工作坐标系原点也为右侧点（−100，30），则该抛物线 X 变量为#3、Z 变量为#4 在抛物线上拟合点的坐标如下：

抛物线 X2=100Z（一、四象限）为#3=2. 0 * #1+60. 0；#4=#2−100. 0；

抛物线 X2=−100Z（二、三象限）为#3=2. 0 * #1+60. 0；#4=#2−100. 0；

直线插补为 G01 X[#3］ Z[#4］ F0. 2；

知识拓展

完成图 7-4 所示双曲线的公式分析。

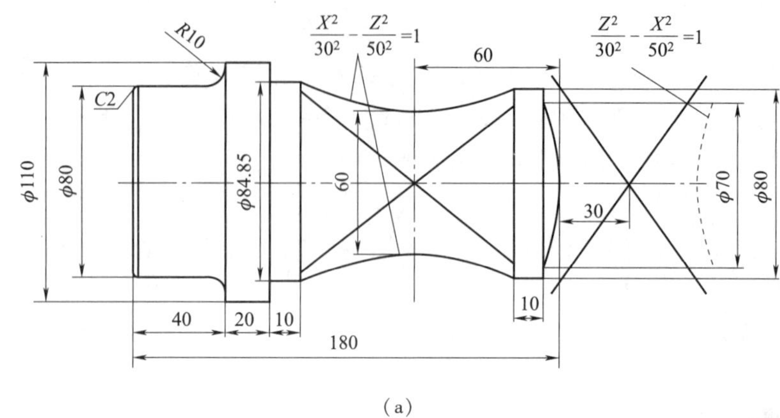

(a)

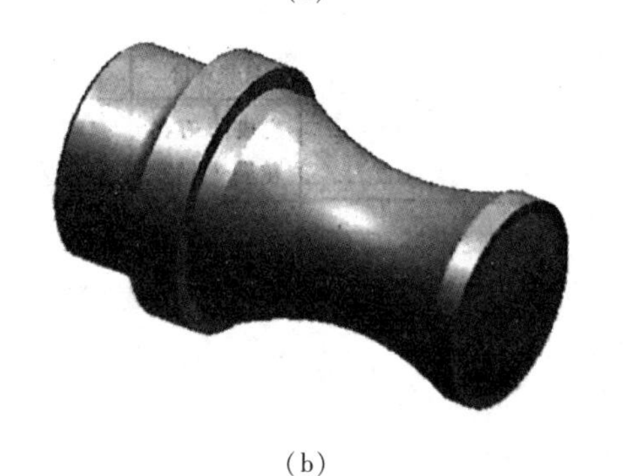

仿真加工

(b)

图 7-4　双曲线

如图 7-4 所示，双曲线$\frac{Z^2}{30^2}-\frac{X^2}{50^2}=1$ 和$\frac{X^2}{30^2}-\frac{Z^2}{50^2}=1$ 的中心为 X、Z 轴的坐标原点，中心实半轴 $a=30$，虚半轴 $b=50$。

一、工艺分析

车削双曲线的回转零件时，一般先把工件坐标原点偏置（G52 指令）到双曲线对称中心上，也可以直接利用工件坐标系。一般采用直线逼近（拟合）法，即在 X 向（Z 向）分段，以 0.2～0.05 mm 为一个步距，并把 X（Z）作为自变量，把 Z（X）作为 X（Z）的函数。为了适应不同的双曲线（不同的实半轴和虚半轴）、不同的起始点（终点）和不同的步距，可以编写一个只用变量不用具体数据的宏程序，然后在主程序中调用出该宏程序的用户宏指令段内，为上述变量赋值即可。

二、编程计算分析

1. 双曲线$\frac{Z^2}{30^2}-\frac{X^2}{50^2}=1$的编程以该曲线的一般方程$\frac{Z^2}{a^2}-\frac{X^2}{b^2}=1$为例。

右侧双曲线（在第一、四象限内）的公式为 $Z=a/b*$SQRT[$b*b+X+X+X$]，用变量编程为#2=a/b * SQRT[b * b+#1 * #1]；

左侧双曲线（在第二、三象限内）的公式为 $Z=-a/b*$SQRT[$b*b+X*X$]，用变量编程为#2=-a/b * SQRT[b× b+#1 * #1]；

X 变量为#1，Z 变量为#2，直线插补的编程为 G01 X[2.0×#1] Z[#2] F0.2；

2. 双曲线$\frac{X^2}{30^2}-\frac{Z^2}{50^2}=1$编程以该曲线一般方程$\frac{X^2}{a^2}-\frac{Z^2}{b^2}=1$为例。

Z 轴上面双曲线（在第一、二象限内）的公式为 $X=a/b*$ SQRT[$b*b+Z*Z$]，用变量编程为#1=a/b * SQRT[b * b+#2 * #2]；

Z 轴下面双曲线（在第三、四象限内）的公式为 $X=-a/b*$SQRT[$b*b+Z*Z$]，用变量编程为#1=-a/b * SQRT[b * b+#2 * #2]；

X 变量为#1，Z 变量为#2，直线插补的编程为 G01 X[2.0 * #1] Z[#2] F0.2；

工匠精神

工匠精神是一种严谨认真、精益求精、追求完美、勇于创新的精神。党的十八大以来，习近平总书记多次强调要弘扬工匠精神。党的十九大报告提出“弘扬劳模精神和工匠精神”。党的十九届四中全会《决定》提出“弘扬科学精神和工匠精神”。在新时代大力弘扬工匠精神，对于推动经济高质量发展，实现“两个一百年”奋斗目标具有重要意义。

我国自古就有尊崇和弘扬工匠精神的优良传统。新中国成立以来，我党在带领人民进行社会主义现代化建设的进程中，始终坚持弘扬工匠精神。无论是“两弹一星”、载人航天工程取得的辉煌成就，还是高铁、大飞机设计与制造等，都离不开工匠精神，展现出我们对工匠精神的继承与发扬。

我国是世界制造业第一大国，在世界 500 多种主要工业产品中，我国有 220 多种工业产品的产量位居世界第一。总体而言，我国制造业大而不强，实现我国制造业转型升级迫在眉睫，工匠精神是助推创新的重要动力。工匠精神不是因循守旧、拘泥一格的“匠气”，而是在坚守中追求突破、实现创新。把工匠精神融入生产制造的每一个环节，敬畏职业、追求完美，才能实现突破创新。我们要通过弘扬工匠精神，培育劳动者追求完美、勇于创新的精神，为实施创新驱动发展战略、推动产业转型升级，加快建设制造强国，推动经济高质量发展。

习近平总书记对我国选手在世界技能大赛取得佳绩做出重要指示强调："劳动者素质对一个国家、一个民族发展至关重要。技术工人队伍是支撑中国制造、中国创造的重要基础，对推动经济高质量发展具有重要作用。"要在全社会弘扬精益求精的工匠精神，激励广大青年走技能成才、技能报国之路。

用"文墨精度"诠释工匠精神

方文墨（见图 7-5），中航工业沈阳飞机工业（集团）有限公司 14 厂钳工、中航工业首席技能专家。他创造的"0.003 毫米加工公差"被称为"文墨精度"，相当于头发丝的二十五分之一，荣获全国"五一劳动奖章"、中国青年五四奖章、全国技术能手、辽宁省和沈阳市特等劳动模范等 20 余项殊荣。2019 年 4 月，方文墨荣获中宣部、中央文明办、全国总工会颁布的"最美职工"。

图 7-5　大国工匠方文墨

课后习题

1　已知毛坯是直径 $\phi 50$ mm 的铝棒，试用宏程序编制图 7-6 所示椭圆零件的加工程序，其椭圆方程为 $\frac{X^2}{13^2}+\frac{Z^2}{20^2}=1$。

2　已知毛坯是 $\phi 40$ mm 的铝棒，试用宏程序编制图 7-7 所示零件的加工程序，其椭圆方程为 $\frac{X^2}{6^2}+\frac{Z^2}{10^2}=1$

3　已知毛坯是 $\phi 50$ mm 的铝棒，试用宏程序编制图 7-8 所示零件的加工程序，其椭圆方程为 $\frac{X^2}{24^2}+\frac{Z^2}{40^2}=1$。

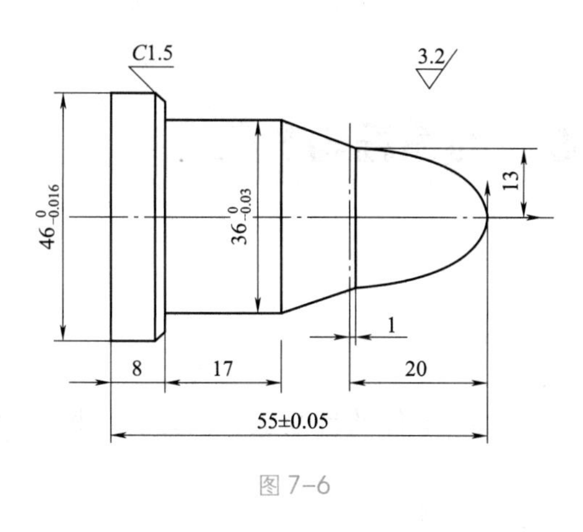

图 7-6

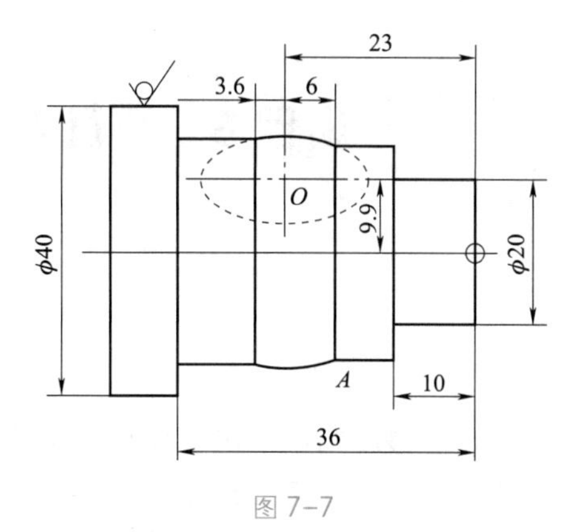

图 7-7

4　已知毛坯是 ϕ35 mm 的铝棒，试用宏程序编制图 7-9 所示零件的加工程序并进行仿真加工。

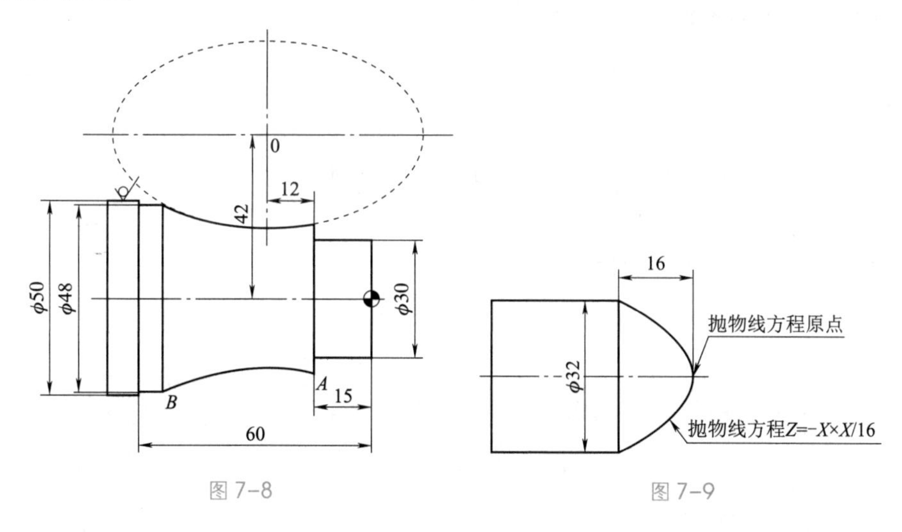

图 7-8　　　　图 7-9

5　已知毛坯是 ϕ40 mm 的铝棒，试用宏程序编制图 7-10 所示零件的加工程序并进行仿真加工。

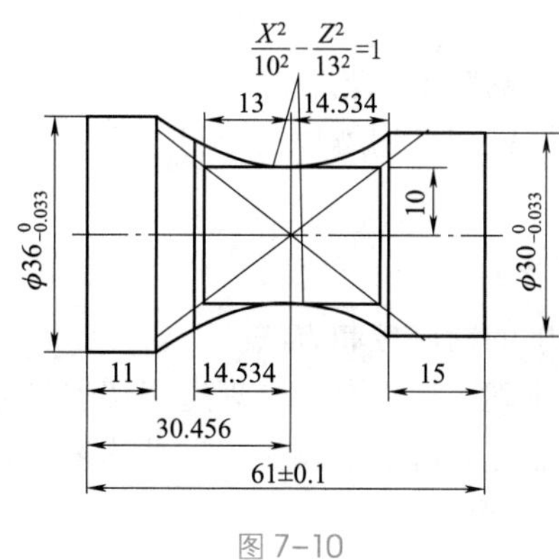

图 7-10

项目 8　平面类零件的编程与加工

项目描述

（1）能够应用数控铣床/加工中心进行平面类零件的铣削加工，并满足相应的尺寸公差、形位公差及表面粗糙度等方面要求。

（2）具有平面内轮廓加工基本的工艺及编程能力。

（3）能根据平面内轮廓结构特点合理设计加工方案，编制加工程序。

（4）能控制机床完成平面内轮廓结构加工，并达到相应的尺寸公差、形位公差及表面粗糙度等方面要求。

学习目标

（1）掌握平面类零件铣削相关的工艺知识及方法。

（2）掌握平面零件的数控加工方法。

（3）掌握平面类零件的检测方法。

任务 8.1　直线圆弧图形编程与仿真加工

任务目标

知识目标

（1）能根据零件特点正确制定工艺。

（2）掌握零件外形轮廓铣削常用编程指令与方法。

技能目标

（1）掌握外形轮廓铣削的精度控制方法。

（2）能根据零件特点正确选择刀具，合理选用切削参数及装夹方式。

（3）通过项目学习能够建立起职业安全、职业素养、职业道德、职业技能等职业要求。

（1）钻研创新精神。

（2）质量意识。

直线圆弧图形
仿真加工

任务实施

一、加工任务

应用数控铣床完成如图 8-1 所示直线圆弧图形的铣削，材料为 45#钢，单件生产。

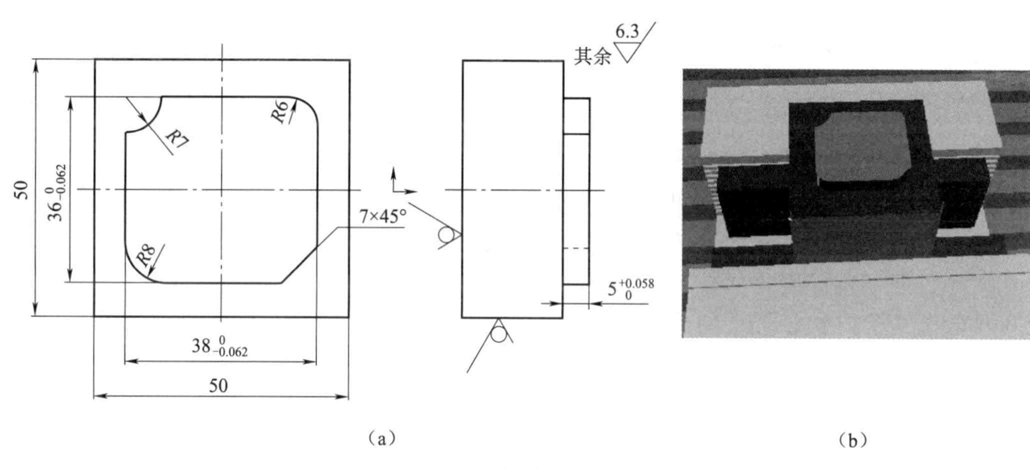

图 8-1　直线圆弧图形的加工

二、任务分析

1. 分析零件图样，明确加工内容

图 8-1 所示零件的加工包括直线轮廓及圆弧轮廓，尺寸 38、36、5 是本次加工重点保证的尺寸，但精度不高，同时轮廓侧面的表面粗糙度值 Ra 为 6.3，表面质量要求一般。

2. 确定加工方案，填写工序卡片

（1）选择机床及装夹方式。

零件毛坯尺寸为 50 mm×50 mm×30 mm，故决定选择平口钳、垫铁等附件配合装夹。

（2）选择刀具及设计刀路。

单一直线圆弧外形轮廓铣削时，轮廓侧面是主要加工内容，其加工精度、表面质量均有较高的要求。因此，合理设计轮廓铣削刀路、选择合适的铣削刀具以及切削用量非常重要。

1）进、退刀路线设计。

刀具进、退刀路线设计得合理与否，对保证所加工的轮廓表面质量非常重要。

一般来说，刀具进、退刀路线的设计应尽可能遵循切向切入、切向切出工件的原则。根据这一原则，轮廓铣削中刀具进、退刀路线通常有三种设计方式，即直线-直线方式（见图 8-2（a）），直线-圆弧方式（见图 8-2（b））及圆弧-圆弧方式（见图 8-2（c））。

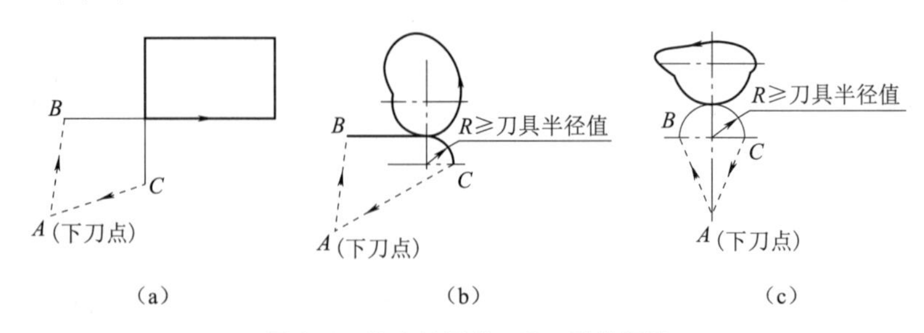

图 8-2　轮廓铣削进、退刀路线设计

（a）直线—直线方式；（b）直线—圆弧方式；（c）圆弧—圆弧方式

2）铣削方向选择。

进行零件轮廓铣削时有两种铣削方向，即顺铣与逆铣。顺铣是在铣削加工中，铣刀切入工件时切削速度方向与工件进给方向相同，用于当工件表面无硬皮、机床进给机构无间隙、精铣加工的场合（见图 8-3（a））。逆铣是在铣削加工中，铣刀切入工件时切削速度方向与工件进给方向相反，用于当工件表面有硬皮、机床进给机构间隙较大、粗铣加工的场合（见图 8-3（b））。

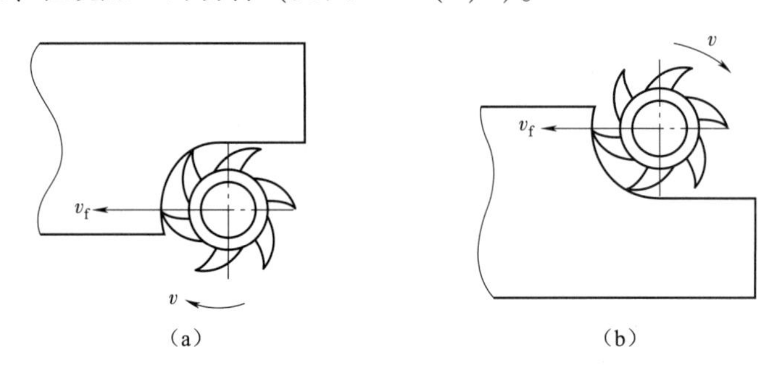

图 8-3　轮廓铣削方式

（a）顺铣；（b）逆铣

3）Z 向刀路设计。

轮廓铣削 Z 向的刀路设计根据工件轮廓深度与刀具尺寸确定。

①一次铣至工件轮廓深度。

当工件轮廓深度尺寸不大，刀具铣削深度在范围内时，可以采用一次下刀至工件轮廓深度完成工件铣削，刀路设计如图 8-4 所示。立铣刀在粗铣时一次铣削工件的最大深度即背吃刀量 a_p（见图 8-5），以不超过铣刀半径为原则。

采用一次铣至工件轮廓深度的进刀方式虽然使 NC 程序变得简单，但这种刀路使刀具受到较大的切削抗力而产生弹性变形，因而影响了工件轮廓侧壁相对底面的垂直度。

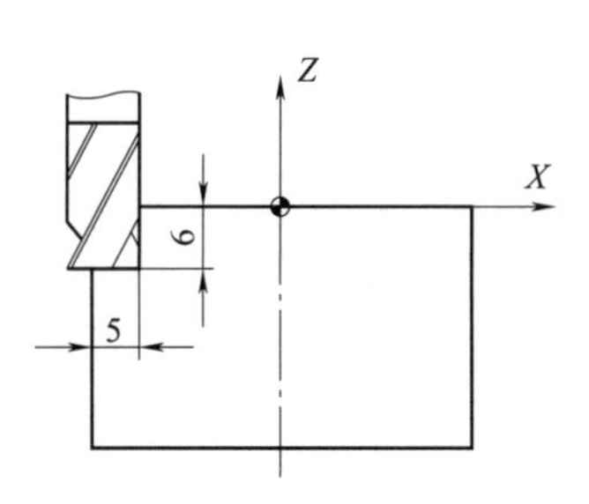

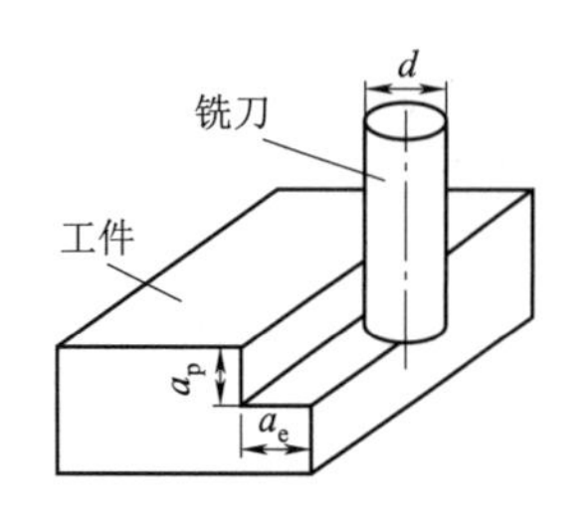

图 8-4　一次铣至工件轮廓深度的铣削方式　　　图 8-5　背、侧吃刀量示意图

②分层铣至工件轮廓深度。

当工件轮廓深度尺寸较大，刀具不能一次铣至工件轮廓深度时，则需采用在 Z 向分多层依次铣削工件，最后铣至工件轮廓深度，刀路设计如图 8-6 所示。

③确定铣刀直径。

为保证轮廓的加工精度和生产效率，在机床功率允许的前提下，工件粗加工时应尽量选择直径较大的立铣刀进行铣削，以便快速去余量，提高生产效率；精加工则选择相对较小直径的立铣刀，从而保证轮廓的尺寸精度和表面粗糙度值。

由于本次加工的零件加工精度要求不高，故决定仅用一把直径为 ϕ12 mm 的高速钢立铣刀（3 刃）来完成零件轮廓的粗、精加工。

为有效保护刀具，提高加工表面质量，本次加工将采用顺铣方式铣削工件，XY 向刀路设计如图 8-7 所示，刀具 AB 段轨迹为建立刀具半径左补偿，CA 段轨迹为取消刀具半径补偿，因零件轮廓深度仅有 5 mm，故 Z 向刀路采用一次铣至轮廓底面的方式铣削工件。

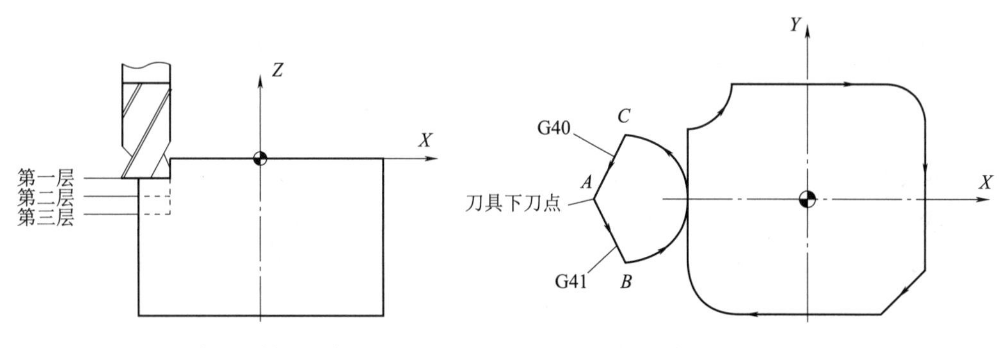

图 8-6　Z 向分层铣削示意图　　　图 8-7　方板零件铣削刀路示意图

3）计算切削用量。

进行零件 2D 轮廓铣削时应确定刀具切削用量，即背吃刀量 a_p、铣削速度 v_c、进给速度 v_f。其中 a_p 值的确定在本节中已有所述，其他参数的选择可查表 8-1 和表 8-2。

表 8-1 立铣刀的铣削速度 m/min

工件材料 \ 铣刀	刃口材料					
	碳素钢	高速钢	超高速钢	合金钢	碳化钛	碳化钨
铝合金	75~150	180~300	—	240~460	—	300~600
镁合金	—	180~270	—	—	—	150~600
钼合金	—	45~100	—	—	—	120~190
黄铜（软）	12~25	20~25	—	45~75	—	100~180
黄铜	10~20	20~40	—	30~50	—	60~130
灰铸铁（硬）	—	10~15	10~20	18~28	—	45~60
冷硬铸铁	—	—	10~15	12~18	—	30~60
可锻铸铁	10~15	20~30	25~40	35~45	—	75~110
钢（低碳）	10~14	18~28	20~30	—	45~70	—
钢（中碳）	10~15	15~25	18~28	—	40~60	—
钢（高碳）	—	10~15	12~20	—	30~45	—
合金钢	—	—	—	—	35~80	—
合金钢（硬）	—	—	—	—	30~60	—
高速钢	—	12~25	—	—	45~70	—

表 8-2 立铣刀进给量推荐值 $min \cdot z^{-1}$

工件材料	工件材料硬度（HB）	硬质合金		高速钢	
		端铣刀	立铣刀	端铣刀	立铣刀
低碳钢	150~200	0.2~0.35	0.07~0.12	0.15~0.3	0.03~0.18
中高碳钢	220~300	0.12~0.25	0.07~0.1	0.1~0.2	0.03~0.15
灰铸铁	180~220	0.2~0.4	0.1~0.16	0.15~0.3	0.05~0.15
可锻铸铁	240~280	0.1~0.3	0.06~0.09	0.1~0.2	0.02~0.08
合金钢	220~280	0.1~0.3	0.05~0.08	0.12~0.2	0.03~0.08
工具钢	HRC36	0.12~0.25	0.04~0.08	0.07~0.12	0.03~0.08
镁合金铝	95~100	0.15~0.38	0.08~0.14	0.2~0.3	0.05~0.15

4）刀具选择。

直线圆弧图形数控加工刀具卡片见表 8-3。

表 8-3 直线圆弧图形数控加工刀具卡片

产品名称或代号		直线圆弧图形数控加工实例 1	零件名称	方板	零件图号	图 8-1
序号	刀具号	刀具名称及规格	数量	加工表面	半径补偿/mm	备注
1	T01	ϕ12 高速钢三刃立铣刀	1	粗铣削方板零件外轮廓	7	
2	T01	ϕ12 高速钢三刃立铣刀	1	半精铣削方板零件外轮廓	6.2	

续表

序号	刀具号	刀具名称及规格		数量	加工表面	半径补偿/mm	备注
3	T01	ϕ12 高速钢三刃立铣刀		1	精铣削方板零件外轮廓	实测	
编制		审核		批准		共 1 页	第 1 页

5）填写工艺卡片。

直线圆弧图形加工工序卡片见表 8-4。

表 8-4　直线圆弧图形加工工序卡片

单位名称		产品名称或代号		零件名称			零件图号	
		直线圆弧图形数控加工实例 1		方板			图 8-1	
工序号	程序编号	夹具名称		使用设备			车间	
01	O0801	平口钳		数控铣床			数控	
工步号	工步内容	刀具		切削用量			量具名称	备注
		刀具号	刀具规格/mm	主轴转速 n/(r·min^{-1})	进给速度 f/(mm·min^{-1})	背吃刀量 a_p/mm		
1	粗铣削方板零件外轮廓	T01	ϕ12 高速钢三刃立铣刀	350	30	5	游标卡尺	7
2	半精铣削方板零件外轮廓	T01	ϕ12 高速钢三刃立铣刀	400	60	自动	外径千分尺	6.2
3	精铣削方板零件外轮廓	T01	ϕ12 高速钢三刃立铣刀	400	60	自动	外径千分尺	实测
编制		审核		批准		年　月　日	共　页	第　页

注：备注一栏为刀具半径补偿值（mm）。

三、编程加工

1. 编制加工程序

直线圆弧圆形数控加工程序单见表 8-5。

表 8-5　直线圆弧图形数控加工程序单

<table>
<tr><td>零件号</td><td></td><td>程序名称</td><td>方板</td><td>编程原点</td><td>安装后工件中心</td></tr>
<tr><td>程序号</td><td>O0801</td><td>数控系统</td><td>FANUC Series 0i-MF</td><td>编制</td><td></td></tr>
<tr><td colspan="3">程序</td><td colspan="3">说明</td></tr>
<tr><td colspan="3">O0801;</td><td colspan="3">程序名</td></tr>
<tr><td colspan="3">G90 G54 G40;</td><td colspan="3">建立工件坐标系，程序初始化</td></tr>
<tr><td colspan="3">G00 Z100;</td><td colspan="3">快速定位到安全平面 1</td></tr>
<tr><td colspan="3">M03 S350;</td><td colspan="3">主轴正转，主轴转速是 350 r/min</td></tr>
<tr><td colspan="3">G00 X-29 Y0;</td><td colspan="3">刀具快速定位下刀点（起刀点）A</td></tr>
<tr><td colspan="3">G00 Z10;</td><td colspan="3">快速定位到安全平面 2</td></tr>
<tr><td colspan="3">M08;</td><td colspan="3">开启冷却液</td></tr>
<tr><td colspan="3">G01 Z-5 F30;</td><td colspan="3">以进给速度 f：30 mm/min 直线插补到加工平面-5 mm</td></tr>
<tr><td colspan="3">G01 G41 Y-10 D01;</td><td colspan="3">直线插补到 B 点并建立刀具半径左补偿，补偿号 01</td></tr>
<tr><td colspan="3">G03 X-19 Y0 R10;</td><td colspan="3" rowspan="9">加工轮廓</td></tr>
<tr><td colspan="3">G01 Y11;</td></tr>
<tr><td colspan="3">G03 X-12 Y18 R7;</td></tr>
<tr><td colspan="3">G01 X19 R6;</td></tr>
<tr><td colspan="3">G01 Y-11;</td></tr>
<tr><td colspan="3">X12 Y-18;</td></tr>
<tr><td colspan="3">X-19 R8;</td></tr>
<tr><td colspan="3">Y0;</td></tr>
<tr><td colspan="3">G03 X-29 Y10 R10;</td></tr>
<tr><td colspan="3">G01 G40 Y0;</td><td colspan="3">刀具返回下刀点（起刀点）A 并取消刀具半径补偿</td></tr>
<tr><td colspan="3">Z10;</td><td colspan="3">刀具以进给速度返回安全平面 2</td></tr>
<tr><td colspan="3">M09;</td><td colspan="3">关闭冷却液</td></tr>
<tr><td colspan="3">G00 Z100;</td><td colspan="3">快速定位到安全平面 1</td></tr>
<tr><td colspan="3">M05;</td><td colspan="3">主轴停止</td></tr>
<tr><td colspan="3">M30;</td><td colspan="3">程序结束，光标返回程序头</td></tr>
<tr><td colspan="3">%</td><td colspan="3"></td></tr>
</table>

2. 零件的仿真加工

（1）进入数控铣仿真软件。

（2）选择机床，机床各轴回参考点。

（3）安装工件，安装刀具并对刀。

学习笔记

（4）输入程序，模拟加工，检测、调试程序。

（5）自动加工，测量工件，优化程序。

3. 零件的实操加工

（1）加工前的准备。

1）详阅图 8-1，按坯料图检查坯料的尺寸，准备工、刃、量具等设备。

2）开机，机床回参考点。

3）使用机用平口钳装夹工件。

4）刀具装夹。装夹立铣刀，并装入铣床主轴。

（2）机床对刀操作。

X、*Y*、*Z* 轴采用试切法对刀，并把对刀值输入到 G54 偏置寄存器对应位置中，并在 MDI 方式下编程验证对刀正确性，确保对刀操作无误。再把刀具半径补偿值输入到刀具补偿存储器中。

（3）数控程序校验。

1）程序输入并检查，再进行图形仿真。

2）采用空运行方式进行程序校验。

（4）运行加工。

依次更改粗加工、半精加工、精加工的刀具补偿及加工参数，运行程序加工零件。

四、检测与分析

1. 按图纸要求检测工件，填写工件质量评分表

（1）操作技能考核总成绩见表 8-6。

表 8-6 操作技能考核总成绩

班级		姓名		学号		日期	
实训课题		直线圆弧图形的加工的编程与加工			零件图号		1
序号	项目名称		配分		得分		备注
1	工艺及现场操作规范		12				
2	工件加工及加工质量		88				
合计			100				

（2）工艺及现场操作规范评分见表 8-7。

表 8-7 工艺及现场操作规范评分

序号	项目	考核内容	配分	学生自评分	教师评分
工艺程序	1	切削加工工艺制定正确	2		
	2	程序正确、简单、明确	2		

续表

序号	项目	考核内容	配分	学生自评分	教师评分
现场操作规范	3	正确使用机床	2		
	4	正确使用量具	2		
	5	合理使用刃具	2		
	6	设备维护保养	2		
合计			12		

（3）工件质量评分见表 8-8。

表 8-8 工件质量评分

检测项目	序号	检测内容	配分	评分标准	学生自测	小组互测	教师检测
轮廓尺寸	1	$36_{-0.062}^{0}$	12	超差不得分，Ra 不合格不得分			
	2	$38_{-0.062}^{0}$	12				
	3	$R7$	12				
	4	$R6$	12				
	5	7×45°	12				
	6	$R8$	12				
深度尺寸	7	$5_{0}^{+0.058}$	16	超差不得分			
总配分			88	总分			
评分人			年 月 日	核分人		年 月 日	

2. 加工误差分析

数控车床在加工外圆的过程中会遇到各种各样的加工误差问题，表 8-9 对加工中较常出现的问题、产生的原因、预防及解决方法进行了分析。

表 8-9 加工误差分析

问题现象	产生原因	预防和消除
工件轮廓尺寸超差	1. 对刀不正确 2. 程序错误 3. 切削用量选择不合理	1. 重新对刀 2. 检查、模拟修改程序 3. 选择合适切削用量
表面粗糙度超差	1. 切削速度过低 2. 工艺安排不合理 3. 切屑形状差	1. 选择合适的切削用量 2. 安排粗、精铣 3. 选择合适的切削深度

实际加工直线圆弧图形时，应注意以下事项：

①进行零件轮廓铣削时，粗铣时尽量预留较大加工余量（如粗铣后留单边余量 1 mm），这将使后续的半精、精加工工序，易于控制零件的轮廓度精度。

学习笔记

②应用高速钢铣刀铣削零件轮廓，应采用大流量冷却液冷却，确保刀具冷却充分，以提高刀具使用寿命。

③理论上讲，进行零件轮廓铣削时，在 *X* 向的零件尺寸误差与 *Y* 向的基本相同，假如因机床存在传动误差（如丝杆反向间隙）造成 *X* 向、*Y* 向各尺寸偏差不一致时，可采取刀补调整尺寸精度与程序调整精度相结合的办法来结合综合控制零件尺寸精度。

相关知识

1. 主要指令介绍

（1）圆弧插补指令（G02/G03）。

该指令将刀具以圆弧形式从当前位置移动到目标点位置，主要适用于圆弧轮廓的铣削加工。

指令格式：

G02/G03 X_ Y_ R_ F_（在 *XY* 平面内圆弧插补）

G02/G03 X_ Y_ I_ J_ F_

指令说明：

①沿圆弧所在平面（如 *XY*）的另一个坐标轴的负方向（即 *Z*）看去，顺时针方向为 G02，逆时针方向为 G03。

②*X*、*Y*、*Z* 为圆弧终点坐标值，如果采用增量坐标方式 G91，则 *XYZ* 表示圆弧终点相对于起点在各坐标轴方向上的增量。

③*R* 是圆弧的半径，用该方式编程时，当圆弧圆心角≤180°时，圆弧半径取正值；当 180°≤圆弧圆心角<360°时，圆弧半径取负值；当圆弧圆心角=360°，即插补轨迹为一整圆时，此时只能用 I、J 格式编程。即 R 参数编程不能描述整圆，整圆编程只能用 I、J 格式编程。

如图 8-8 所示，当圆心角小于等于 180°时，圆弧 *AB* 的程序为：

G90 G03 X0 Y30.0 R30.0 F80；

当圆心角大于 180°时，则圆弧 AB 的程序为：

G90 G03 X0 Y30.0 R-30.0 F80；

④用 I、J 参数编程时，*I*、*J* 分别为圆心相对于圆弧起点的坐标增量值，即：$I=X_{圆心}-X_{圆弧起点}$；$J=Y_{圆心}-Y_{圆弧起点}$，与 G90 和 G91 的定义无关，*I*、*J* 的值为零时可以省略。

如图 8-8 所示，圆弧 AB 的程序分别为：

G90 G03 X0 Y30.0 I-30.0 J0.0 F80；

G90 G03 X0 Y30.0 I0.0 J30.0 F80；

⑤当同时输入 R 与 I、J 时，R 有效。

⑥F 为圆弧插补时进给速度。

（2）刀具半径补偿指令（G41/G42/G40）。

1）刀具半径补偿的目的。

在编制零件轮廓铣削加工程序时，一般以工件的轮廓尺寸作为刀具轨迹进行编程，而实际的刀具运动轨迹则与工件轮廓有一偏移量（即刀具半径），如图 8-9 所示，在编程中这一功能是通过刀具半径补偿功能来实现的，即刀具半径补偿。因此，运用刀具补偿功能来编程可以达到简化编程的目的。

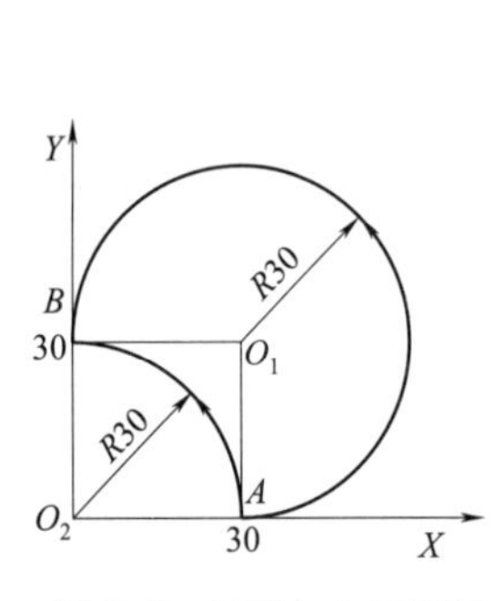

图 8-8　圆弧加工示意图

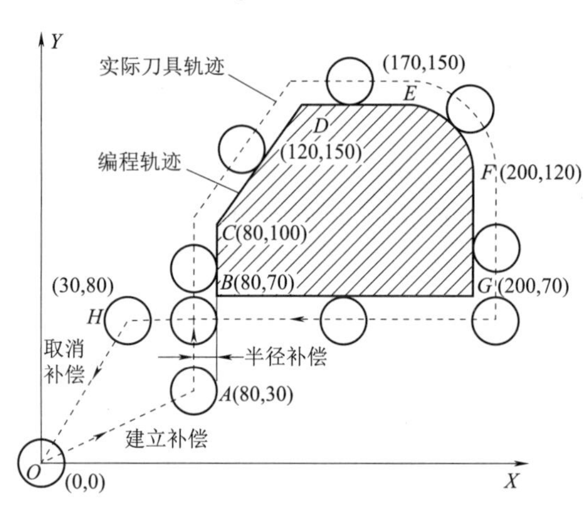

图 8-9　刀具半径补偿功能应用

2）刀具半径补偿的格式。

指令格式：

G41 G00（/G01）X_ Y_ D_ ;　　（刀具半径左补偿）

G42 G00（/G01）X_ Y_ D_ ;　　（刀具半径右补偿）

G40;　　（取消刀具半径补偿）

指令说明：

①G41 为刀具左补偿指令（左刀补），顺着刀具前进方向看，刀具位于工件轮廓（编程轨迹）左侧，称为左刀补，如图 8-10（a）所示；G42 为刀具右补偿指令（右刀补），顺着刀具前进方向看，刀具位于工件轮廓（编程轨迹）右侧，称为右刀补，如图 8-10（b）所示。

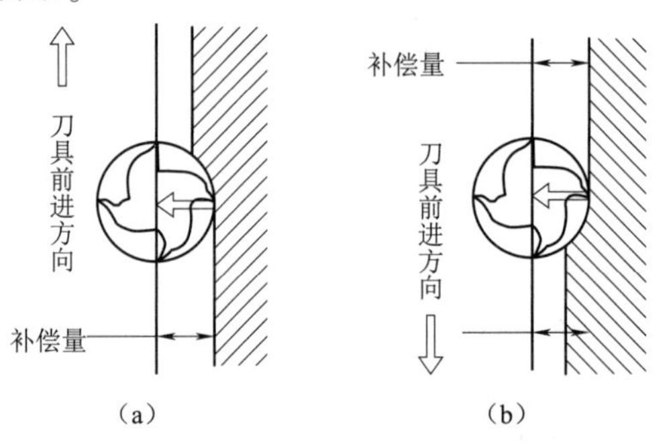

图 8-10　刀具半径补偿方向

（a）刀具半径左补偿；（b）刀具半径右补偿

②G40 为刀具半径补偿取消指令，使用该指令后，G41、G42 指令无效。

③D 值用于指定刀具偏置储存器号。在地址 D 所对应的偏置储存器中存入相应的偏置值，其值通常为刀具半径值。刀具号与刀具偏置储存器号可以相同，也可以不同，一般情况下，为防止出错，最好采用相同的刀具号与刀具偏置储存器号。

3）刀具半径补偿的过程。

刀具半径补偿的过程分为刀补建立、刀补执行、刀补取消三步来进行，如图 8-8 所示。使刀具从无刀具半径补偿状态（图 8-10 中 O 点），运动到补偿开始点（图 8-9 中 A 点），其间为 G01 运动。用刀补轮廓加工完成后，还有一个取消刀补的过程，即从刀补结束点（图 8-10 中 H 点），以运动到无刀补状态（图 8-10 中 O 点）。

参数 X、Y 是 G01、G00 运动目标点的坐标。如图 8-9 所示，建立刀补时，（X，Y）是 A 点坐标；取消刀补时，（X，Y）是 O 点坐标。

4）刀具半径补偿的注意事项。

①G41、G42 为模态指令，取消刀具补偿用 G40 来执行，要特别注意的是 G40 必须与 G41 或 G42 成对使用。

②建立和取消刀具补偿只能在 G00 或 G01 插补指令状态下才有效，为保证刀具与工件的安全，通常采用 G01 运动方式建立或取消刀补。

③建立半径补偿时刀具移动的距离（图 8-9 中的 OA 段）及取消半径补偿时刀具移动的距离（图 8-9 中的 HO 段）均要大于半径补偿值。

④当采用“直线—圆弧”“圆弧—圆弧”方式切入工件时（见图 8-2），进、退刀线中的圆弧半径必须大于刀具半径值。

⑤在采用改变刀具半径补偿方式去除内外轮廓中的加工余量时，当刀具半径补偿值改到大于轮廓中内圆弧角半径时，会产生过切报警。

⑥在刀具补偿模式下，一般不允许存在连续两段以上的非补偿平面内移动指令，否则刀具会出现过切等危险动作。

5）刀具半径补偿的应用。

刀具半径补偿功能除了让编程员可以直接按轮廓编程，简化了编程工作外，在实际加工中还有许多其他方面的应用。

①利用同一个程序，只需对刀具半径补偿量作相应的设置就可以进行零件的粗、精加工。如图 8-11 所示，编程时按实际轮廓编程。在粗加工时，将偏置量设为 $D=R+\Delta$，其中 R 为刀具半径，Δ 为精加工余量，这样在粗加工完成后，形成的工件轮廓的加工尺寸要比实际轮廓每边都大 Δ，如图 8-11 所示的细点画线轮廓；在精加工时，将偏置量设为 $D=R$，这样在精加工完成后，即得到实际加工轮廓，如图 8-11 所示的实线轮廓。同理，当工件加工后，如果测量尺寸比图纸要求大时，也可用同样的办法进行修整解决。

②利用同一个程序，加工同一公称尺寸的凹、凸型面。如图 8-12 所示，内、外轮廓编写成同一个程序，在加工外轮廓时，将偏置值设为 $+D$，刀具中心将沿轮廓的外侧切削；当加工内轮廓时，将偏置值设为 $-D$，这时刀具中心将沿轮廓的内侧切削。此种方法，在模具加工中运用较多。

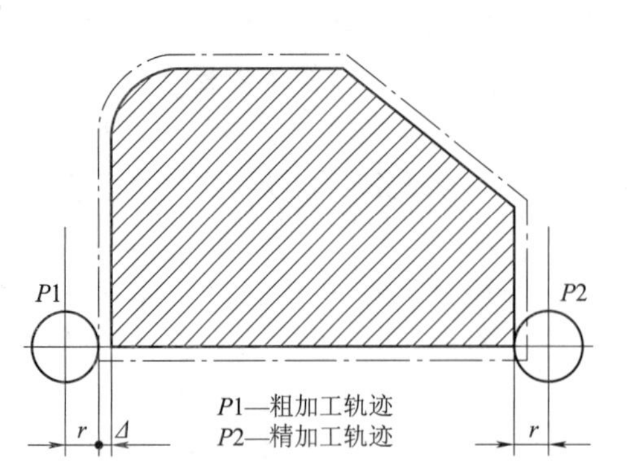

图 8-11　粗精加工应用半径补偿

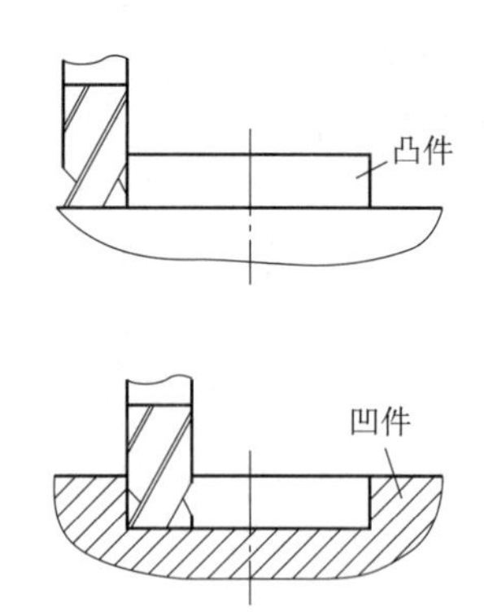

图 8-12　凹、凸型面加工应用半径补偿

6）刀具半径补偿的举例。

编制图 8-9 所示零件的加工程序，要求考虑刀具半径补偿，刀具直径 $\phi20$，以 O 点建立工件坐标系，按箭头所示路径移动，工件加工参考程序如表 8-10 所示。

表 8-10　工件加工参考程序

程序段号	程序内容	程序含义
N0010	G17 G21 G40 G49 G80 G90 G94;	程序初始设置
N0020	G00 G54 X0.0 Y0.0;	快速定位到 O 点
N0030	S1000 M03;	主轴正转，转速为 1 000 r/min
N0040	G00 G41 X80.0 Y30.0 D01;	快速运动至 A，并建立刀具半径左补偿
N0050	G01 Y100.0 F100;	沿直线切削至 C
N0060	X120.0 Y150.0;	沿直线切削至 D
N0070	X170.0;	沿直线切削至 E
N0080	G02 X200.0 Y120.0 R30.0;	切削圆弧至 F
N0090	G01 Y70.0;	沿直线切削至 G
N0100	X30.0;	沿直线切削至 H
N0110	G40 G00 X0 Y0;	快速运动至 O，并取消刀具半径补偿
N0120	M05;	主轴停转
N0130	M30;	程序结束

知识拓展

1. 认识常用轮廓铣削刀具

（1）整体式立铣刀。

整体式立铣刀主要有高速钢立铣刀、整体硬质合金立铣刀两大类型，如图 8-13 所示。高速钢立铣刀具有韧性好、易于制造、成本低等特点。硬质合金立铣刀具有硬度高，耐磨性好等特性。

图 8-13　整体式立铣刀

（a）高速钢立铣刀；（b）整体硬质合金立铣刀

整体式立铣刀主要有粗齿和细齿两种类型，粗齿立铣刀具有齿数少（$z=3\sim4$），刀齿强度高、容屑空间大等特点，常用于粗加工；细齿立铣刀齿数多（$z=5\sim8$），切削平稳，适用于精加工，如图 8-14 所示。因此，应根据不同工序的加工要求，选择合理的不同齿数的立铣刀。

图 8-14　不同齿数立铣刀的加工应用

（a）用于粗加工的粗齿立铣刀；（b）用于精加工的细齿立铣刀

（2）可转位硬质合金立铣刀。

可转位硬质合金立铣刀的结构如图 8-15 所示，通常作为粗铣刀具或半精铣刀使用。

图 8-15　可转位硬质合金立铣刀的结构

（3）玉米铣刀。

玉米铣刀可分为镶硬质合金刀片玉米铣刀及焊接式玉米铣刀两种类型，其结构如图 8-16 所示。

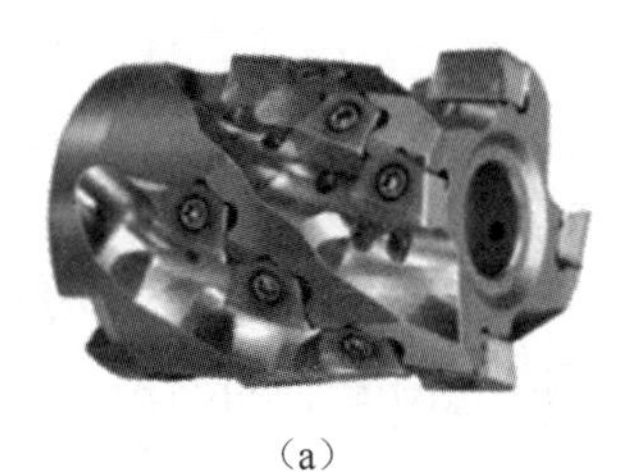

（a）

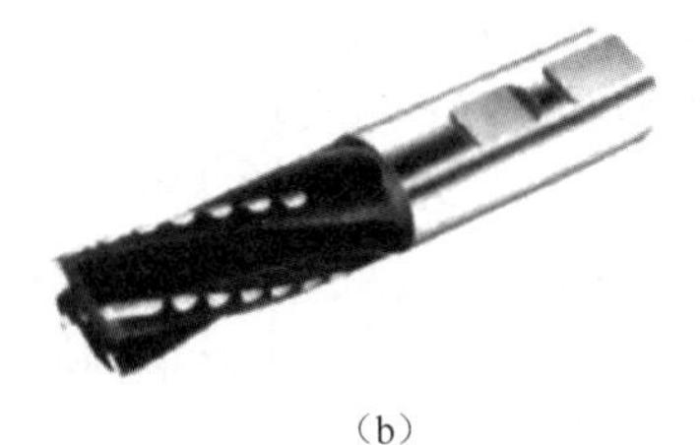

（b）

图 8-16　玉米铣刀的结构

（a）镶硬质合金刀片玉米铣刀；（b）焊接刀刃玉米铣刀

2. 立铣刀的装夹

（1）直柄立铣刀的装夹。

①根据 $\phi12$ 立铣刀的直径选择合适的弹簧夹头及刀柄，本加工选择卡簧（见图 8-17（a））、BT40 弹簧夹头刀柄（见图 8-18）与拉钉（见图 8-19），擦净各安装部位。

弹簧夹头有两种，即 ER 弹簧夹头（见图 8-17（a））和 KM 弹簧夹头（见图 8-17（b））。其中 ER 弹簧夹头适用于切削力较小的场合，KM 弹簧夹头适用于强力铣削。

（a）　　（b）

图 8-17　弹簧夹头

（a）ER 弹簧夹头；（b）KM 弹簧夹头

图 8-18　BT40 弹簧夹头刀柄

图 8-19　拉钉

②按图 8-20 所示的安装顺序，将刀具、弹簧夹头装入刀柄中，再将刀柄放在锁刀座上，使锁刀座的键对准刀柄上的键槽，用专用扳手（见图 8-21）顺时针拧紧刀柄。

③再将 BT40 数控铣刀柄拉钉装入刀柄并拧紧，如图 8-20（e）所示。

（2）锥柄立铣刀的装夹。

①根据锥柄立铣刀直径及莫氏号选择合适莫氏锥度刀柄，擦净各安装部位。

②按图 8-22（a）所示的安装顺序，将刀具装入刀柄中。

③再将刀柄放在锁刀座上，使锁刀座的键对准刀柄上的键槽，用内六角扳手以顺时针方向拧紧紧固刀具用的螺钉，再将拉钉装入刀柄并拧紧，如图 8-22（b）所示。

（3）削平型立铣刀的装夹。

①根据削平型立铣刀直径选择合适削平型刀柄，擦净各安装部位。

②按图 8-23（a）所示的安装顺序，将刀具装入刀柄中。

③再将刀柄放在锁刀座上，使锁刀座的键对准刀柄上的键槽，用扳手顺时针拧紧拉钉，如图 8-23（b）所示。

注意实际安装立铣刀时：

①安装直柄立铣刀时，一般使立铣刀的夹持柄部伸出弹簧夹头 3～5 mm，伸出过长将减弱刀具铣削刚性。

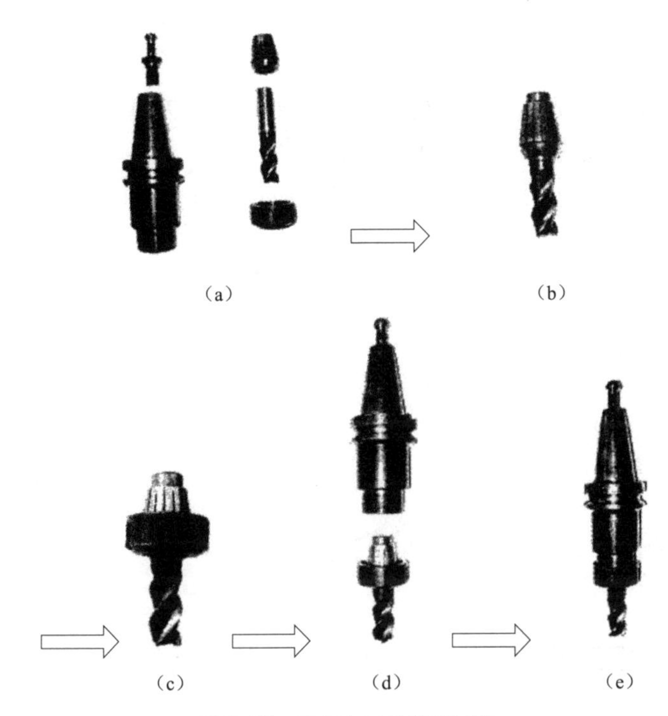

图 8-20　刀柄与刀具装配过程

(a) 装配前各部件；(b) ~ (d) 装配步骤；(e) 装配完成

图 8-21　专用扳手

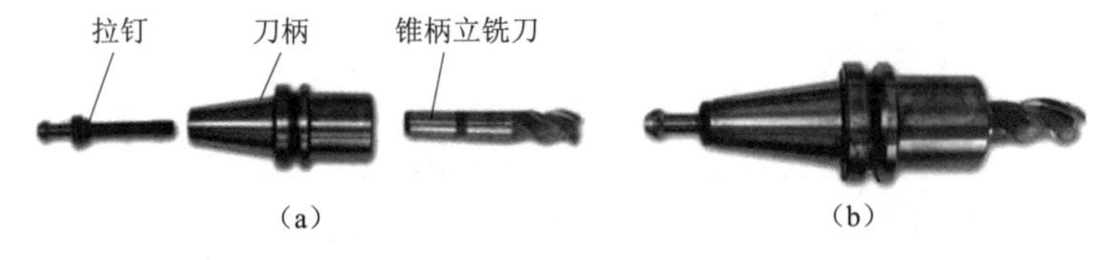

图 8-22　锥柄立铣刀的装夹

(a) 刀具装夹关系图；(b) 装夹完成后的锥柄立铣刀

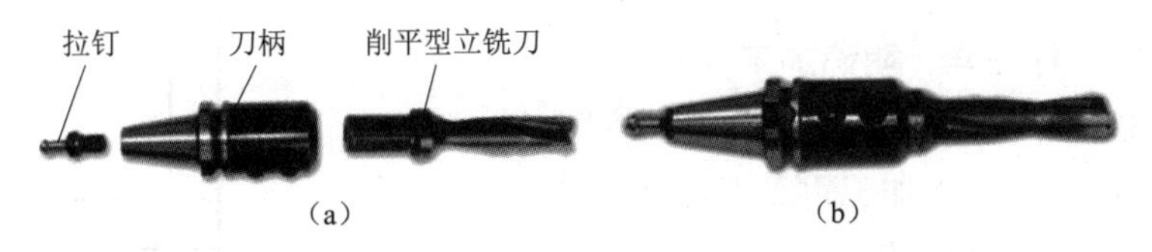

图 8-23　削平型立铣刀的装夹

(a) 刀具装夹关系图；(b) 装夹完成后的削平型立铣刀

②禁止将加长套筒套在专用扳手上拧紧刀柄，也不允许用铁锤以敲击专用扳手的方式紧固刀柄。

③装卸刀具时务必弄清扳手旋转方向，特别是拆卸刀具时的旋转方向，否则将影响刀具的装卸甚至损坏刀具或刀柄。

④安装铣刀时，铣刀应垫棉纱并握圆周，防止刀具刃口划伤手。

⑤拧紧拉钉时，其拧紧力要适中，过大力拧紧易损坏拉钉，且拆卸也较困难；过小力则拉钉不能与刀柄可靠连接，加工时易产生事故。

知识拓展

仿真加工

一、加工任务

应用数控铣床完成如图 8-24 所示直线圆弧图形的铣削，毛坯为 80 mm×80 mm×32 mm 的硬铝，单件生产。

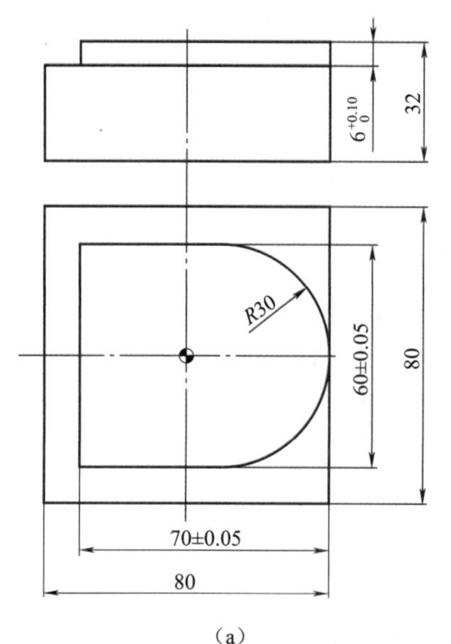

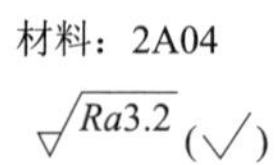

（a）

（b）

图 8-24　加工任务图

二、任务分析

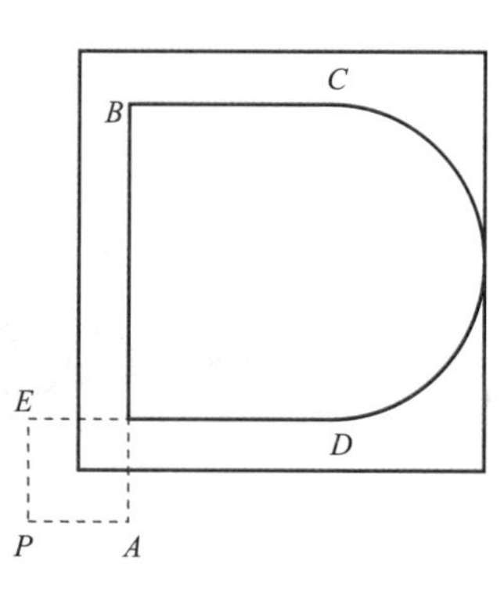

图 8-25　扩展任务的走刀路线

1. 分析零件图样，明确加工内容

图 8-25 所示零件的加工包括直线轮廓及圆弧轮廓，尺寸 60、70、6 是本次加工重点保证的尺寸。

2. 确定加工方案，填写工序卡片

（1）选择机床及装夹方式。

零件毛坯尺寸为 80 mm×80 mm×32 mm，故决定选

择平口钳、垫铁等附件配合装夹。

（2）设计刀路。

刀具的运动轨迹 $P \rightarrow A \rightarrow B \rightarrow C \rightarrow D \rightarrow E$，其中各基点坐标：$P$（-50.0，-50.0）、$A$（-30.0，-50.0）、$B$（-38.0，30.0）、$C$（10.0，30.0）、$D$（10.0，-30.0）、$E$（-50.0，-30.0）。

（3）选择切削用量。

切削用量：切削速度 n=2 000 r/min；进给速度 v_f=200 mm/min；背吃刀量 a_p=6 mm。

（4）刀具选择。

直线圆弧圆形数控扩展任务加工刀具卡片见表 8-11。

表 8-11　直线圆弧图形数控扩展任务加工刀具卡片

产品名称或代号		直线圆弧图形数控加工扩展任务实例 1	零件名称	台阶	零件图号	图 8-24
序号	刀具号	刀具名称及规格	数量	加工表面	半径补偿/mm	备注
1	T01	ϕ16 高速钢三刃立铣刀	1	粗铣削台阶零件外轮廓	8	
2	T01	ϕ16 高速钢三刃立铣刀	1	半精铣削台阶零件外轮廓	8.2	
3	T01	ϕ16 高速钢三刃立铣刀	1	精铣削台阶零件外轮廓	实测	
编制		审核	批准		共 1 页	第 1 页

（5）填写工艺卡片。

直线圆弧图形数控扩展任务加工工序卡片见表 8-12。

表 8-12　直线圆弧图形数控扩展任务加工工序卡片

单位名称		产品名称或代号		零件名称			零件图号	
		直线圆弧图形数控加工扩展任务实例 1		台阶			图 8-24	
工序号	程序编号	夹具名称		使用设备			车间	
01	00802	平口钳		数控铣床			数控	
工步号	工步内容	刀具		切削用量			量具名称	备注
		刀具号	刀具规格/mm	主轴转速 n/(r·min^{-1})	进给速度 f/(mm·min^{-1})	背吃刀量 a_p/mm		
1	粗铣削方板零件外轮廓	T01	ϕ16 高速钢三刃立铣刀	2 000	200	5	游标卡尺	9
2	半精铣削方板零件外轮廓	T01	ϕ16 高速钢三刃立铣刀	2 000	200	自动	外径千分尺	8.2
3	精铣削方板零件外轮廓	T01	ϕ16 高速钢三刃立铣刀	2 000	200	自动	外径千分尺	实测
编制		审核		批准		年　月　日	共　页	第　页

注：备注一栏为刀具半径补偿值（mm）。

三、编程加工

1. 编制加工程序

直线圆弧图形数控扩展任务加工程序单见表 8-13。

表 8-13　直线圆弧图形数控扩展任务加工程序单

零件号		程序名称	台阶	编程原点	安装后工件中心
程序号	O0802	数控系统	FANUC Series 0i-MF	编制	
程序			说明		
O0802;			程序名;		
G90 G54 G40;			建立工件坐标系，程序初始化		
G00 Z100;			快速定位到安全平面 1		
M03 S2000;			主轴正转，主轴转速是 2 000 r/min		
G00 X-50 Y-50;			刀具快速定位下刀点（起刀点）P		
G00 Z10;			快速定位到安全平面 2		
M08;			开启冷却液;		
G01 Z-6 F200;			以进给速度 f：200mm/min 直线插补到加工平面-6mm		
G01 G41 X-30 Y-50 D01;			直线插补到 A 点并建立刀具半径左补偿，补偿号 01		
Y30;			$A \to B$		
X10;			$B \to C$		
G02 X10. 0 Y-30 R30;			$C \to D$		
G01 X-50;			$D \to E$		
G01 G40 X-50Y-50;			刀具返回下刀点（起刀点）P 并取消刀具半径补偿		
Z10;			刀具以进给速度返回安全平面 2		
程序			说明		
M09;			关闭冷却液		
G00 Z100;			快速定位到安全平面 1		
M05;			主轴停止		
M30;			程序结束，光标返回程序头		
%					

2. 零件的仿真加工

（1）进入数控铣仿真软件。

（2）选择机床，机床各轴回参考点。

（3）安装工件，安装刀具并对刀。

（4）输入程序，模拟加工，检测、调试程序。

（5）自动加工，测量工件，优化程序。

3. 零件的实操加工

（1）加工前的准备。

①详阅零件图，并按坯料图检查坯料的尺寸，准备工、刃、量具等设备。

②开机，机床回参考点。

③使用机用平口钳装夹工件。

④刀具装夹：装夹立铣刀，并装入铣床主轴。

（2）机床对刀操作。

X、*Y*、*Z* 轴采用试切法对刀，并把对刀值输入到 G54 偏置寄存器对应位置中，并在 MDI 方式下编程验证对刀正确性，确保对刀操作无误，再把刀具半径补偿值输入到刀具补偿存储器中。

（3）数控程序校验。

①程序输入并检查，再进行图形仿真。

②采用空运行方式进行程序校验。

（4）运行加工。

依次更改粗加工、半精加工、精加工的刀具补偿及加工参数，运行程序加工零件。

四、检测与分析

1. 按图纸要求检测工件，填写工件质量评分表

（1）操作技能考核总成绩见表 8-14。

表 8-14　操作技能考核总成绩

班级		姓名		学号		日期	
实训课题		直线圆弧图形的加工的编程与加工				零件图号	1
序号	项目名称			配分		得分	备注
1	工艺及现场操作规范			12			
2	工件加工及加工质量			88			
合计				100			

（2）工艺及现场操作规范评分见表 8-15。

表 8-15　工艺及现场操作规范评分

序号	项目	考核内容	配分	学生自评分	教师评分
工艺程序	1	切削加工工艺制定正确	2		
	2	程序正确、简单、明确	2		
现场操作规范	3	正确使用机床	2		
	4	正确使用量具	2		
	5	合理使用刃具	2		
	6	设备维护保养	2		
合计			12		

(3) 工件质量评分见表 8-16。

表 8-16　工件质量评分

检测项目	序号	检测内容	配分	评分标准	学生自测	小组互测	教师检测
轮廓尺寸	1	$70^{+0.05}_{-0.05}$	22	超差不得分，*Ra* 不合格不得分			
	2	$60^{+0.05}_{-0.05}$	22				
	3	*R*30	22				
深度尺寸	7	$6^{+0.10}_{0}$	22	超差不得分			
总配分			88	总分			
评分人			年　月　日	核分人			年　月　日

2. 加工误差分析

数控车床在加工外圆的过程中会遇到各种各样的加工误差问题，表 8-17 对加工中较常出现的问题、产生的原因、预防及解决方法进行了分析。

表 8-17　加工误差分析

问题现象	产生原因	预防和消除
工件轮廓尺寸超差	1. 对刀不正确 2. 程序错误 3. 切削用量选择不合理	1. 重新对刀 2. 检查、模拟修改程序 3. 选择合适切削用量
表面粗糙度超差	1. 切削速度过低 2. 工艺安排不合理 3. 切屑形状差	1. 选择合适的切削用量 2. 安排粗、精铣 3. 选择合适的切削深度

任务 8.2　平面外轮廓编程与仿真加工

任务目标

知识目标

(1) 能根据零件特点正确制定数控加工工艺。

(2) 掌握极坐标编程指令与方法。

学习笔记

技能目标

（1）掌握多层轮廓铣削的精度控制方法。

（2）掌握残料的清除方法。

任务实施

仿真加工

一、加工任务

应用数控铣床完成如图 8-28 所示多层零件的外形轮廓铣削，材料为 45#钢。

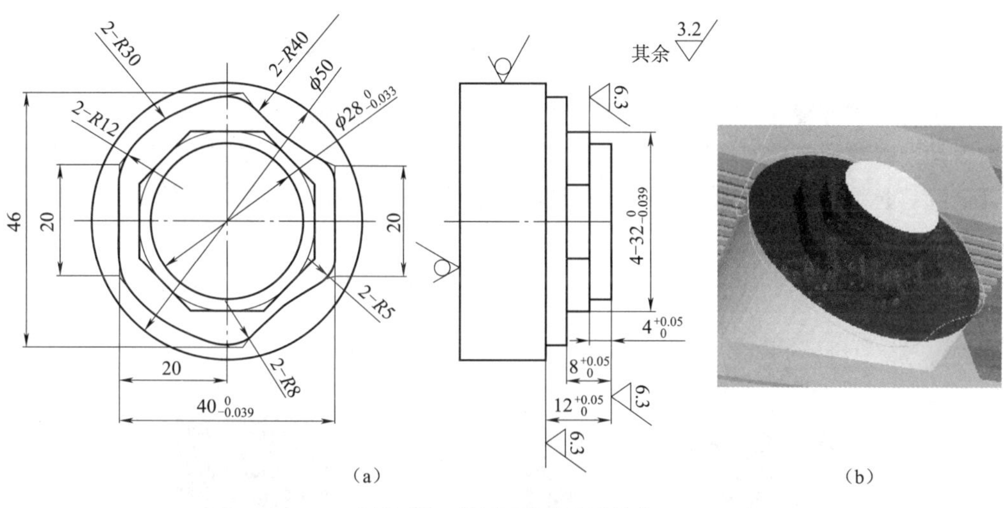

（a）　　　　（b）

图 8-26　多层零件的外形轮廓

二、任务分析

1. 分析零件图样，明确加工内容

图 8-26 所示为零件加工部位多层零件的侧面轮廓，其中包括直线轮廓及圆弧轮廓，尺寸 $\phi28$、$\phi40$，均布 4 个 $\phi32$ 尺寸是本次加工重点保证的尺寸，同时轮廓侧面的表面粗糙度值 Ra 为 3.2，加工要求比较高。

2. 确定加工方案，填写工序卡片

（1）选择机床及装夹方式。

由于零件轮廓尺寸不大并针对毛坯为圆形钢件，故决定选择平口钳、V 形块、垫铁等附件配合装夹工件。

（2）选择刀具及设计刀路。

叠加型外形轮廓是指沿 Z 向串联分布的多个轮廓集合。就每个轮廓铣削而言，叠加型外形轮廓铣削，其所用的刀具、刀路的设计以及切削用量的选择与单一型外轮廓基本相同，但从零件整体工艺看，轮廓间铣削的先后顺序将直接影响零件的加

工效率甚至尺寸精度和表面质量。因此，如何安排叠加型外形轮廓的各轮廓的铣削先后顺序将十分关键。

1）先上后下的工艺方案。

先上后下的工艺方案，就是按照从上到下的加工顺序，依次对叠加外形轮廓进行铣削的加工方案，如图 8-27 所示。

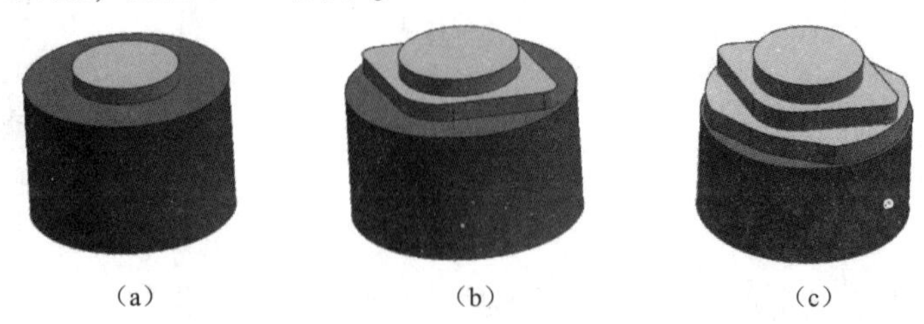
(a)　(b)　(c)

图 8-27　先上后下的工艺路线示意图

（a）先铣最上层轮廓；（b）再铣中间层轮廓；（c）最后铣最下层轮廓

这种工艺方案的特点是每层的铣削深度接近，粗铣轮廓时不需要刀刃很长的立铣刀，切削载荷均匀，但在铣最上层轮廓时，往往不可能一次走刀把零件的所有余量全部清除，必须及时安排残料清除的程序段。常用于叠加层数较多的外形轮廓铣削。

2）先下后上的工艺方案。

先下后上的工艺方案，就是按照从下到上的加工顺序，依次对叠加外形轮廓进行铣削的加工方案，如图 8-28 所示。

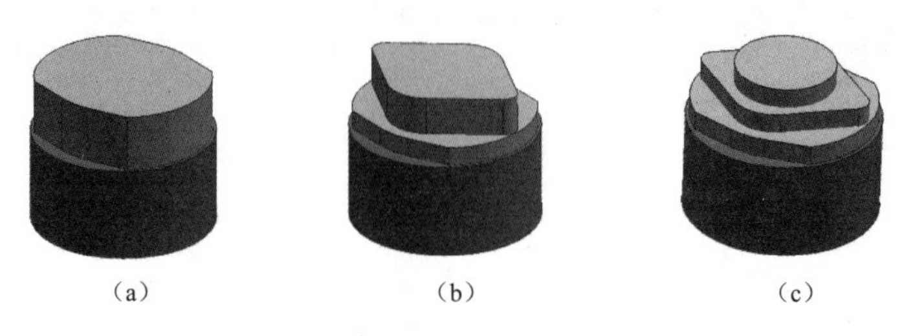
(a)　(b)　(c)

图 8-28　先下后上的工艺路线示意图

（a）先铣最下层轮廓；（b）再铣中间层轮廓；（c）最后铣最上层轮廓

与先上后下工艺方案相比较，这种工艺方案具有残料清除少、切削效率高的优点，但由于刀具粗铣时各层轮廓深度不一，因而存在着切削负荷不均匀，需要长刃立铣刀等缺点。常用于叠加层数较小（叠加层数在 2~3 层）的外形轮廓铣削。

通过分析我们选择一把直径为 ϕ12 mm 高速钢立铣刀（3 刃）对零件轮廓进行粗铣，为提高表面质量，用另一把直径为 ϕ12 mm 高速钢立铣刀（5 刃）进行半精铣、精铣轮廓。采用从上到下的加工方式。

在实际加工中为有效保护刀具，提高加工表面质量，通常采用顺铣方式铣削工件，*XY* 向采用圆弧进、退刀的方式，刀路设计如图 8-29 所示。零件轮廓每层深度仅有 4 mm，故 *Z* 向刀路采用一次铣至轮廓底面的方式铣削工件。

（3）计算切削用量。

（4）刀具选择。

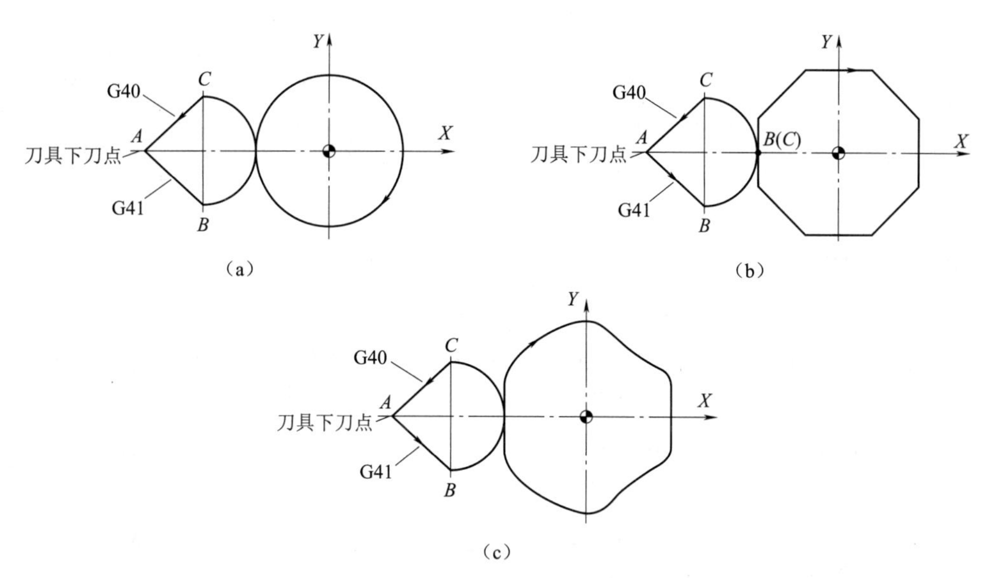

图 8-29 “塔形”零件铣削刀路示意图

(a) 圆轮廓刀具路径；(b) 八边形刀具路径；(c) 圆弧外轮廓刀具路径

多层零件的外形轮廓加工刀具卡片见表 8-18。

表 8-18 多层零件的外形轮廓加工刀具卡片

产品名称或代号		多层零件的外形轮廓加工实例	零件名称	台阶	零件图号	图 8-26
序号	刀具号	刀具名称及规格	数量	加工表面	半径补偿/mm	备注
1	T01	ϕ12 mm 高速钢三刃立铣刀	1	粗铣削 ϕ28 mm 轮廓	D1＝6. 4	
2	T01	ϕ12 mm 高速钢三刃立铣刀	1	粗铣削八边形轮廓	D1＝6. 4	
3	T02	ϕ12 mm 高速钢三刃立铣刀	1	粗铣削圆弧形轮廓	D1＝6. 4	
4	T02	ϕ12 mm 高速钢五刃立铣刀	1	半精铣削 ϕ28 mm 轮廓	D2＝6. 05	
5	T02	ϕ12 mm 高速钢五刃立铣刀	1	半精铣削八边形轮廓	D2＝6. 05	
6	T02	ϕ12 mm 高速钢五刃立铣刀	1	半精铣削圆弧形轮廓	D2＝6. 05	
7	T02	ϕ12 mm 高速钢五刃立铣刀	1	精铣削 ϕ28 mm 轮廓	实测得 D3	
8	T02	ϕ12 mm 高速钢五刃立铣刀	1	精铣削八边形轮廓	D3	
9	T02	ϕ12 mm 高速钢五刃立铣刀	1	精铣削圆弧形轮廓	D3	
编制		审核	批准		共 1 页	第 1 页

(5) 填写工艺卡片。

多层零件的外形轮廓工序卡片见表 8-19。

学习笔记

表 8-19　多层零件的外形轮廓加工工序卡片

单位名称		产品名称或代号		零件名称			零件图号	
		多层零件的外形轮廓加工实例		塔型			图 8-26	
工序号	程序编号	夹具名称		使用设备			车间	
01	00803	平口钳		数控铣床			数控	
工步号	工步内容	刀具		切削用量			量具名称	备注
		刀具号	刀具规格/mm	主轴转速 n/（$r \cdot min^{-1}$）	进给速度 f/（$mm \cdot min^{-1}$）	背吃刀量 a_p/mm		
1	粗铣削 ϕ28 mm 轮廓	T01	ϕ12 mm 高速钢三刃立铣刀	350	50	4	游标卡尺	D1＝6. 4
2	粗铣削八边形轮廓	T01	ϕ12 mm 高速钢三刃立铣刀	350	50	4	游标卡尺	D1＝6. 4
3	粗铣削圆弧形轮廓	T02	ϕ12 mm 高速钢三刃立铣刀	350	50	4	游标卡尺	D1＝6. 4
4	半精铣削 ϕ28 mm 轮廓	T02	ϕ12 mm 高速钢五刃立铣刀	450	80	自动	外径千分尺	D2＝6. 05
5	半精铣削八边形轮廓	T02	ϕ12 mm 高速钢五刃立铣刀	450	80	自动	外径千分尺	D2＝6. 05
6	半精铣削圆弧形轮廓	T02	ϕ12 mm 高速钢五刃立铣刀	450	80	自动	外径千分尺	D2＝6. 05
7	精铣削 ϕ28 mm 轮廓	T02	ϕ12 mm 高速钢五刃立铣刀	450	80	自动	外径千分尺	实测得 D3
8	精铣削八边形轮廓	T02	ϕ12 mm 高速钢五刃立铣刀	450	80	自动	外径千分尺	D3
9	精铣削圆弧形轮廓	T02	ϕ12 mm 高速钢五刃立铣刀	450	80	自动	外径千分尺	D3
编制		审核		批准		年　月　日	共　页	第　页

注：备注一栏为刀具半径补偿值（mm）。

三、编程加工

1. 编制加工程序

（1）ϕ28 mm 轮廓加工程序单见表 8-20。

表 8-20　ϕ28 mm 轮廓加工程序单

零件号		程序名称	ϕ28 mm 轮廓	编程原点	安装后工件中心
程序号	O0803	数控系统	FANUC Series 0i -MF	编制	
程序			说明		
O0803；			程序名		
G90 G54 G40；			建立工件坐标系，程序初始化		
G00 Z100；			快速定位到安全平面 1		
M03 S350；			主轴正转，主轴转速是 350 r/min		
G00 X-24 Y0；			刀具快速定位下刀点（起刀点）		
G00 Z10；			快速定位到安全平面 2		
M08；			开启冷却液		
G01 Z-4 F50；			以进给速度 f：50 mm/min 直线插补到加工平面-4 mm		
G01 G41 Y-10 D01；			建立刀具半径左补偿，补偿号 01		
G03 X-14 Y0 R10；			逆时针圆弧进刀		
G02 X-14 Y0 I14 J0；			加工 ϕ28 mm 轮廓		
G03 X-24 Y10 R10；			逆时针圆弧出刀		
G01 G40 Y0；			取消刀具半径补偿		
Z10；			刀具以进给速度返回安全平面 2		
M09；			关闭冷却液		
G00 Z100；			快速定位到安全平面 1		
M05；			主轴停止		
M30；			程序结束，光标返回程序头		
%					

（2）八边形轮廓加工程序单见表 8-21。

表 8-21　八边形轮廓加工程序单

零件号		程序名称	八边形轮廓	编程原点	安装后工件中心
程序号	O0804	数控系统	FANUC Series 0i -MF	编制	
程序			说明		
O0804；			程序名；		
G90 G54 G40 G15；			建立工件坐标系，程序初始化		
G00 Z100；			快速定位到安全平面 1		
M03 S350；			主轴正转，主轴转速是 350 r/min；		
X-26 Y0；			刀具快速定位下刀点（起刀点）		
Z10；			快速定位到安全平面 2		
M08；			开启冷却液		

学习笔记

续表

程序	说明
G01 Z-8 F50;	以进给速度f：50 mm/min 直线插补到加工平面-8 mm
G41 Y-10 D01;	建立刀具半径左补偿，补偿号 01
G03 X-16 Y0 R10;	逆时针圆弧进刀
G01 Y6. 123;	
G16 X16 Y112 5R10;	加工八边形轮廓
Y67. 5;	
Y22. 5;	
Y-22. 5;	
Y-67. 5;	加工八边形轮廓
Y-112. 5;	
G15 X-16 Y-6. 123;	
G01 X-16 Y0;	
G03 X-26 Y10 R10;	逆时针圆弧出刀
G01 G40 Y0;	取消刀具半径补偿
Z10;	刀具以进给速度返回安全平面 2
M09;	关闭冷却液
G00 Z100;	快速定位到安全平面 1
M05;	主轴停止
M30;	程序结束，光标返回程序头
%	

（3）圆弧形轮廓加工程序单见表 8-22。

表 8-22　圆弧形轮廓加工程序单

<table>
<tr><td>零件号</td><td></td><td>程序名称</td><td>圆弧形轮廓</td><td>编程原点</td><td>安装后工件中心</td></tr>
<tr><td>程序号</td><td>O0805</td><td>数控系统</td><td>FANUC Series 0i -MF</td><td>编制</td><td></td></tr>
<tr><td colspan="3">程序</td><td colspan="3">说明</td></tr>
<tr><td colspan="3">O0805;</td><td colspan="3">程序名;</td></tr>
<tr><td colspan="3">G90 G54 G40;</td><td colspan="3">建立工件坐标系，程序初始化</td></tr>
<tr><td colspan="3">G00 Z100;</td><td colspan="3">快速定位到安全平面 1</td></tr>
<tr><td colspan="3">M03 S350;</td><td colspan="3">主轴正转，主轴转速是 350 r/min</td></tr>
<tr><td colspan="3">X-30 Y0;</td><td colspan="3">刀具快速定位下刀点（起刀点）</td></tr>
<tr><td colspan="3">Z10;</td><td colspan="3">快速定位到安全平面 2</td></tr>
<tr><td colspan="3">M08;</td><td colspan="3">开启冷却液</td></tr>
</table>

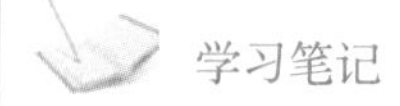

续表

程序	说明
G01 Z-12 F50;	以进给速度 f：50 mm/min 直线插补到加工平面 -12 mm
G41 Y-10 D01;	建立刀具半径左补偿，补偿号 01
G03 X-20 Y0 R10;	逆时针圆弧进刀
G01 X-20 Y5.868;	加工圆弧形轮廓
G02 X-16.668 Y14.166 R12;	
G02 X-5.383 Y21.565 R30;	
G02 X2.956 Y19.802 R8;	
G03 X16.756 Y11.061 R40;	加工圆弧形轮廓
G02 X20 Y6.38 R5;	
G01 X20 Y-6.38;	
G02 X16.756 Y-11.061 R5;	
G03 X2.956 Y-19.802 R40;	
G02 X-5.383 Y-21.565 R8;	
G02 X-16.668 Y-14.166 R30;	
G02 X-20Y-5.868 R12;	
G01 Y0;	
G03 X-30 Y10 R10;	逆时针圆弧出刀
G01 G40 Y0;	取消刀具半径补偿
Z10;	刀具以进给速度返回安全平面 2
M09;	关闭冷却液
G00 Z100;	快速定位到安全平面 1
M05;	主轴停止
M30;	程序结束，光标返回程序头
%	

2. 零件的仿真加工

(1) 进入数控铣仿真软件。

(2) 选择机床，机床各轴回参考点。

(3) 安装工件，安装刀具并对刀。

(4) 输入程序，模拟加工，检测、调试程序。

(5) 自动加工，测量工件，优化程序。

3. 零件的实操加工

(1) 加工前的准备。

①详阅零件图 8-26，并按坯料图检查坯料的尺寸，准备工、刃、量具等设备。

②开机，机床回参考点。

③使用机用平口钳装夹工件。

④刀具装夹：装夹立铣刀，并装入铣床主轴。

（2）机床对刀操作。

X、Y、Z 轴采用试切法对刀，并把对刀值输入到 G54 偏置寄存器对应位置中，并在 MDI 方式下编程验证对刀正确性，确保对刀操作无误，再把刀具半径补偿值输入到刀具补偿存储器中。

（3）数控程序校验。

①程序输入并检查，再进行图形仿真。

②采用空运行方式进行程序校验。

（4）运行加工。

依次更改粗加工、半精加工、精加工的刀具补偿及加工参数，运行程序加工零件。

四、检测与分析

1. 按图纸要求检测工件，填写工件质量评分表

（1）操作技能考核总成绩见表 8-23。

表 8-23　操作技能考核总成绩

班级		姓名		学号		日期	
实训课题		多层零件的外形轮廓的编程与加工			零件图号		
序号	项目名称		配分		得分	备注	
1	工艺及现场操作规范		12				
2	工件加工及加工质量		88				
合计			100				

（2）工艺及现场操作规范评分见表 8-24。

表 8-24　工艺及现场操作规范评分

序号	项目	考核内容	配分	学生自评分	教师评分
工艺程序	1	切削加工工艺制定正确	2		
	2	程序正确、简单、明确	2		
现场操作规范	3	正确使用机床	2		
	4	正确使用量具	2		
	5	合理使用刃具	2		
	6	设备维护保养	2		
合计			12		

（3）工件质量评分见表 8-25。

表 8-25　工件质量评分

检测项目	序号	检测内容	配分	评分标准	学生自测	小组互测	教师检测
轮廓尺寸	1	20	6	超差不得分，Ra 不合格不得分			
	2	2-R12	6				
	3	2-R30	6				
	4	2-R40	6				
	5	20	6				
	6	2-R5	6				
	7	2-R8	6				
	8	20	6				
	9	$40_{-0.039}^{0}$	8				
	10	20	7				
	11	4-$32_{-0.039}^{0}$	8				
	12	$\phi28_{-0.033}^{0}$	8				
深度尺寸	13	$12_{0}^{+0.05}$	3	超差不得分			
	14	$8_{0}^{+0.05}$	3				
	15	$4_{0}^{+0.05}$	3				
总配分			88	总分			
评分人			年　月　日	核分人		年　月　日	

2. 加工误差分析

数控车床在加工外圆的过程中会遇到各种各样的加工误差问题，表 8-26 对加工中较常出现的问题、产生的原因、预防及解决方法进行了分析。

表 8-26　加工误差分析

问题现象	产生原因	预防和消除
工件轮廓尺寸超差	1. 对刀不正确 2. 程序错误 3. 切削用量选择不合理	1. 重新对刀 2. 检查、模拟修改程序 3. 选择合适切削用量
表面粗糙度超差	1. 切削速度过低 2. 工艺安排不合理 3. 切屑形状差	1. 选择合适的切削用量 2. 安排粗、精铣 3. 选择合适的切削深度

学习笔记

相关知识

1. 残料的清除方法

(1) 通过大直径刀具一次性清除残料。

对于无内凹结构且四周余量分布较均匀的外形轮廓，可尽量选用大直径刀具在粗铣时一次性清除所有余量，如图 8-30 所示。

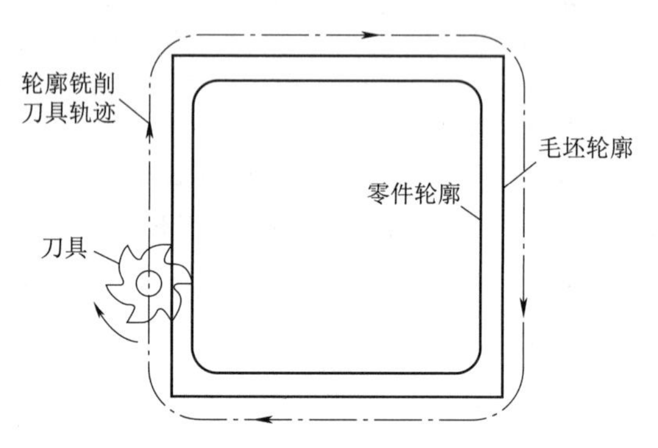

图 8-30 采用大直径刀具一次性清除残料示意图

(2) 通过增大刀具半径补偿值分多次清除残料。

对于轮廓中无内凹结构的外形轮廓，可通过增大刀具半径补偿值的方式，分几次切削完成残料清除，如图 8-31 所示。

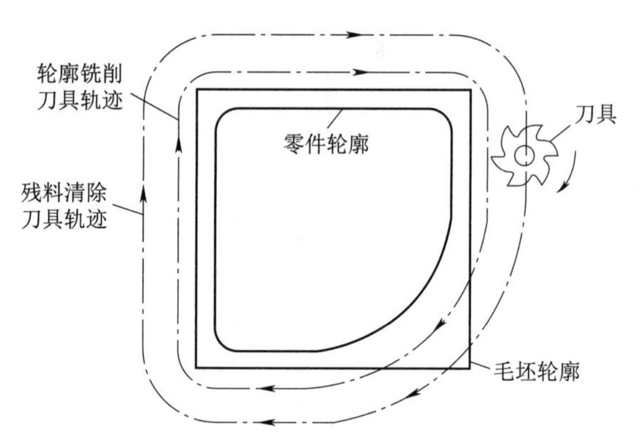

图 8-31 采用改变刀具半径补值分多次清除无内凹结构轮廓残料

对于轮廓中有内凹结构的外形轮廓，可以忽略内凹形状并用直线替代（在图 8-32 所示中将 *AB* 处看成直线），然后增大刀具半径补偿值，分多次分几次切削完成残料清除。

(3) 通过增加程序段清除残料。

对于一些分散的残料，可通过在程序中增加新程序段清除残料，如图 8-33 所示。

(4) 采用手动方式清除残料。

当零件残料很少时，可将刀具以 MDI 方式下移至相应高度，再转为手轮方式清除残料，如图 8-34 所示。

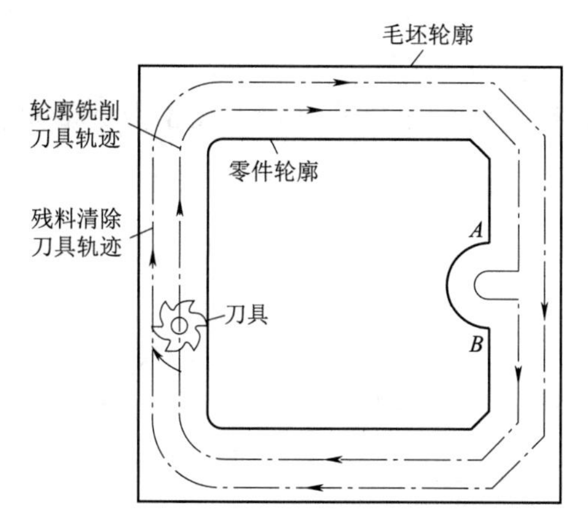

图 8-32　采用改变刀具半径补偿值分多次清除带内凹结构轮廓残料

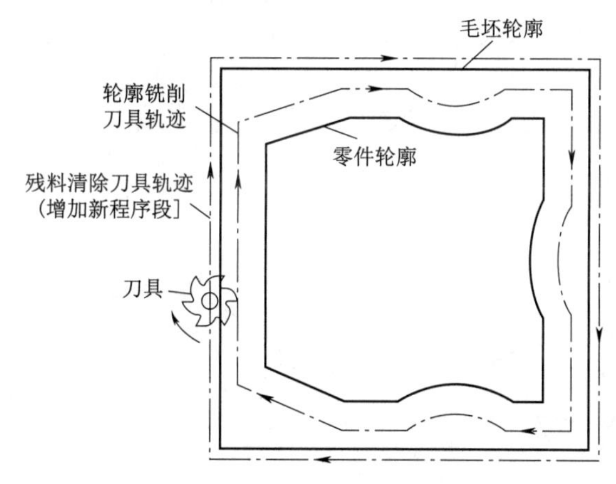

图 8-33　增加程序段清除零件残料示意图

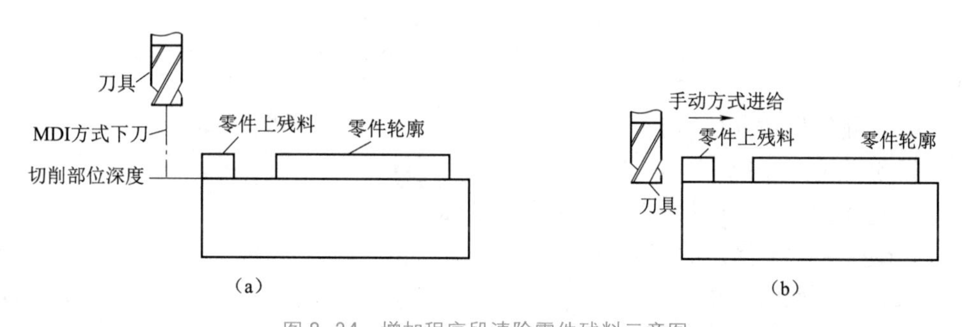

图 8-34　增加程序段清除零件残料示意图

(a) MDI 下移刀具到相应高度；(b) 手动清除残料

学习笔记

知识拓展

在 FANUC0i-MC 系统中，用 G01、G02、G03 指令倒角、倒圆，如图 8-35、图 8-36 所示。

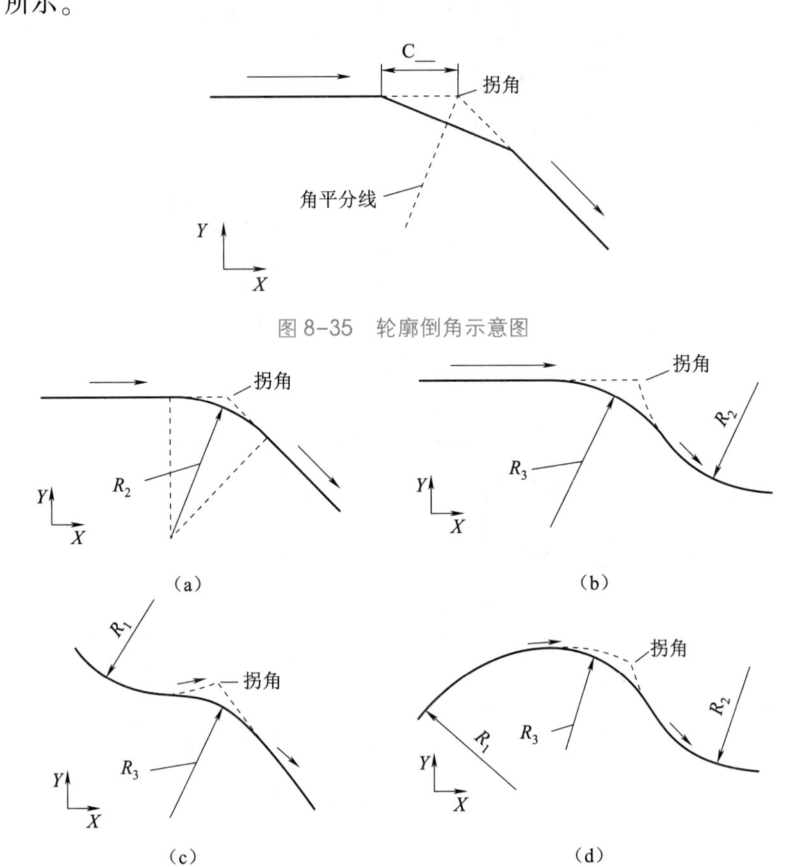

图 8-35　轮廓倒角示意图

图 8-36　轮廓倒圆示意图

(a) 直线间圆角；(b) 直线—圆弧间圆角；(c) 圆弧—直线间圆角；(d) 圆弧间圆角

(1) 轮廓倒角（C_）。

指令格式：G01X_ Y_ C_ F_ ;

式中　X_ Y_ ——倒角处两直线轮廓交点坐标；

*C_*—— 45°倒角的直角边长。

(2) 轮廓倒圆（R_）。

①直线—直线之间圆角（见图 8-36（a））。

指令格式：G01X_ Y_ R2_ F_ ;

式中　X_ Y_ ——倒圆处两直线轮廓交点坐标；

R2_ ——圆角半径。

注意：利用 G01 指令倒圆，只能用于凸结构圆角，不能用于凹结构圆角。

②直线—圆弧之间圆角（见图 8-36（b））。

学习笔记

指令格式：

……

G01X_ Y_ ， R3_ F_ ;

式中　X_ Y_ ——倒圆处直线与圆弧交点坐标；

　R3_ ——倒圆半径。

G03 (G02) X_ Y_ R2_ ;

式中　R2_ ——圆弧插补半径。

……

③圆弧—直线之间圆角（见图 8-36（c））。

编程格式：

……

G03 (G02) X_ Y_ R1_ R3_ F_ ;

式中　X_ Y_ ——倒圆处圆弧与直线交点坐标；

　R1_ ——圆弧插补半径；

　R3_ ——倒圆半径。

G01X_ Y_ ;

……

④圆弧—圆弧之间圆角（见图 8-39（d））。

编程格式：

……

G02 (G03) X_ Y_ R1_ R3_ F_ ;

式中　X_ Y_ ——倒圆处圆弧与圆弧交点坐标；

　R1_ ——圆弧插补半径；

　R3_ ——倒圆半径。

G02 (G03) X_ Y_ R2_ ;

式中　R2_ ——圆弧插补半径。

……

任务 8.3　平面内轮廓编程与仿真加工

任务目标

知识目标

(1) 掌握平面内轮廓相关的工艺知识及方法。

(2) 掌握平面内轮廓相关的编程指令与方法。

学习笔记

技能目标

(1) 掌握平面内轮廓的精度控制方法。

(2) 掌握平面内轮廓的精度控制方法。

(3) 掌握平面内轮廓的下刀方法。

素质目标

(1) 安全意识。

(2) 质量意识。

仿真加工

任务实施

一、加工任务

应用数控铣床完成如图 8-37 所示平面内轮廓零件的铣削加工，零件材料为 45# 钢，批量生产。

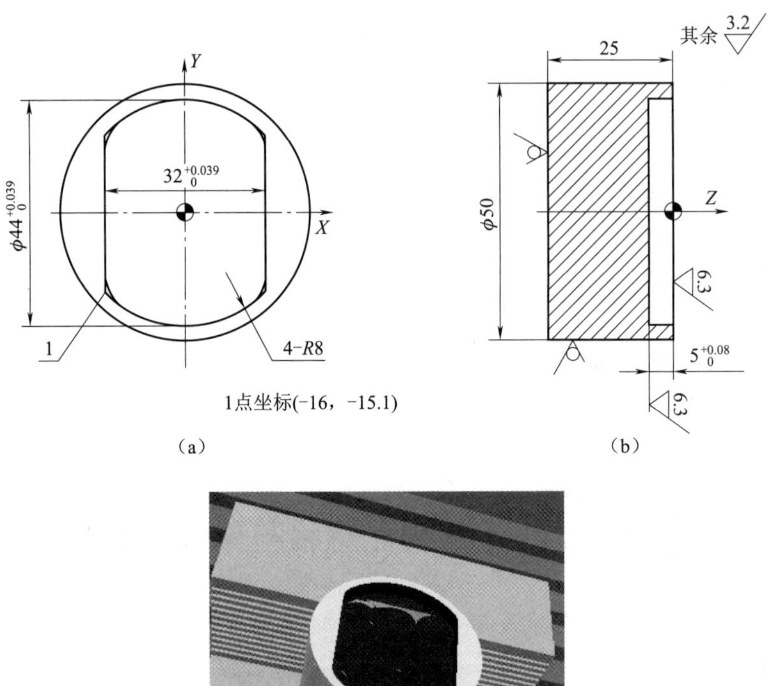

(c)

图 8-37 平面内轮廓零件

二、任务分析

1. 分析零件图样，明确加工内容

图 8-37 所示零件的加工部分为一个封闭型腔，其中包括直线轮廓及圆弧轮廓，尺寸 32、44、5 是本任务重点保证的尺寸，同时轮廓侧面的表面粗糙度值 *Ra* 为 3.2，要求比较高。

2. 确定加工方案，填写工序卡片

（1）选择机床及装夹方式。

由于零件轮廓尺寸不大，且为批量生产，根据车间设备状况，决定选择数控铣床完成本任务。由于零件毛坯为 ϕ50 mm 圆形钢件，且为批量生产，故决定选择专用夹具装夹工件。

（2）选择刀具及设计刀路。

铣削时切屑难排出，散热条件差，故要求良好的冷却。同时，加工工艺直接影响型腔的加工质量。

通过分析图纸，本任务选用一把直径为 ϕ12 mm 的三刃高速钢立铣刀对零件轮廓进行粗铣，为提高表面质量，降低刀具磨损，选用另一把直径为 ϕ12 mm 的三刃整体硬质合金立铣刀进行轮廓半精铣、精铣。

为有效保护刀具，提高加工表面质量，采用顺铣方式铣削工件，*XY* 向刀路设计如图 8-38 所示（$O \to A \to B \to C \to D \to E \to A \to O$）。*Z* 向刀路采用啄钻下刀方式铣削工件，每次切削深度为 0.5 mm。

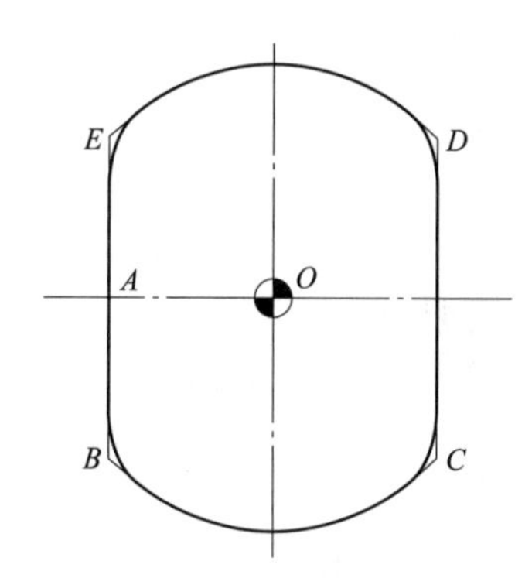

图 8-38　键槽铣削刀路示意图

（3）计算切削用量。

（4）刀具选择。

平面内轮廓零件数控加工刀具卡片见表 8-27。

表 8-27　平面内轮廓零件数控加工刀具卡片

产品名称或代号		平面内轮廓加工实例	零件名称	键槽	零件图号	图 8-37
序号	刀具号	刀具名称及规格	数量	加工表面	半径补偿/mm	备注
1	T01	ϕ12 高速钢三刃立铣刀	1	粗铣键槽	D1＝6.4	

续表

序号	刀具号	刀具名称及规格	数量	加工表面	半径补偿/mm	备注
2	T02	ϕ12 mm 硬质合金三刃立铣刀	1	半精铣键槽	D2=6.2	
3	T02	ϕ12 mm 硬质合金三刃立铣刀	1	精铣键槽	实测得出 D3	
编制		审核	批准		共 1 页	第 1 页

(5) 填写工艺卡片。

平面内轮廓零件数控加工工序卡片见表 8-28。

表 8-28　平面内轮廓零件数控加工工序卡片

<table>
<tr><td rowspan="2">单位名称</td><td rowspan="2"></td><td colspan="2">产品名称或代号</td><td colspan="3">零件名称</td><td colspan="2">零件图号</td></tr>
<tr><td colspan="2">平面内轮廓加工实例</td><td colspan="3">方板</td><td colspan="2">图 8-37</td></tr>
<tr><td>工序号</td><td>程序编号</td><td colspan="2">夹具名称</td><td colspan="3">使用设备</td><td colspan="2">车间</td></tr>
<tr><td>01</td><td>O0806</td><td colspan="2">平口钳</td><td colspan="3">数控铣床</td><td colspan="2">数控</td></tr>
<tr><td rowspan="2">工步号</td><td rowspan="2">工步内容</td><td colspan="2">刀具</td><td colspan="3">切削用量</td><td rowspan="2">量具名称</td><td rowspan="2">备注</td></tr>
<tr><td>刀具号</td><td>刀具规格/mm</td><td>主轴转速 n/($r \cdot min^{-1}$)</td><td>进给速度 f/($mm \cdot min^{-1}$)</td><td>背吃刀量 a_p/mm</td></tr>
<tr><td>1</td><td>粗铣键槽</td><td>T01</td><td>ϕ12 高速钢三刃立铣刀</td><td>700</td><td>50</td><td>5</td><td>游标卡尺</td><td>D1=6.4</td></tr>
<tr><td>2</td><td>半精铣键槽</td><td>T02</td><td>ϕ12 mm 硬质合金三刃立铣刀</td><td>2 000</td><td>400</td><td>0.5</td><td>内径千分尺</td><td>D2=6.2</td></tr>
<tr><td>3</td><td>精铣键槽</td><td>T02</td><td>ϕ12 mm 硬质合金三刃立铣刀</td><td>2 000</td><td>400</td><td>自动</td><td>内径千分尺</td><td>实测得出 D3</td></tr>
<tr><td>编制</td><td></td><td>审核</td><td></td><td>批准</td><td></td><td>年　月　日</td><td>共　页</td><td>第　页</td></tr>
</table>

注：备注一栏为刀具半径补偿值（mm）。

三、编程加工

1. 编制加工程序

平面内轮廓零件数控加工程序单见表 8-29。

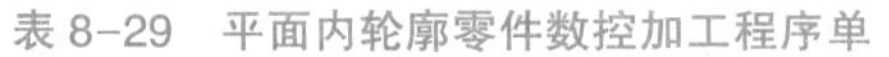
表 8-29　平面内轮廓零件数控加工程序单

零件号		程序名称	键槽	编程原点	安装后工件中心
程序号	O0806	数控系统	FANUC Series 0i -MF	编制	
程序			说明		
O0806;			程序名		
G90 G54 G40;			建立工件坐标系，程序初始化		
G00 Z100;			快速定位到安全平面 1		
M03 S700;			主轴正转，主轴转速是 700 r/min		
G00 X0 Y0;			刀具快速定位下刀点（起刀点）		
G00 Z10;			快速定位到安全平面 2		
M08;			开启冷却液		
G01 Z0 F70;			以进给速度 f：70 mm/min 直线插补到工件上表平面		
G01 G41 Y-10 D01;			直线插补到 B 点并建立刀具半径左补偿，补偿号 01		
M98 P0807 L0010;			调用 10 次子程序 O0807		
G01 Z10;			关闭冷却液		
M09;			关闭冷却液		
G00 Z100;			快速定位到安全平面 1		
M05;			主轴停止		
M30;			程序结束，光标返回程序头		
%			平面内轮廓加工程序（子程序）		
O0807;			程序名		
G91 G01 Z-0.5 F70;			增量编程下刀至每层下刀深度 0.5;		
G90 G41 G01 X0 Y16 D01 F70;			绝对编程并建立刀具半径左补偿		
G03 X-16 Y0 R16;			逆时针圆弧进刀		
G01 X-16 Y-15.1 R8;			加工轮廓		
G03 X16 Y-15.1 R22 R8;					
G01 Y15.1 R8;					
G03 X-16 Y15.1 R22 R8;					
G01 Y0;					
G03 X0 Y-16 R16;			逆时针圆弧出刀		
G01 G40 X0 Y0;			取消半径补偿		
M99;			子程序结束		

2. 零件的仿真加工

（1）进入数控铣仿真软件。

（2）选择机床，机床各轴回参考点。

（3）安装工件，安装刀具并对刀。

（4）输入程序，模拟加工，检测、调试程序。

学习笔记

(5) 自动加工，测量工件，优化程序。

3. 零件的实操加工

(1) 加工前的准备。

①详阅零件图，并按坯料图检查坯料的尺寸，准备工、刃、量具等设备。

②开机，机床回参考点。

③使用机用平口钳装夹工件。

④刀具装夹：装夹立铣刀，并装入铣床主轴。

(2) 机床对刀操作。

X、*Y*、*Z* 轴采用试切法对刀，并把对刀值输入到 G54 偏置寄存器对应位置中，并在 MDI 方式下编程验证对刀正确性，确保对刀操作无误。再把刀具半径补偿值输入到刀具补偿存储器中。

(3) 数控程序校验。

①程序输入并检查，再进行图形仿真。

②采用空运行方式进行程序校验。

(4) 运行加工。

依次更改粗加工、半精加工、精加工的刀具补偿及加工参数，运行程序加工零件。

四、检测与分析

1. 按图纸要求检测工件，填写工件质量评分表。

(1) 平面内轮廓零件操作技能考核总成绩见表 8-30。

表 8-30 平面内轮廓零件操作技能考核总成绩

班级	姓名		学号	日期	
实训课题	平面内轮廓的编程与加工			零件图号	
序号	项目名称		配分	得分	备注
1	工艺及现场操作规范		12		
2	工件加工及加工质量		88		
合计			100		

(2) 平面内轮廓零件工艺及现场操作规范评分见表 8-31。

表 8-31 平面内轮廓零件工艺及现场操作规范评分

序号	项目	考核内容	配分	学生自评分	教师评分
工艺程序	1	切削加工工艺制定正确	2		
	2	程序正确、简单、明确	2		

学习笔记

续表

序号	项目	考核内容	配分	学生自评分	教师评分
现场操作规范	3	正确使用机床	2		
	4	正确使用量具	2		
	5	合理使用刃具	2		
	6	设备维护保养	2		
合计			12		

（3）平面内轮廓零件质量评分见表 8-32。

表 8-32　平面内轮廓零件质量评分

检测项目	序号	检测内容	配分	评分标准	学生自测	小组互测	教师检测
轮廓尺寸	1	$32^{+0.039}_{0}$	22	超差不得分，Ra 不合格不得分			
	2	$44^{+0.039}_{0}$	22				
	3	4-R8	22				
深度尺寸	4	$5^{+0.08}_{0}$	22	超差不得分			
总配分			88	总分			
评分人			年　月　日	核分人		年　月　日	

2. 加工误差分析

数控车床在加工外圆的过程中会遇到各种各样的加工误差问题，表 8-33 对加工中较常出现的问题、产生的原因、预防及解决方法进行了分析。

表 8-33　加工误差分析

问题现象	产生原因	预防和消除
工件轮廓尺寸超差	1. 对刀不正确 2. 程序错误 3. 切削用量选择不合理	1. 重新对刀 2. 检查、模拟修改程序 3. 选择合适切削用量
表面粗糙度超差	1. 切削速度过低 2. 工艺安排不合理 3. 切屑形状差	1. 选择合适的切削用量 2. 安排粗、精铣 3. 选择合适的切削深度

相关知识

在进行封闭型腔粗铣时，可以使用键槽铣刀或立铣刀，通常有以下几种工艺方法。

（1）预钻下刀孔铣型腔。

预先在下刀位置钻一个孔，如图 8-39 所示。

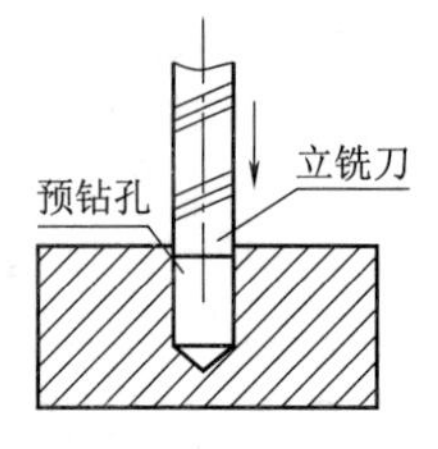

图 8-39　通过预钻孔下刀铣型腔

（2）分层切削粗铣型腔。

铣刀沿轴向切入小于等于 0.5 mm 深度，然后进行径向切削型腔一层，反复多次推进，直至型腔加工完成，也称为啄钻方式，如图 8-40 所示。

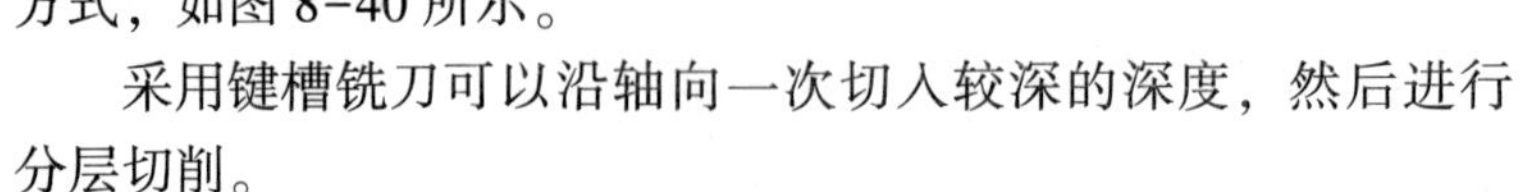

采用键槽铣刀可以沿轴向一次切入较深的深度，然后进行分层切削。

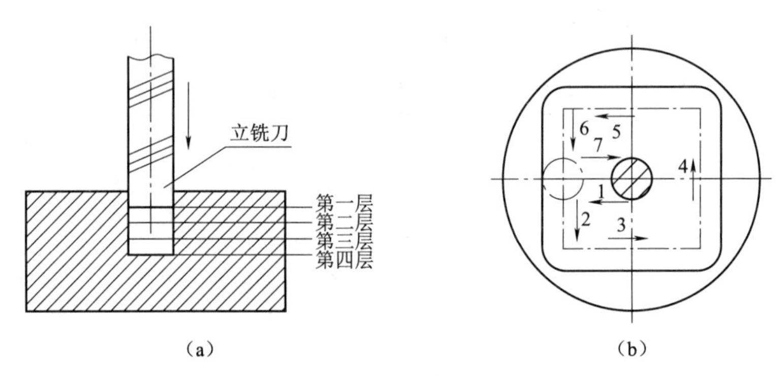

图 8-40　通过啄铣方式铣型腔

（a）啄铣前的工件；（b）进行啄铣时的刀具轨迹

（3）斜线下刀粗铣型腔。

刀具以斜线方式切入工件来达到 Z 向进刀的目的。优点是有效地避免分层切削刀具端面中心处切削速度过低的缺点，改善了刀具切削条件，提高了切削效率，广泛应用于大尺寸的型腔粗加工。斜线走刀角度 α 刀具直径决定，一般小于 3°，结合 L_m 吃刀量 a_p，如图 8-41 所示。

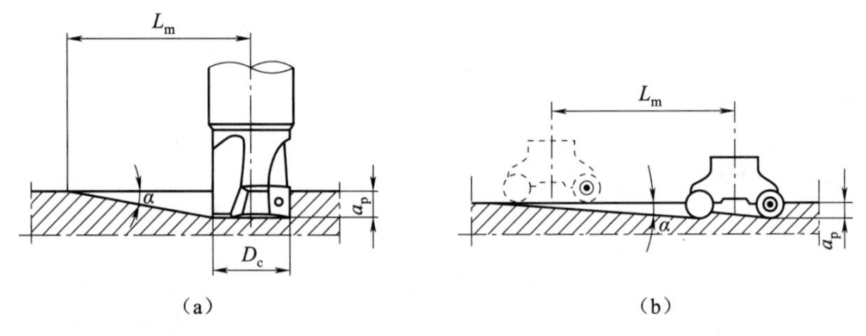

图 8-41　通过坡走铣方式铣型腔

（a）立铣刀斜线下刀；（b）圆鼻刀斜线下刀

（4）螺旋下刀粗铣型腔。

在主轴的轴向采用三轴联动螺旋插补切进工件材料。以螺旋下刀铣削型腔时，可使切削过程稳定，能有效避免轴向垂直受力所造成的振动。

采用螺旋下刀方式粗铣型腔，其螺旋角通常控制在 1.5°～3°，同时螺旋半径 R 值（指刀心轨迹）需根据刀具结构及相关尺寸确定，常取 $R \geqslant D_C/2$（见图 8-42）。

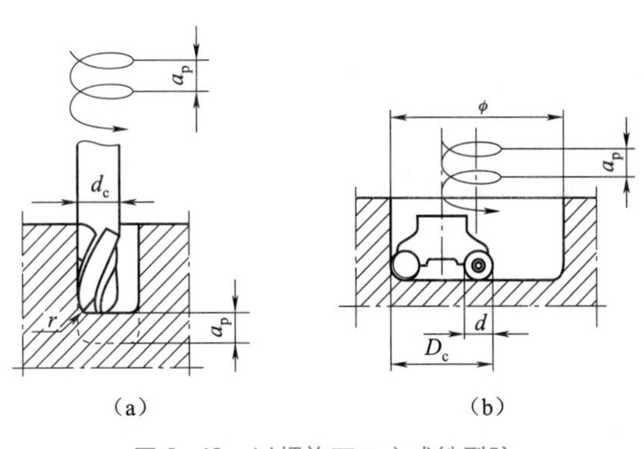

图 8-42　以螺旋下刀方式铣型腔

(a) 立铣刀螺旋下刀；(b) 圆鼻刀螺旋下刀

知识拓展

(1) 键槽铣刀。

图 8-43 所示为键槽铣刀，用于加工圆头封闭键槽。该铣刀外形似立铣刀，立铣刀有三个或三个以上的刀齿，而键槽铣刀仅有两个刀齿，端面铣削刃为主切削刃，强度较高；圆周切削刃是副切削刃。按国家标准规定，直柄键槽铣刀直径 $d=2\sim22$ mm，锥柄键槽铣刀直径 $d=14\sim50$ mm。键槽铣刀的精度等级有 eB 和 dB 两种，通常分别加工 H9 和 N9 键槽。加工时，键槽铣刀沿刀具轴线作进给运动，故仅在靠近端面部分发生磨损。重磨时只需刃磨端面刃，所以重磨后刀具直径不变，加工精度高。

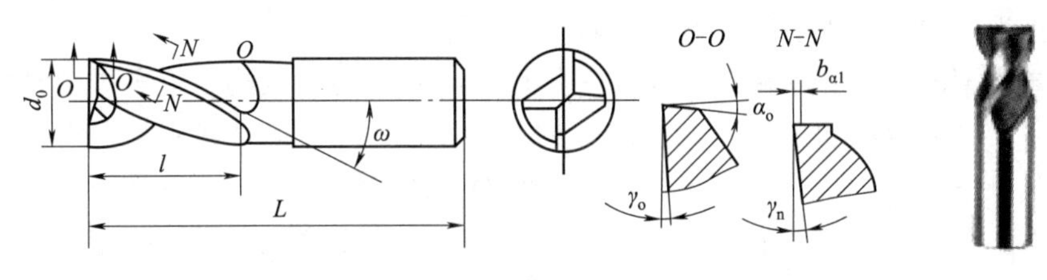

图 8-43　键槽铣刀

(2) 整体硬质合金立铣刀。

切削速度较高的刀具使用寿命较长，适合于高速铣削。刃口经过精磨的整体硬质合金立铣刀可以保证所加工的零件形位公差和较高的表面质量。刀具直径可以做得比较小，甚至可以小于 0.5 mm。但刀具的成本和其重磨与重涂层的成本比较高。

(3) 可转位硬质合金立铣刀。

具有较高切削速度、进给量、切削宽度和切削深度的刀具，金属去除率高，通常作为粗铣和半精铣刀具。刀片可以更换，刀具的成本低，但刀具的尺寸形状误差相对较大，直径一般大于 10 mm。

(4) 高速钢立铣刀。

刀具的总成本比较低，易于制造较大尺寸和异形刀具，刀具的韧性较好，可以

进行粗加工，但在精加工型面时会因为刀具弹性变形而产生尺寸误差，切削速度相对较低，刀具使用寿命相对较短。

敬业精神

新时代的“工匠精神”主要包括爱岗敬业的职业精神、精益求精的品质精神、协作共进的团队精神、追求卓越的创新精神。其中，爱岗敬业的职业精神是根本。敬业精神是我们心中永不褪色的旗帜，敬业文化是人们劳动创新的力量源泉。

大国工匠王刚是航空工业沈阳飞机工业（集团）有限公司数控加工厂铣工高级技师、集团公司首席技能专家，在2008年和2012两次夺得全国大赛铣工冠军。

王刚在工作岗位上爱岗敬业，在其铣工交流日“质量争一流，我来露一手”中针对一项项生产难题开展的技术、质量专项攻关和加工方法交流活动中如春雷般涌动，让那些胸怀报国情怀的员工们提升了技能，同时解决了生产中的实际问题。作为全国首批示范性劳模创新工作室、数控加工厂王刚劳模创新工作室，王刚探索总结出的《工装快速定位协调技术在数控多主轴同步加工技术创新项目》荣获沈阳市首批劳模创新工作室甲类优秀创新项目。

在科研生产的主战场，爱岗敬业的职业精神如高高飘扬的旗帜迎风招展，“大国工匠”王刚荣获中华技能大奖。在首批25位辽宁工匠中，王刚榜上有名。他深耕敬业精神的土壤，栽培敬业文化的花，让敬业精神、工匠精神转化为人们的情感认同和行为习惯，成为引领价值取向的时代品牌。

享誉全国的“央企楷模”王刚在一代代青年身上传承发扬。以全国劳动模范王刚的名字命名的数控加工厂“王刚班”，提出“全面提升自身素质，努力打造一流班组”的共同愿景，班长王刚采取有针对性的思想教育引导，营造学习氛围，实现技能传承。有5人掌握3个工种的操作技能，15人掌握2个工种的操作技能，又为工厂输送了6名急需的数控铣工。在王刚敬业精神的引领下，“王刚班”先后荣获五一工人先锋号、沈阳市先进集体、中央企业先进集体和全国工人先锋号。

王刚把一门技术学深用精，把相关技术学懂会用，在干中学、学中用、用中精，春风化雨，润物无声。立足于本岗位，干一行爱一行的敬业精神是王刚在本岗位迸发力量的关键。

学习笔记

课后习题

1 利用所学知识完成图 8-44 所示课题的加工。

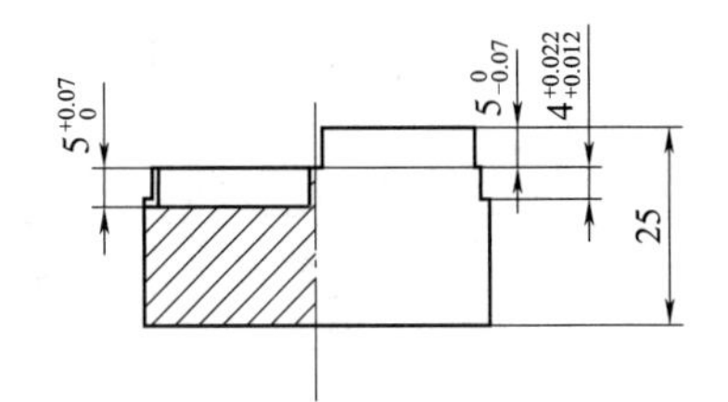

其余 $\sqrt{3.2}$

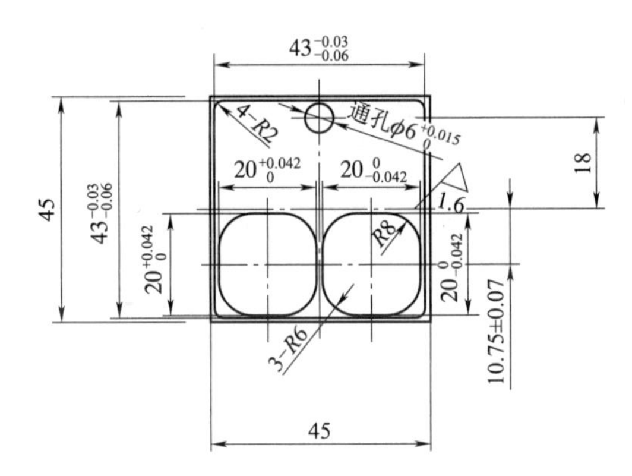

技术要求：
未注公差的尺寸，允许误差±0.07
锐边倒钝。

图 8-44 "1+X"练习图纸

2 利用所学知识完成图 8-45 所示课题的加工。

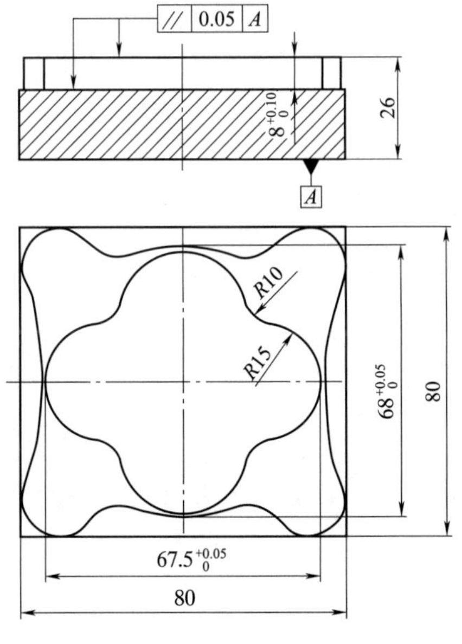

材料：2A04

$\sqrt{Ra3.2}$

图 8-45 练习图纸

3　利用所学知识完成图 8-46 所示课题的加工。

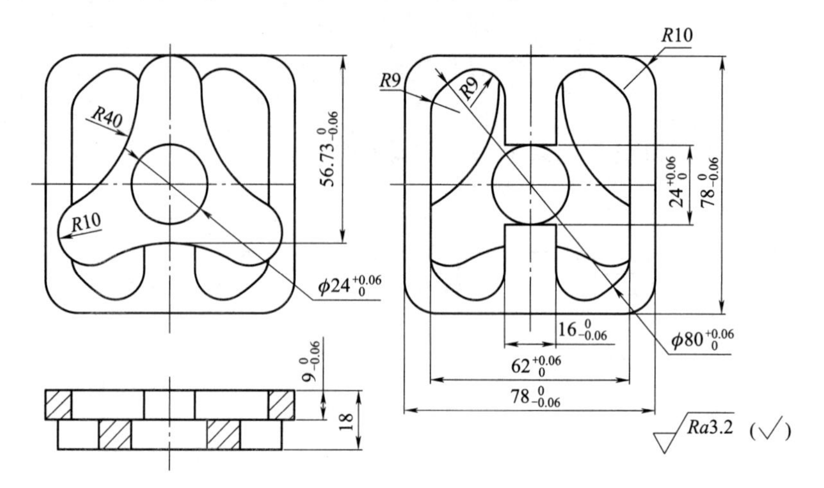

图 8-46　练习图纸

学习笔记

项目9 孔系零件的编程与加工

项目描述

本项目主要介绍数控铣床孔系零件的编程与加工，包括一般零件钻孔编程与加工、深孔零件编程与加工、铰孔零件的编程与加工。孔系零件是一类常见的机械零件，常用于箱体类和盘类零件中。孔的加工与孔的位置、配合情况，与加工精度有关，需要合理选择工艺路线，加工用量。

学习目标

（1）掌握根据零件图样进行工艺分析与技术要求分析的方法。

（2）掌握系零件孔加工切削用量的选择方法。

（3）掌握系零件孔加工路线、初始平面、*R* 点平面、孔底平面、定位平面。

（4）理解并掌握固定循环指令的基本动作、指令格式、各指令的应用。

（5）能进行浅孔、深孔和铰孔的编程与加工。

任务9.1 一般零件钻孔编程与加工

任务目标

知识目标

（1）掌握一般零件钻孔加工刀具的选择方法。

（2）掌握一般零件钻孔加工循环指令。

（3）掌握一般零件钻孔加工工艺分析方法。

技能目标

（1）掌握一般零件钻孔加工编程。

（2）掌握孔循环指令的用法。

（3）培养良好的团队精神。

（4）培养吃苦耐劳的工作作风和严谨的工作态度。

任务实施

法兰盘盖零件图样如图 9-1 所示，已知材料为 45 钢，要求设计数控加工工艺方案、数控铣刀刀具卡、数控加工工序卡，并编写零件的加工程序。

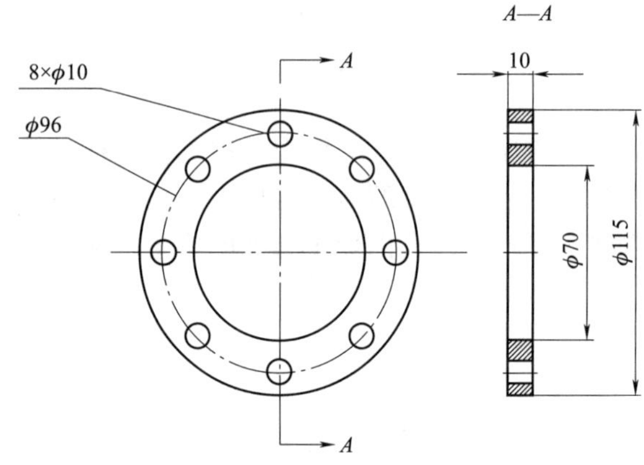

技术要求：
1. 品名：法兰盘盖
2. 材料：45钢
3. 数量：1件
4. 为主倒角处均为1×45°，尺寸均为mm

图 9-1　法兰盘盖

仿真加工

1. 零件分析

（1）图样分析。

零件图要完成 8 个 $\phi10$ 通孔的加工。法兰盘盖的厚度为 10 mm，孔重点保证尺寸 8-$\phi10$，孔间距的尺寸精度要求较低，同时要保证 8 个孔的位置度与地面的垂直度，所有外表面已加工到尺寸。

（2）工艺分析。

1）加工方案。钻中心孔→钻孔。

2）准备毛坯。毛坯尺寸 $\phi120\times15$ mm，材料为 45 钢。零件形状简单、规则，并根据现场设备状况，工件尺寸较大，故选用压板方式装夹工件。

3）选择刀具。用 A2 中心钻钻 8 个 $\phi10$ mm 的中心孔；用 $\phi10$ mm 钻头钻 8 个 $\phi10$ mm 的通孔。数控加工刀具卡见表 9-1。

表 9-1　数控加工刀具卡

零件名称	法兰盘盖		零件图号	图 9-1	工序卡编号	表 9-2	工艺员	
工步编号	刀具编号	刀具规格、名称	刀具长度补偿号	刀具半径补偿		加工内容		备注
				补偿号	补偿值			
1	T01	A2 中心钻	H01			钻 8 个中心孔		
2	T02	$\phi10$	H02			钻 8 个通孔		

4）选择切削用量。

钻中心孔时，主轴转速 1 500 r/min，进给速度 80 mm/min，钻孔深度 2 mm。

钻通孔时，主轴转速 800 r/min，进给速度 80 mm/min，钻孔深度 13 mm。

5）填写数控加工工序卡。

法兰盘盖数控加工工序卡见表 9-2。

表 9-2 法兰盘盖数控加工工序卡

零件名称	法兰盘盖	零件图号		工序名称			孔加工		
零件材料	45 钢	材料硬度		使用设备					
使用夹具	压板	装夹方式	压板装夹						
程序号	O0091	日期				工艺员			
工步描述									
工步编号	工步内容	刀具号	刀长补偿号	刀具规格	主轴转速/($r \cdot min^{-1}$)	进给速度/($mm \cdot min^{-1}$)	背吃刀量/mm	加工余量/mm	备注
1	钻中心孔	T01	H01	A2 中心钻	1 500	80			
2	钻通孔	T02	H02	ϕ10 钻头	800	80			

2. 程序编制

（1）工件坐标系原点的选择工件坐标系建立在工件上表面中心位置，如图 9-1 所示。

（2）数学处理 8 个孔的中心位置坐标。

（3）编制加工程序根据拟订的工艺方案编制加工程序，填写数控加工程序单，见表 9-3。

表 9-3 法兰盘盖数控加工程序单

零件名称	法兰盘盖	零件图号	图 9-1	工序卡编号	表 9-2	编程员	
程序段号	指令码			备注			
主程序	O0911						
N10	G90 G94 G40 G17 G54;			初始化程序			
N20	G91 G28 Z0;			刀具 Z 轴方向回参考点			
N30	T01;			换 1 号中心钻			
N40	G90 G00 X0 Y48;			刀具快速定位			
N50	G43 H01 Z50;			设定刀具长度偏置			
N60	M03 S1500 M08;			主轴正转、切削液开			

续表

零件名称	法兰盘盖	零件图号	图 9-1	工序卡编号	表 9-2	编程员	
N70	G98 G81 X0 Y48 Z-5 R5 F80;			采用 G81 固定循环，钻定位中心孔			
N80	X34 Y34;						
N90	X48 Y0;						
N100	X34 Y-34;						
N110	X0 Y-48;						
N120	X-34 Y-34;						
N130	X-48 Y0;						
N140	X-34 Y34;						
N150	G80;			取消固定循环			
N160	G91 G28 Z0 M09;			回 Z 轴方向参考的			
N170	M05;			主轴停转			
N180	M30;			程序结束			
主程序	O0912						
N10	G90 G94 G40 G17 G54;			初始化程序			
N20	G91 G28 Z0;			刀具 Z 轴方向回参考点			
N30	T02;			换 2 号钻头			
N40	G90 G00 X0 Y48;			刀具快速定位			
N50	G43 H02 Z50;			设定刀具长度偏置			
N60	M03 S800 M08;			主轴正转、切削液开			
N70	G98 G81 X0 Y48 Z-13 R5 F80;			采用 G81 固定循环，钻 ϕ10 孔			
N80	X34 Y34;						
N90	X48 Y0;						
N100	X34 Y-34;						
N110	X0 Y-48;						
N120	X-34 Y-34;						
N130	X-48 Y0;						
N140	X-34 Y34;						
N150	G80;			取消固定循环			
N160	G91 G28 Z0 M09;			回 Z 轴方向参考的			
N170	M05;			主轴停转			
N180	M30;			程序结束			

3. 零件加工

1）开机，回参考点，建立机床坐标系。

2）调整好压板，正确安装毛坯和刀具。

学习笔记

3）对刀，设置工件坐标系 G54 原点和刀具长度补偿参数 H01、H02。
4）输入程序。
5）模拟加工。
6）自动加工（单段运行）。
7）检测零件。

相关知识

1. 孔加工路线

孔加工时，应在保证加工精度的前提下，使进给路线最短。如图 9-2（a）所示，该进给路线为先加工完外圈孔，再加工内圈孔，这不是最好的加工路线。如图 9-2（b）所示，该进给路线减少空刀时间，则可节省近一倍定位时间，提高了加工效率。

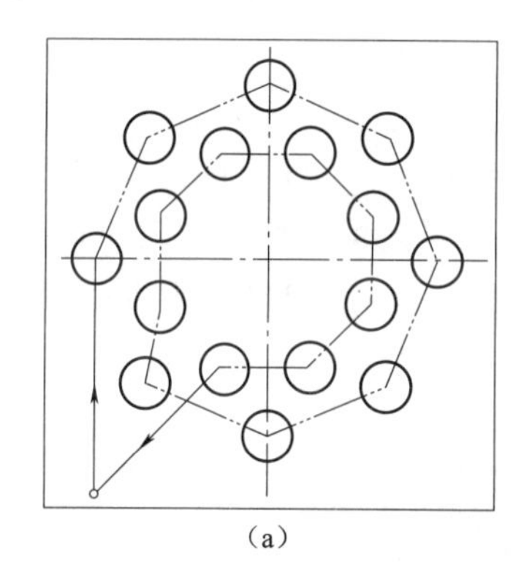
（a）

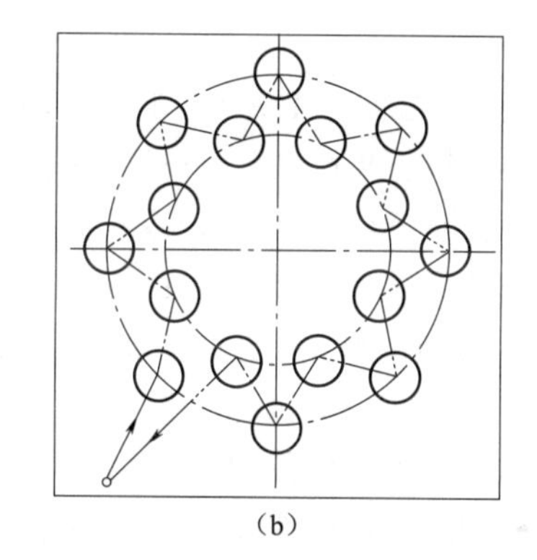
（b）

图 9-2 最短走刀路线设计

2. 孔加工刀具的选择步骤

1）孔加工刀具的选择。确定孔的直径、深度和质量要求，同时考虑生产经济性和切削可靠性等。

2）选择钻头类型。选择用于粗加工和精加工孔的钻头；检查钻头是否适合工件材料、孔的质量要求和是否能提供最佳的经济性。

3）选择钻头牌号和槽型。如果选择了可转位刀片钻头，必须单独选择刀片。找到适合孔直径的刀片，选择推荐用于工件材料的槽型和牌号。

4）选择刀柄类型。许多钻头有不同的安装方式，找出适合于机床的类型。

5）确定工艺参数。根据不同加工材料的性能，确定切削速度、进给量等。

3. 钻头的选择

钻头的选择相对机床和工艺来说，整体硬质合金钻头和焊接式麻花钻头采用较低的切削速度和较大的进给量，而可转位刀片钻头使用高切削速度和小进给量。钻头的应用场合见表 9-4。

表 9-4　钻头的应用场合

孔径大小	类　型	应　用
小直径孔	高速工具钢钻头、整体硬质合金钻头、焊接硬质合金钻头	在高速切削场合，应尽量使用硬质合金钻头，以获得高生产效率。当安装的稳定性比较差，硬质合金钻头的稳定性得不到保证时，可以用高速工具钢钻头作为补充选择
中等直径孔	可转位刀片钻头、焊接硬质合金钻头、镶嵌冠硬质合金钻头	在需要小公差或孔深限制了可转位刀片钻头的使用时，可选择焊接硬质合金钻头。当钻削不平整表面时或孔时预钻的或需要钻削交叉孔时，可转位刀片钻头常常时唯一的选择
大直径孔	可转位刀片钻头、套孔钻	一般情况下使用可转位刀片钻头。当机床功率受到限制时，则应使用套孔钻，而不是实体钻

4. 孔加工固定循环六个基本顺序动作

孔加工固定循环主要由六个基本顺序动作组成，如图 9-3 所示。

动作 1：钻孔轴在初始平面中的孔中心定位动作，如立式铣床在 X 轴和 Y 轴的定位。

动作 2：快速下刀至 R 点/平面，即参考平面。

动作 3：孔的切削加工，一直切削加工至孔底。该动作可能是一次加工至孔底，也可能是分段加工至孔底。孔底的 Z 坐标要根据具体情况而定，对于通孔要考虑切出距离，一股可取 $0.3d+$（1~2）mm（d 为钻头直径），如图 9-4 所示。

动作 4：孔底位置的动作（如主轴暂停、主轴停转、主轴定向停止并刀尖反方向偏移、反方向旋转等）。

动作 5：返回到 R 点/平面，返回速度根据具体指令有所不同。

动作 6：快速提刀到初始平面，一个动作循环结束。

注意：以上六个基本顺序动作依照指令不同而路有差异。如有的指令没有孔底动作，有的指令动作 5 与动作 6 连续进行，一气呵成，给人感觉是仅有动作 5。另外，在动作 1 之前，刀具必须预先通过之前的指令移动至初始平面的高度上。

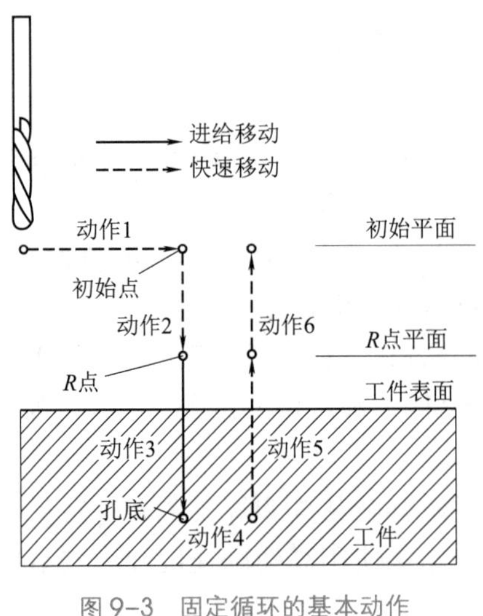

图 9-3　固定循环的基本动作

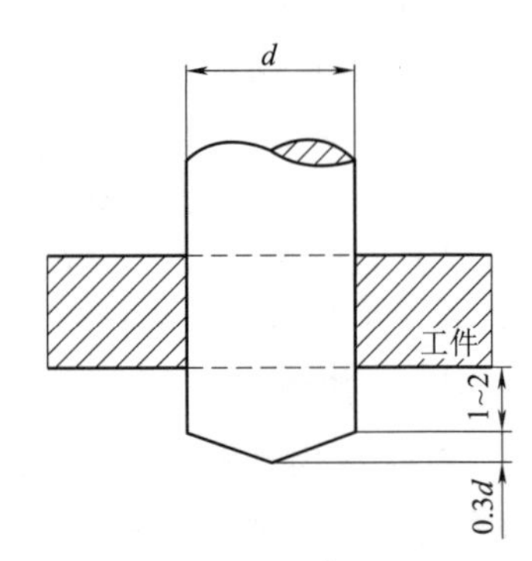

图 9-4　钻通孔的切出量

5. 孔加工固定循环指令的基本格式

钻孔加工指用麻花钻和中心钻等刀具在实体材料上进行不通孔、通孔及定位孔窝等加工的方式。这类孔加工一般对孔底的质量没有要求，所以孔底不需要暂停动作。

钻孔循环指令 G81 指令主要用于常规的钻孔加工，其不过多的考虑断屑与排屑等问题，所钻孔的深度不宜太深。另外，用于定心钻或中心钻等刚性较好的孔加工刀具加工定位孔。

（1）G81 钻孔固定循环指令格式。

调用钻孔循环：$\left\{\begin{matrix}\text{G98}\\\text{G99}\end{matrix}\right.$ G81 X_ Y_ Z_ R_ F_ K_ ;

取消钻孔循环：G80;

（2）指令说明。该循环指令通常用于钻孔加工，刀具以进给速度 f 切削到孔底，再快速退出。

式中 X_ Y_ ——孔中心位置；

Z_ ——孔底坐标；

R_ ——R 点平面坐标；

F_ ——切削进给速度；

K_ ——重复加工次数。

钻孔时刀具从当前起始平面水平定位至孔中心（X，Y），再快速定位至 R 点平面，从 R 点平面位置开始钻孔，钻孔结束后，刀具快速返回到起始平面（指定 G98）或返回到 R 点平面（指定 G99），具体刀具移动路线如图 9-5 和图 9-6 所示。

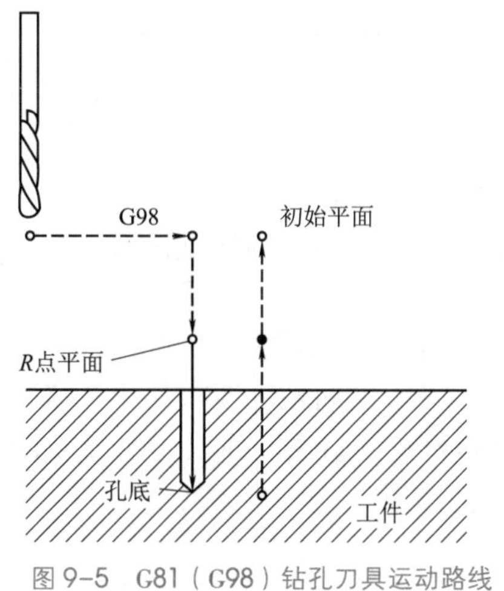

图 9-5　G81（G98）钻孔刀具运动路线

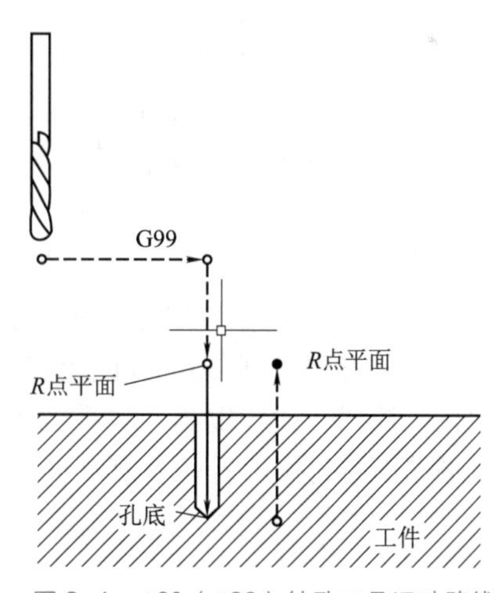

图 9-6　G81（G99）钻孔刀具运动路线

（3）指令使用注意事项。

1）G81 指令是模态钻孔循环指令，指令使用完成后应使用 G80 指令取消循环。

2）当 G81 指令前使用 G98 指令时，钻孔循环结束后刀具会抬刀至起始位置；当 G81 指令前使用 G99 指令时，钻孔循环结束后刀具会抬刀至 R 点平面位置。当 G81 指令前不指定 G98 或 G99，系统默认的是 G98。一般钻第一个孔时使用 G99，钻最后一个孔时使用 G98。

3）钻孔时调用长度补偿应在 G81 指令使用前调用，取消长度补偿应在 G80 指令使用后取消。

4）重复加工次数 K 一般用于增量编程，实现连续加工多个间距相同的孔，可以简化编程。

知识拓展

孔的加工方法很多，常用的有钻、扩、铰、镗和攻螺纹等。大直径孔可采用圆弧插补的方式进行铣削加工。孔的加工方法及所能达到的精度见表 9-5。

表 9-5　孔的加工方法及所能达到的精度

序号	加工方法	公差等级	表面粗糙度值 $Ra/\mu m$
1	钻	IT11~IT13	12.5~50
2	钻→铰	IT9	1.6~3.2
3	钻→粗铰（扩）→精铰	IT7~IT8	0.8~1.6
4	钻→扩	IT11	3.2~6.3
5	钻→扩→铰	IT8~IT9	0.8~1.6
6	钻→扩→粗铰→精铰	IT7	0.4~0.8
7	粗镗（扩孔）	IT11~IT13	3.2~6.3
8	粗镗（扩孔）→半精镗（精扩孔）	IT8~IT9	1.6~3.2
9	粗镗（扩孔）→半精镗（精扩孔）→精镗	IT6~IT7	0.8~1.6

（1）对于直径大于 30 mm 的已铸出或锻出的毛坯孔的孔加工，一般采用粗镗—半精镗—孔口倒角—精镗的加工方案。

（2）孔径较大的可采用立铣刀粗铣—精铣加工方案。

（3）孔中空刀槽可用锯片铣刀在孔半精镗之后、精镗之前铣削完成，也可用镗刀进行单刀镗削，但单刀镗削效率较低。

（4）对于直径小于 30 mm 的毛坯上无孔的孔加工，通常采用锪平端面—打中心孔—钻孔—扩孔—孔口倒角—铰孔的加工方案。对于有同轴度要求的小孔来说，需采用锪平端面—打中心孔—钻孔—半精键—孔口倒角—精镗（或铰）的加工方案。

任务9.2 深孔零件编程与加工

任务目标

知识目标

（1）了解深孔零件加工的特点。

（2）掌握深孔零件加工 G73 和 G83 指令各参数的含义。

（3）掌握 G73 和 G83 指令的运用。

技能目标

（1）掌握能运用 G73 和 G83 编写深孔零件程序。

（2）能够运用仿真软件仿真钻孔程序。

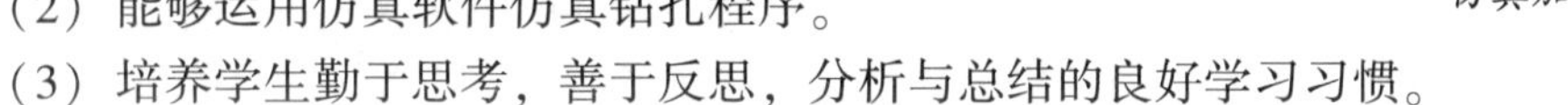

（3）培养学生勤于思考，善于反思，分析与总结的良好学习习惯。

（4）培养学生自主探究、团队协作的合作意识。

仿真加工

任务实施

支撑座零件图样如图 9-7 所示，已知材料为 45 钢，要求设计数控加工工艺方案、数控铣刀刀具卡、数控加工工序卡，并编写零件的加工程序。

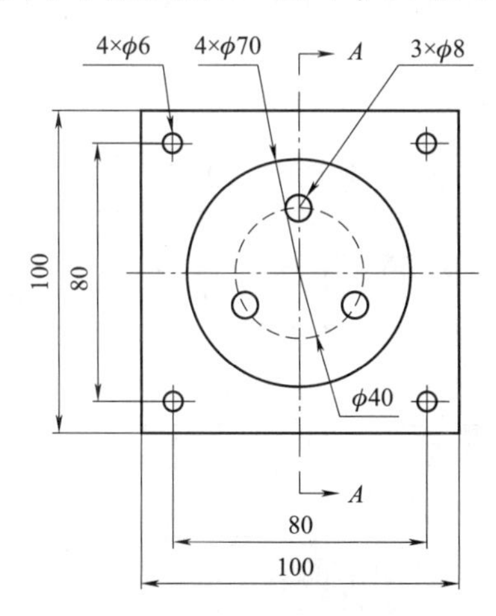

技术要求：
1. 未注尺寸公差按GB/T 1804
2. 材料：45钢
3. 数量：1件
4. 锐边毛刺

图 9-7 支撑座

学习笔记

1. 零件分析

(1) 图样分析。

本任务要求在45钢料上钻4个$\phi 6$和3个$\phi 8$的通孔，支撑座零件尺寸为100×100 mm的方料，厚度为50 mm，其外形尺寸已加工完成。

(2) 工艺分析。

1) 加工方案。钻中心孔→钻孔。

2) 准备毛坯。

毛坯尺寸105×105×55 mm，材料45钢。选择平口钳装夹工件。

3) 选择刀具。

用A2中心钻钻7个定位中心孔，选用$\phi 6$和$\phi 8$的钻头分别钻$\phi 6$和$\phi 8$的通孔。支撑座零件数控加工刀具卡见表9-6。

表9-6 支撑座零件数控加工刀具卡

零件名称	支撑座		零件图号	图9-7	工序卡编号	表9-7	工艺员	
工步编号	刀具编号	刀具规格、名称	刀具长度补偿号	刀具半径补偿		加工内容		备注
				补偿号	补偿值			
1	T01	A2中心钻	H01			钻7个中心孔		
2	T02	$\phi 6$钻头	H02			钻4个通孔		
3	T03	$\phi 8$钻头	H03			钻3个通孔		

4) 选择切削用量。

钻中心孔时，主轴转速1 000 r/min，进给速度80 mm/min，钻孔深度2 mm。

钻$\phi 6$通孔时，主轴转速800 r/min，进给速度80 mm/min，钻孔深度53 mm。

钻$\phi 8$通孔时，主轴转速600 r/min，进给速度100 mm/min，钻孔深度53 mm。

5) 填写数控加工工序卡。

支撑座零件数控加工工序卡见表9-7。

表9-7 支撑座零件数控加工工序卡

零件名称	支撑座	零件图号	图9-7	工序名称			孔加工		
零件材料	45钢	材料硬度		使用设备					
使用夹具	平口钳	装夹方式	平口钳装夹						
程序号	O0092	日期				工艺员			
工步描述									
工步编号	工步内容	刀具号	刀具长度补偿号	刀具规格	主轴转速/($r\cdot min^{-1}$)	进给速度/($mm\cdot min^{-1}$)	背吃刀量/mm	加工余量/mm	备注
1	钻中心孔	T01	H01	A2中心钻	1 000	80			

续表

工步编号	工步内容	刀具号	刀具长度补偿号	刀具规格	主轴转速/(r·min^{-1})	进给速度/(mm·min^{-1})	背吃刀量/mm	加工余量/mm	备注
2	钻通孔	T02	H02	ϕ6 钻头	800	80			
	钻通孔	T03	H03	ϕ8 钻头	800	100			

2. 程序编制

（1）工件坐标系原点的选择。

工件坐标系建立在工件上表面中心位置，如图 9-5 所示。

（2）数学处理 7 个孔的中心位置坐标。

（3）编制加工程序根据拟订的工艺方案编制加工程序，填写数控加工程序单，见表 9-8。

表 9-8　支撑座零件数控加工程序单

零件名称	法兰盘盖	零件图号	图 9-7	工序卡编号	表 9-7	编程员	
程序段号	指令码			备注			
主程序	O0921						
N10	G90 G94 G40 G17 G54;			初始化程序			
N20	G91 G28 Z0;			刀具 Z 轴方向回参考点			
N30	T01;			换 1 号中心钻			
N40	G90 G00 X40 Y40;			刀具快速定位			
N50	G43 H01 Z50;			设定刀具长度偏置			
N60	M03 S1000 M08;			主轴正转、切削液开			
N70	G98 G81 X40 Y40 Z-5 R5 F80;			采用 G81 固定循环，钻定位中心孔			
N80	X-40;						
N90	Y-40;						
N100	X40;						
N110	X0 Y20;						
N120	X-17.32 Y-10;						
N130	X17.32 Y-10;						
N140	G80;			取消固定循环			
N150	G91 G28 Z0 M09;			回 Z 轴方向参考的			
N160	M05;			主轴停转			
N170	M30;			程序结束			
主程序	O0922						
N10	G90 G94 G40 G17 G54;			初始化程序			
N20	G91 G28 Z0;			刀具 Z 轴方向回参考点			
N30	T02;			换 2 号钻头			

续表

程序段号	指令码	备注
N40	G90 G00 X40 Y40；	刀具快速定位
N50	G43 H02 Z50；	设定刀具长度偏置
N60	M03 S800 M08；	主轴正转、切削液开
N70	G99 G83 X40 Y40 Z-55 R5 Q10 F80；	采用 G83 深孔钻循环加工 4 个 $\phi6$ 的深孔
N80	X-40；	
N90	Y-40；	
N100	G98 X40；	
N110	G80；	取消固定循环
N120	G91 G28 Z0 M09；	回 Z 轴方向参考的
N130	M05；	主轴停转
N140	M30；	程序结束
主程序	O0923	
N10	G90 G94 G40 G17 G54；	初始化程序
N20	G91 G28 Z0；	刀具 Z 轴方向回参考点
N30	T03；	换 3 号钻头
N40	G90 G00 X0 Y20；	刀具快速定位
N50	G43 H03 Z50；	设定刀具长度偏置
N60	M03 S800 M08；	主轴正转、切削液开
N70	G99 G73X0 Y20 Z-55 R-10 Q10 F100；	采用 G73 深孔钻循环加工 3 个 $\phi8$ 的深孔
N80	X-17.32 Y-10；	
N90	G98 X17.32 Y-10；	
N100	G80；	取消固定循环
N110	G91 G28 Z0 M09；	回 Z 轴方向参考的
N120	M05；	主轴停转
N130	M30；	程序结束

3. 零件加工

1）开机、回参考点，建立机床坐标系。

2）校正机用平口钳，装夹工件。控制厚度、加工内轮廓和孔时，将 105×105×55 mm 板料装夹在机用平口钳上，装夹深度不能小于 5 mm。装夹工件时，需要在机用机用平口钳内垫上平行垫铁，但要注意垫铁的安装位置，防止钻孔时钻头钻到垫铁上。

3）设定好工件坐标系，用基准刀具进行对刀，其他刀具输入长度补偿值。

4）将数控程序全部输入数控机床中，进行模拟仿真。

5）依次调用加工程序，选择自动加工方式，调小进给倍率，按“循环启动”

键进行中心钻点钻孔加工，观察加工情况并逐步调整进给倍率。首次加工也可采用单段加工方式。

6）中心钻点钻孔完成后更换刀具，依次进行钻孔加工。

7）加工结束后，及时打扫机床，切断电源。

相关知识

深孔加工在机械模具行业有广泛的应用，所谓深孔，一般指的是长径比大于5~10的孔。在实际加工中还需考虑零件材料的加工性能和切削用量等参数的影响，这些孔中，有的要求加工精度和表面质量较高，而且有的被加工材料的切削加工性较差，常常成为生产中一大难题。所以深孔加工受到很多人的重视，越来越多的人进入深孔加工行业。

1. 深孔加工的特点

（1）刀杆受孔径的限制，直径小，长度大，造成刚性差，强度低，切削时易产生振动、波纹、锥度，而影响深孔的直线度和表面粗糙度。

（2）在钻孔和扩孔时，冷却润滑液在没有采用特殊装置的情况下，难于输入到切削区，使刀具耐用度降低，而且排屑也困难。

（3）在深孔的加工过程中，不能直接观察刀具切削情况，只能凭工作经验听切削时的声音、看切屑、手摸振动与工件温度、观仪表（油压表和电表），来判断切削过程是否正常。

（4）切屑排除困难，必须采用可靠的手段进行断屑及控制切屑的长短与形状，以利于顺利排除，防止切屑堵塞。

（5）刀具散热条件差，切削温度升高，使刀具的耐用度降低。

（6）为了保证深孔在加工过程中顺利进行和达到应要求的加工质量，应增加刀具内（或外）排屑装置、刀具引导和支承装置和高压冷却润滑装置。

2. G83深孔加工固定循环指令的基本格式

（1）G83深孔钻削循环。

指令格式：$\begin{cases}\text{G98}\\\text{G99}\end{cases}$ G83 X_ Y_ Z_ R_ Q_ F_ K_ ;

（2）指令说明：

式中 X_ Y_ ——孔位数据；

Z_ ——孔底深度（绝对坐标）；

R_ ——每次下刀点或抬刀点（绝对坐标）；

Q_ ——每次切削进给的切削深度；

F_ ——切削进给速度；

K_ ——重复次数。

指令功能：G83深孔钻削循环中间进给孔底并快速退刀，进给动作如图9-8所示。

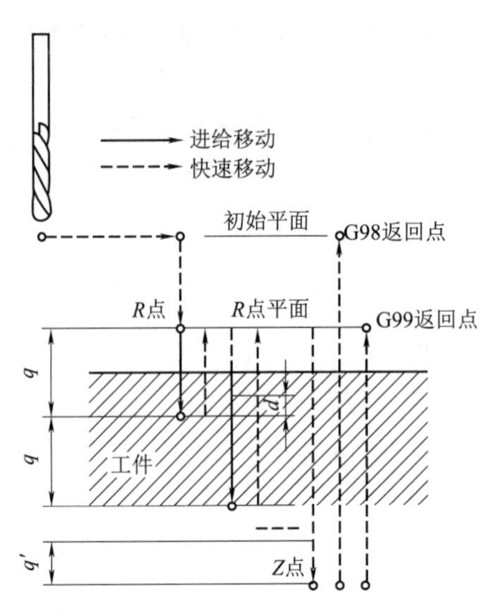

图 9-8　G83 深孔钻削循环

（3）指令使用注意事项。

1）断屑问题，如果钻孔过程中不断屑，则两条切屑较长，到一定程度上还是要断的，但这种断屑不可控，造成的后果不可预计。

2）排屑问题，随着钻孔深度的增加，切屑沿麻花钻上的螺旋槽自动排出的难度就逐渐增大，甚至无法排出来，其结果将造成切削液无法进入加工区，甚至憋断钻头。

3）冷却问题，如何保证切削液有效地进入加工区是要解决的关键问题。外冷却麻花钻的螺旋槽是常规的切削液通道，抬刀出孔面可提高冷却性能，内冷却钻头是有效解决冷却与排屑的方式之一。

3. G73 断屑式深孔钻固定循环指令的基本格式

G73 指令就是为深孔加工而设计的固定循环指令，该指令基于麻花钻钻孔，当钻头在钻削一定深度后有一个回退动作，实现断屑，断屑动作可控，保证排屑可靠，切屑排除通畅，就意味着钻头上的螺旋槽没有堵住，因此切削液也就能进入加工区，解决冷却问题。

（1）G73 断屑式深孔钻固定循环。

指令格式：$\begin{cases}\text{G98}\\\text{G99}\end{cases}$ G73 X_ Y_ Z_ R_ Q_ F_ K；

（2）指令说明：

式中　X_ Y_ ——孔位数据；

Z_ ——孔底深度（绝对坐标）；

R_ ——每次下刀点或抬刀点（绝对坐标）；

Q_ ——每次切削进给的背吃刀量（无符号，增量）；

F_ ——切削进给速度；

K_ ——重复次数。

与 G81 相比，该指令中多了一个参数 Q，它是断续钻削每次切削进给时的钻削深度，图 9-8 中 d 是回退量或退刀量，由系统参数设定，指令中不指定。动作分析可根据图解自行理解，注意事项与 G81 基本相同。其动作循环如图 9-9 所示。

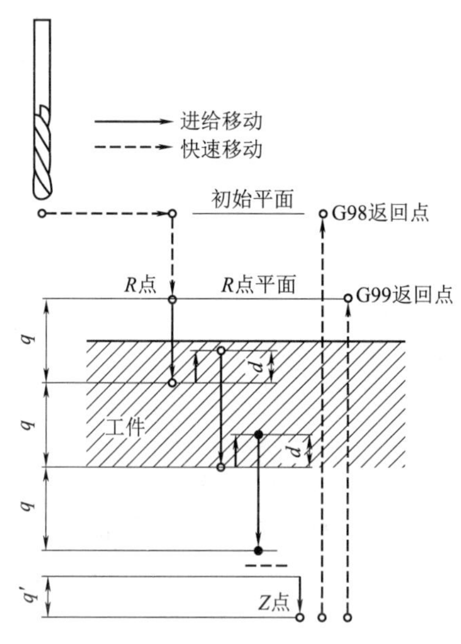

图 9-9　G73 断屑式深孔钻固定循环

3. 孔加工质量的控制方法

孔类零件加工时，其加工质量是由机床、刀具、热变形、工件余量的复映误差、测量误差和振动等因素综合影响的结果。提高产品质量，主要有下面一些途径和方法。

（1）解决机床本身所造成的加工质量问题。

①提高机床导轨的直线度、平行度。

②定期检测机床工作台的水平。

③提高机床三坐标轴之间的垂直度。

④提高主轴的回转精度及回转刚度。

（2）解决刀具方面所造成的加工质量问题。

①针对不同的工件材料，选择合适的刀具材料。

②刃磨合理的切削角度。

③选择合理的切削用量。

④针对不同的工件材料，选择不同的切削液。

（3）解决工件原始精度所造成的加工质量问题。

①加工中应严格执行粗、精分开的原则。

②工件在粗加工后，应有充分的时间使工件达到热平衡。

③达到热平衡后，进行精加工。

（4）解决热变形造成的加工质量问题。

①采用有利于减少切削热的各项措施。

②使工件充分冷却或预热，以达到热平衡。

③合理选用切削液。

(5) 解决振动造成的加工质量问题。

①合理选择切削用量及刀具的几何参数。

②提高机床、工件及刀具的刚度，增加工艺系统的抗振性。

③减少或消除振源的激振力。

④调节振动源频率。

知识拓展

常用的深孔加工系统

1. 传统钻削

深孔加工起源于美国人发明的麻花钻。这种钻头的结构相对简单，方便导入切削液，便于制造出不同直径和长度的钻头以适用于加工不同尺寸的孔。

2. 枪钻

深孔枪管钻最初是应用于枪管（俗称深孔管，枪管并非用无缝精密管制作，精密管制作工艺根本上无法满足精度要求）制造业因此得名枪钻。随着科技的不断发展和深孔加工系统制造商的不懈努力，深孔加工已经成为一种方便高效的加工方式。并被广泛应用于汽车工业、航天工业、结构建筑工业、医疗器材工业、模具/刀具/治具工业及油压、空压工业等领域。图 9-10 所示为深孔枪管钻。

图 9-10　深孔枪管钻

枪钻是理想的深孔加工解决方案，采用枪钻可以获得精密的加工效果，加工出来的孔位置精确，直线度、同轴度高，并且有很高的表面光洁度和重复性。能够方便的加工各种形式的深孔，对于特殊深孔，比如交叉孔、盲孔及平底盲孔等也能很好的解决。

3. BTA 系统

国际孔加工协会发明的一种内排屑深孔钻，BTA 系统中钻头与钻杆为中空圆柱体，提高刀具刚性和快速拆装问题。其工作原理为切削液经加压从入口进入授油器后通过钻杆与孔壁形成的密封环状空间，流向切削部分进行冷却润滑，并将切屑压入钻头上的出屑口，经钻杆内腔从出口排出。BTA 系统主要适用于直径 $\phi>12$ mm 的深孔加工。

4. 喷吸钻系统

喷吸钻系统是瑞典 Sandvik 公司利用流体力学的喷吸效应原理发明的双管内排屑深孔钻削方法。其喷吸钻系统采用双层管刀杆，切削液经加压后从入口进入，其中 2/3 的切削液进入内、外钻杆间的环形空间，流向切削部分进行冷却和润滑，并将切屑推入钻杆内腔；其余 1/3 的切削液，从内钻杆上月牙状喷嘴高速喷入内钻杆，在内钻杆内腔形成一个低压区，对携带切屑的切削液产生抽吸作用，在喷、吸双重作用下，促使切屑快速从出口排出。喷吸钻系统主要适用于直径 $\phi>18$ mm 的深孔加工。

5. DF 系统

DF 系统是日本冶金股份有限公司研制出的双进油单管内排屑系统，其切削液分为前后两支，分别从两个入口进入。前一支 2/3 的切削液经过钻杆与已加工孔壁形成的环状区域流向切削部分，并将切屑推入钻头上的出屑口进入钻杆，流向抽屑器；后一支 1/3 的切削液直接进入抽屑器，经前、后喷嘴之间喇叭口状的窄狭锥形间隙后获得加速，产生负压抽吸作用，达到加速排屑的目的。DF 系统前半部分起“推”作用的结构类似 BTA 系统，后半部分起“吸”作用的结构类似于喷吸钻系统，由于 DF 系统采用双进油装置，仅用一根钻杆即完成推压和抽吸的切屑方法，所以钻杆直径可以做得很小，能够加工更小的孔，目前，DF 系统的最小加工直径可达 6 mm。

6. SIED 系统

SIED 系统是一种由中北大学发明的单管内排屑喷吸钻系统。该技术以 BTA、喷吸钻、DF 系统 3 种内排屑钻削技术为基础，增加了分调式功率增补型抽屑装置，可实现冷却和排屑液流的独立控制。其基本原理为切削液由液压泵输出后，分为两个分支：前一支切削液流入输油器，经钻杆与孔壁之间的环状空间流向切削部分，将切屑推入钻头上的出屑口；后一支切削液流入抽屑器，经锥形喷嘴副之间的间隙进入后喷嘴内腔，产生高速射流和负压。SIED 系统对两支液流各设独立的调压阀，可以分别调整至最佳冷却、抽屑状态。SIED 系统是一种正在逐渐推广的系统，是目前较先进的系统。目前，SIED 系统可将最小钻孔直径缩小至 5 mm 以下。

任务9.3 铰孔

任务目标

知识目标

（1）了解深孔加工的特点。

（2）掌握深孔加工 G73 和 G83 指令各参数的含义。

（3）掌握 G73 和 G83 指令的运用。

技能目标

（1）掌握能运用 G73 和 G83 编写深孔零件程序。

（2）能够运用仿真软件仿真钻孔程序。

（3）培养开拓进取，勇于钻研的学习精神。

（4）培养创新思维、判断能力，分析问题解决问题的能力。

素质目标

（1）培养学生钻研精神。

（2）培养学生创新精神，质量意识。

仿真加工

任务实施

一、加工任务

平面槽形凸轮零件如图 9-11 所示，其外部轮廓尺寸已经由前道工序加工完，本任务是在铣床上铰削 $\phi12^{+0.018}_{0}$ mm 孔和 $\phi20^{+0.021}_{0}$ mm 孔。零件材料为 HT200，完成数控铣刀刀具卡、数控加工工序卡，编写零件的加工程序。

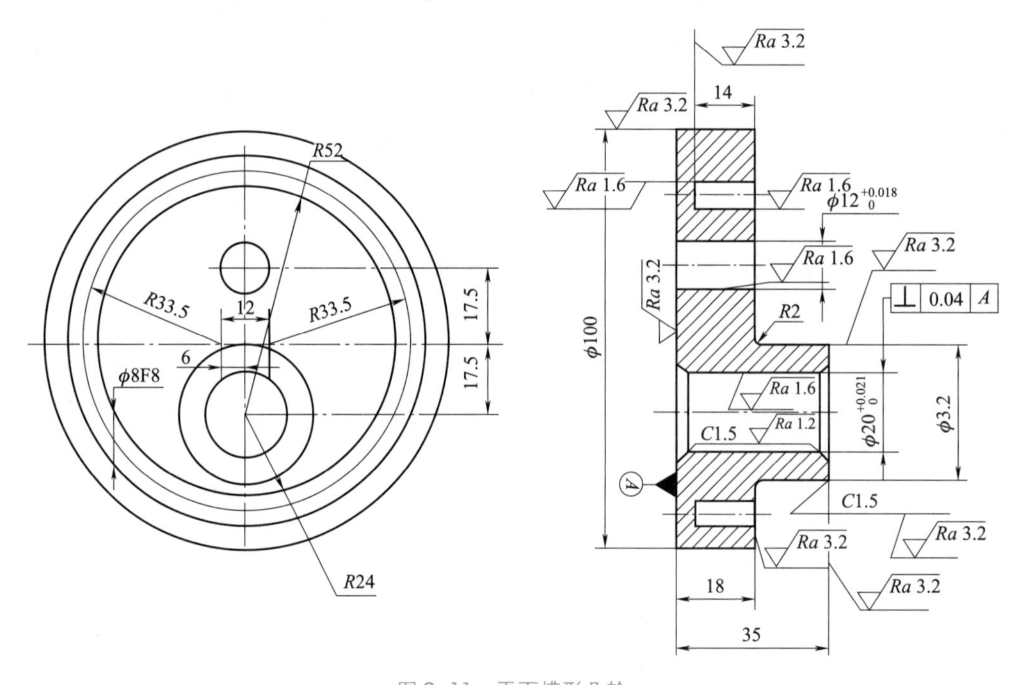

图 9-11　平面槽形凸轮

二、任务分析

1. 图样分析

凸轮槽形内、外轮廓由直线和圆弧组成，几何元素之间关系描述清楚完整，凸轮槽侧面与中 $\phi12^{+0.018}_{0}$ mm 孔和 $\phi20^{+0.021}_{0}$ mm 内孔表面粗糙度值 Ra 要求较小，为 1.6 μm。凸轮槽内外轮廓面和中 $\phi20^{+0.021}_{0}$ mm 孔与底面有垂直度要求。

2. 工艺分析

（1）加工方案。

根据图样分析，$\phi12^{+0.018}_{0}$ mm 孔和 $\phi20^{+0.021}_{0}$ mm 孔的加工应分为粗、精加工两个

阶段进行，以保证表面粗糙度值要求。两个孔的加工采用钻中心孔→钻孔→铰孔方案。同时以底面 A 定位，提高装夹刚度以满足垂直度要求。

（2）准备毛坯。毛坯尺寸 $\phi105\times40$ mm，材料为 HT200。

（3）选择刀具。

中心钻 $\phi5$ mm，钻头 $\phi11.6$ mm 和 19.6 mm，铰刀 $\phi12$ mm 和 $\phi20$ mm。平面槽形凸轮零件数控加工刀具卡见表 9-9。

表 9-9　平面槽形凸轮零件数控加工刀具卡

<table>
<tr><td>零件名称</td><td colspan="2">平面槽形凸轮零件</td><td>零件图号</td><td>图 9-11</td><td>工序卡编号</td><td>表 9-10　工艺员</td><td></td></tr>
<tr><td rowspan="2">工步编号</td><td rowspan="2">刀具编号</td><td rowspan="2">刀具规格、名称</td><td rowspan="2">刀具长度补偿号</td><td colspan="2">刀具半径补偿</td><td rowspan="2">加工内容</td><td rowspan="2">备注</td></tr>
<tr><td>补偿号</td><td>补偿值</td></tr>
<tr><td>1</td><td>T01</td><td>A2 中心钻</td><td>H01</td><td></td><td></td><td>钻 2 个中心孔</td><td></td></tr>
<tr><td>2</td><td>T02</td><td>$\phi11.6$</td><td>H02</td><td></td><td></td><td>钻 $\phi12^{+0.018}_{0}$ mm 通孔</td><td></td></tr>
<tr><td>3</td><td>T03</td><td>$\phi19.6$</td><td>H03</td><td></td><td></td><td>钻 $\phi20^{+0.021}_{0}$ mm 通孔</td><td></td></tr>
<tr><td>4</td><td>T04</td><td>$\phi12$</td><td>H04</td><td></td><td></td><td>铰 $\phi12^{+0.018}_{0}$ mm 通孔</td><td></td></tr>
<tr><td>5</td><td>T05</td><td>$\phi20$</td><td>H05</td><td></td><td></td><td>铰 $\phi20^{+0.021}_{0}$ mm 通孔</td><td></td></tr>
</table>

（4）选择切削用量。

精铰 $\phi12^{+0.018}_{0}$mm 孔和 $\phi20^{+0.021}_{0}$ mm 孔时留 0.2 mm 铰削余量。选择主轴转速与进给速度时，确定切削速度与每齿进给量，然后按公示 $v_c=\pi dn/1\ 000$、式 $v_f=nzfz$ 计算主轴转速与进给速度。平面槽形凸轮零件数控加工工序卡见表 9-10。

表 9-10　平面槽形凸轮零件数控加工工序卡

<table>
<tr><td>零件名称</td><td>平面槽形凸轮零件</td><td>零件图号</td><td>图 9-11</td><td colspan="3">工序名称</td><td colspan="3">孔加工</td></tr>
<tr><td>零件材料</td><td>45 钢</td><td>材料硬度</td><td></td><td>使用设备</td><td colspan="5"></td></tr>
<tr><td>使用夹具</td><td>压板</td><td>装夹方式</td><td colspan="7">压板装夹</td></tr>
<tr><td>程序号</td><td>O0091</td><td>日期</td><td colspan="3"></td><td colspan="2">工艺员</td><td colspan="2"></td></tr>
<tr><td colspan="10">工步描述</td></tr>
<tr><td>工步编号</td><td>工步内容</td><td>刀具号</td><td>刀长补偿号</td><td>刀具规格</td><td>主轴转速/(r·min^{-1})</td><td>进给速度/(mm·min^{-1})</td><td>背吃刀量/mm</td><td>加工余量/mm</td><td>备注</td></tr>
<tr><td>1</td><td>钻 2 个中心孔</td><td>T01</td><td>H01</td><td>A2 中心钻</td><td>800</td><td>80</td><td></td><td></td><td></td></tr>
<tr><td>2</td><td>钻 $\phi12^{+0.018}_{0}$ mm 通孔</td><td>T02</td><td>H02</td><td>$\phi11.6$</td><td>400</td><td>50</td><td></td><td></td><td></td></tr>
<tr><td>3</td><td>钻 $\phi20^{+0.021}_{0}$ mm 通孔</td><td>T03</td><td>H03</td><td>$\phi19.6$</td><td>400</td><td>50</td><td></td><td></td><td></td></tr>
<tr><td>4</td><td>铰 $\phi12^{+0.018}_{0}$ mm 通孔</td><td>T04</td><td>H04</td><td>$\phi12$</td><td>150</td><td>320</td><td>0.2</td><td></td><td></td></tr>
<tr><td>5</td><td>铰 $\phi20^{+0.021}_{0}$ mm 通孔</td><td>T05</td><td>H05</td><td>$\phi20$</td><td>150</td><td>30</td><td>0.2</td><td></td><td></td></tr>
</table>

学习笔记

三、编程加工

平面槽形凸轮零件数控加工程序单见表 9-11。

表 9-11 平面槽形凸轮零件数控加工程序单

<table>
<tr><td>零件名称</td><td>平面槽形凸轮零件</td><td>零件图号</td><td>图 9-11</td><td>工序卡编号</td><td>表 9-10</td><td>编程员</td><td></td></tr>
<tr><td>程序段号</td><td colspan="3">指令码</td><td colspan="4">备注</td></tr>
<tr><td>主程序</td><td colspan="7">O0931</td></tr>
<tr><td>N10</td><td colspan="3">G90 G94 G40 G17 G54;</td><td colspan="4">初始化程序</td></tr>
<tr><td>N20</td><td colspan="3">G91 G28 Z0;</td><td colspan="4">刀具 Z 轴方向回参考点</td></tr>
<tr><td>N30</td><td colspan="3">T01;</td><td colspan="4">换 1 号中心钻</td></tr>
<tr><td>N40</td><td colspan="3">G90 G00 X0 Y17. 5;</td><td colspan="4">刀具快速定位</td></tr>
<tr><td>N50</td><td colspan="3">G43 H01 Z50;</td><td colspan="4">设定刀具长度偏置</td></tr>
<tr><td>N60</td><td colspan="3">M03 S800 M08;</td><td colspan="4">主轴正转、切削液开</td></tr>
<tr><td>N70</td><td colspan="3">G98 G81 X0 Y17. 5 Z-5 R5 F80;</td><td colspan="4" rowspan="2">采用 G81 固定循环，钻定位中心孔</td></tr>
<tr><td>N80</td><td colspan="3">Y-17. 5;</td></tr>
<tr><td>N90</td><td colspan="3">G80;</td><td colspan="4">取消固定循环</td></tr>
<tr><td>N100</td><td colspan="3">G91 G28 Z0 M09;</td><td colspan="4">回 Z 轴方向参考的</td></tr>
<tr><td>N110</td><td colspan="3">M05;</td><td colspan="4">主轴停转</td></tr>
<tr><td>N120</td><td colspan="3">M30;</td><td colspan="4">程序结束</td></tr>
<tr><td>主程序</td><td colspan="7">O0932</td></tr>
<tr><td>N10</td><td colspan="3">G90 G94 G40 G17 G54;</td><td colspan="4">初始化程序</td></tr>
<tr><td>N20</td><td colspan="3">G91 G28 Z0;</td><td colspan="4">刀具 Z 轴方向回参考点</td></tr>
<tr><td>N30</td><td colspan="3">T02;</td><td colspan="4"></td></tr>
<tr><td>N40</td><td colspan="3">G90 G00 X0 Y17. 5;</td><td colspan="4">刀具快速定位</td></tr>
<tr><td>N50</td><td colspan="3">G43 H02 Z50;</td><td colspan="4">设定刀具长度偏置</td></tr>
<tr><td>N60</td><td colspan="3">M03 S400 M08;</td><td colspan="4">主轴正转、切削液开</td></tr>
<tr><td>N70</td><td colspan="3">G98 G73 X0 Y17. 5 Z-36 R-5 Q10 F50;</td><td colspan="4">采用 G73 固定循环，钻 $12^{+0.018}_{0}$ mm 孔</td></tr>
<tr><td>N80</td><td colspan="3">G80;</td><td colspan="4">取消固定循环</td></tr>
<tr><td>N90</td><td colspan="3">G91 G28 Z0 M09;</td><td colspan="4">回 Z 轴方向参考的</td></tr>
<tr><td>N100</td><td colspan="3">M05;</td><td colspan="4">主轴停转</td></tr>
<tr><td>N110</td><td colspan="3">M30;</td><td colspan="4">程序结束</td></tr>
<tr><td>主程序</td><td colspan="7">O0933</td></tr>
<tr><td>N10</td><td colspan="3">G90 G94 G40 G17 G54;</td><td colspan="4">初始化程序</td></tr>
<tr><td>N20</td><td colspan="3">G91 G28 Z0;</td><td colspan="4">刀具 Z 轴方向回参考点</td></tr>
</table>

续表

程序段号	指令码	备注
N30	T03;	
N40	G90 G00 X0 Y-17.5;	刀具快速定位
N50	G43 H03 Z50;	设定刀具长度偏置
N60	M03 S400 M08;	主轴正转、切削液开
N70	G98 G73 X0 Y-17.5 Z-36 R-5 Q10 F50;	采用 G73 固定循环，钻 $\phi20^{+0.021}_{0}$ mm 孔
N80	G80;	取消固定循环
N90	G91 G28 Z0 M09;	回 Z 轴方向参考的
N100	M05;	主轴停转
N110	M30;	程序结束
主程序	O0934	
N10	G90 G94 G40 G17 G54;	初始化程序
N20	G91 G28 Z0;	刀具 Z 轴方向回参考点
N30	T04;	
N40	G90 G00 X0 Y17.5;	刀具快速定位
N50	G43 H04 Z50;	设定刀具长度偏置
N60	M03 S150 M08;	主轴正转、切削液开
N70	G98 G85 X0 Y17.5 Z-36 R5 F320;	采用 G85 固定循环，铰 $\phi12^{+0.018}_{0}$ mm 孔
N80	G80;	取消固定循环
N90	G91 G28 Z0 M09;	回 Z 轴方向参考的
N100	M05;	主轴停转
N110	M30;	程序结束
	O0935	
N10	G90 G94 G40 G17 G54;	初始化程序
N20	G91 G28 Z0;	刀具 Z 轴方向回参考点
N30	T05;	
N40	G90 G00 X0 Y-17.5;	刀具快速定位
N50	G43 H05 Z50;	设定刀具长度偏置
N60	M03 S150 M08;	主轴正转、切削液开
N70	G98 G85 X0 Y-17.5 Z-36 R5 F30;	采用 G85 固定循环，铰 $\phi20^{+0.021}_{0}$ mm 孔
N80	G80;	取消固定循环
N90	G91 G28 Z0 M09;	回 Z 轴方向参考的
N100	M05;	主轴停转
N110	M30;	程序结束

四、零件加工

（1）开机，回参考点。

（2）调整机用虎钳钳口方向与机床 X 轴平行，控制误差在±0.01 mm 内，并固定机用虎钳。

（3）正确安装毛坯和刀具。

（4）对刀，设置工件坐标系 G54 原点和刀具长度补偿参数 H01、H02。

（5）输入程序。

（6）模拟加工。

（7）自动加工（单段运行）。

（8）检测零件。

相关知识

1. 铰孔

用铰刀从工件孔壁上切除微量金属，以提高孔的尺寸精度和减小粗精度值的加工方法，称为铰孔。铰孔是对未淬硬孔进行精加工的一种方法，它是在扩孔或半精键孔后进行的一种精加工。

2. 铰孔的工艺特点

（1）铰孔的质量主要取决于铰刀的结构和精度、加工余量、切削用量和切削液。铰孔作为孔的精加工方法之一，铰孔前应安排用麻花钻钻孔等粗加工工序（钻孔前还需用中心钻钻中心孔定心）。

（2）铰削余量不能太大也不能太小，余量太大铰削困难；余量太小，前道工序加工痕迹无法消除。一般粗铰余量为 0.15～0.3 mm，精铰余量为 0.04～0.15 mm。若铰孔前采用钻孔、扩孔等工序，则铰削余量主要由所选择的钻头直径确定。

3. 铰孔的应用

铰孔的加工公差等级可高达 IT6～IT7，表面粗糙度值 Ra0.4～0.8 μm，铰孔主要用于中批、大批、大量生产不宜拉削的孔，也适用于精度高的小孔的精加工。圆柱孔、圆锥孔、通孔和不通孔都可用铰刀铰孔。

4. 铰削步骤

直径在 100 mm 以下的孔可以采用铰孔，孔径大于 100 mm 时，多用精镗代替铰孔。在镗床上铰孔时，孔的加工顺序一般为钻（或扩）孔→镗孔→铰孔。对于直径小于 12 mm 的孔，由于孔小，镗孔非常困难，一般先用中心钻定位，然后钻孔、扩孔，最后铰孔，这样才能保证孔的直线度和同轴度。

5. G85 铰、镗孔循环

使用该指令铰孔时，刀具以切削进给方式加工到达孔底后，以切削速度回退 R 点平面，指令动作及步骤如图 9-12 所示。

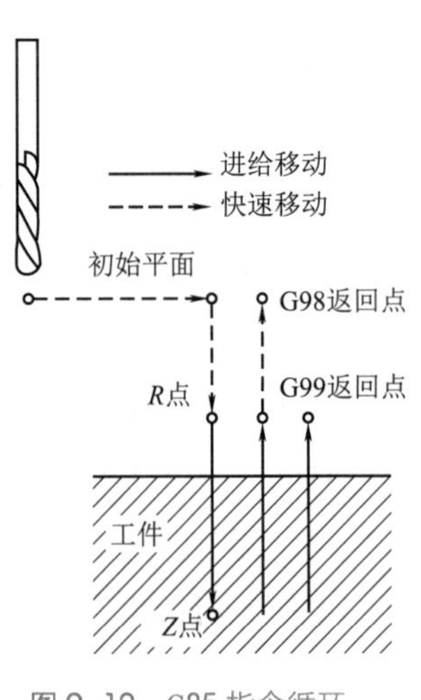

图 9-12　G85 指令循环

学习笔记

（1）指令格式：$\begin{cases}G98\\G99\end{cases}$ G85 X_ Y_ Z_ R_ F_ K_ ；

（2）指令说明：

式中　X_ Y_ ——孔位置；

Z_ ——最后铰削深度；

R_ ——安全位置；

F_ ——切削进给速度；

K_ ——重复次数；

注：此循环孔底主轴不停适用于铰孔、镗孔，整个加工过程都是以工进速度进刀、退刀，直至 Z 轴到达 R 平面，再执行快速移动。

6. 铰孔过程中出现问题及产生的原因

铰孔问题及原因见表 9-12。

表 9-12　铰孔问题及原因

项目	出现的问题	产生的原因
铰孔	孔径扩大	铰孔中心与底孔中心不一致
		进给量或铰削余量过大
		切削速度太高，铰刀热膨胀
		切削液选用不当或没加切削液
	孔径缩小	铰刀磨损或铰刀已钝
		铰铸铁时以煤油做切削液
	孔呈多边形	铰削余量太大，铰刀振动
		铰孔前钻孔不圆
	面粗糙度质量差	铰削余量太大或太小
		铰刀切削刃不锋利
		切削液选用不当或没加切削液
		切削速度过大，产生积屑瘤
		孔加工固定循环选择不合理，进退刀方式不合理
		容屑槽内切屑堵塞

知识拓展

在生产实践中，通常根据刀具、工件材料、孔径、加工精度来确定铰削、镗削用量。高速钢铰刀铰削用量推荐值见表 9-13。

表 9-13　高速钢铰刀铰削用量推荐值

铰刀直径 d/mm	f/（mm · r^{-1}）					
	低碳钢 120~200 HB	低合金钢 200~300 HB	高合金钢 300~400 HB	软铸铁 130 HB	中硬度铸铁 175 HB	硬铸铁 230 HB
6	0. 13	0. 10	0. 10	0. 15	0. 15	0. 15
9	0. 18	0. 18	0. 15	0. 20	0. 20	0. 20
12	0. 20	0. 20	0. 18	0. 25	0. 25	0. 25
15	0. 25	0. 25	0. 20	0. 30	0. 30	0. 30
19	0. 30	0. 30	0. 25	0. 38	0. 38	0. 36
22	0. 33	0. 33	0. 25	0. 43	0. 43	0. 41
25	0. 51	0. 38	0. 30	0. 51	0. 51	00. 41

钻研精神

学习中国兵器工业集团首席技师戎鹏强，看看炮管的深孔加工。

火炮炮管的制造属于深孔加工工业，是在强度超高的合金钢上打孔，这道特殊的工艺也被称作深管镗孔，在所有的加工技术当中属于较难掌握的工艺之一，所以，要想给“钢中之王”打孔，可不是谁都能做到的，这样的加工要求丝毫不差。

38 年来，中国兵器工业集团首席技师戎鹏强通过在生产一线的摸索实践，勤学苦练、攻坚破难，总结提炼的“摸、听、看、量”四字诀，成就了以“手”当“眼”的绝活。戎鹏强自我创新的超长小口径管体深孔钻镗操作法，公差小于 0. 01 毫米，相当于一根头发丝的十分之一，大大提高火炮直线发射精度。

2012 年，戎鹏强接到一项艰巨任务，为一根 8 米长的钢管打一个孔径只有 28 毫米的孔，该产品的长径比达到了惊人的 300 倍。加工难度极大，精度要求极高，国内由于技术封锁，国外根本不卖给中国。一台机床一个人，戎鹏强一研究就是一天，几十种钻头、五六种型号的刀杆，一次次试验，一毫米一毫米地向前推进。一年半后，戎鹏强终于攻克 8 米难关这一国家级难题，成为中国小口径管体加工技术第一人。

2014 年，以他名字命名的“戎鹏强超长径比小口径管体深孔加工方法”在中国兵器工业集团技能大赛中荣获“特色操作法”殊荣，并在实际工作中得到应用与推广。

课后习题

一、填空题

1. 调用钻孔循环前，应使用指令（　　）使主轴正转。
2. 钻孔前需用（　　）钻中心孔，以便于麻花钻定心。
3. 钻孔循环 G83 X_ Y_ Z_ R_ F_；中，X_ Y_ 表示（　　），Z_ 表示（　　），R_ 表示（　　）。
4. 高速钻孔循环 G73 X_ Y_ Z_ Q_ F_；中，R_ 表示（　　），Q_ 表示（　　）。
5. 铰孔尺寸公差等级可以达，表面粗糙度值最小可达（　　）。
6. G98 表示返回（　　），G99 表示返回（　　）。

二、选择题

1. 在 FANUC 系统中，G74 指令是（　　）循环指令。
A. 深钻孔　B. 攻左螺纹　C. 攻右螺纹　D. 镗孔
2. 起始点是为了安全下刀而规定的点，使用（　　）功能时，刀具返回该点。
A. G98　B. G99　C. G97　D. G96
3. 固定循环指令中，P 用来指定暂停时间，P0.5 表示（　　）。
A. 暂停时间 0.5 s　B. 暂停时间 500 ms
C. 暂停时间 0.5 ms　D. 格式错误
4. 采用固定循环编程，可以（　　）。
A. 加快切削速度，提高加工质量　B. 缩短程序长度，减少程序所占内存
C. 减少换刀次数，提高切削速度　D. 减少吃刀深度，保证加工质量
5. 设 H01=6 mm，则 G91 G43 G01 Z-15.0；执行后的实际移动量为（　）。
A. 9 mm　B. 21 mm　C. 15 mm　D. -15 mm
6. 孔径较大的套一般采用（　　）加工方法。
A. 钻、铰　B. 钻、半精堂、精堂
C. 钻、扩、铰　D. 钻、精堂
7. 铰直径 10 mm 孔时，钻底孔留铰削余量为（　　）。
A. 0.05　B. 0.2　C. 0.5
8. 麻花钻、中心钻是孔加工中的（　　）刀具
A. 通用　B. 专用　C. 组合
9. 小孔钻削加工时，应采用（　　）的转速，小的进给量。
A. 较低　B. 正常　C. 较高

三、简答题

1. 孔加工固定循环六个基本顺序动作?
2. 铰孔时孔径变大的问题及原因?

四、编程练习题

编程练习题见图 9-13 和图 9-14。

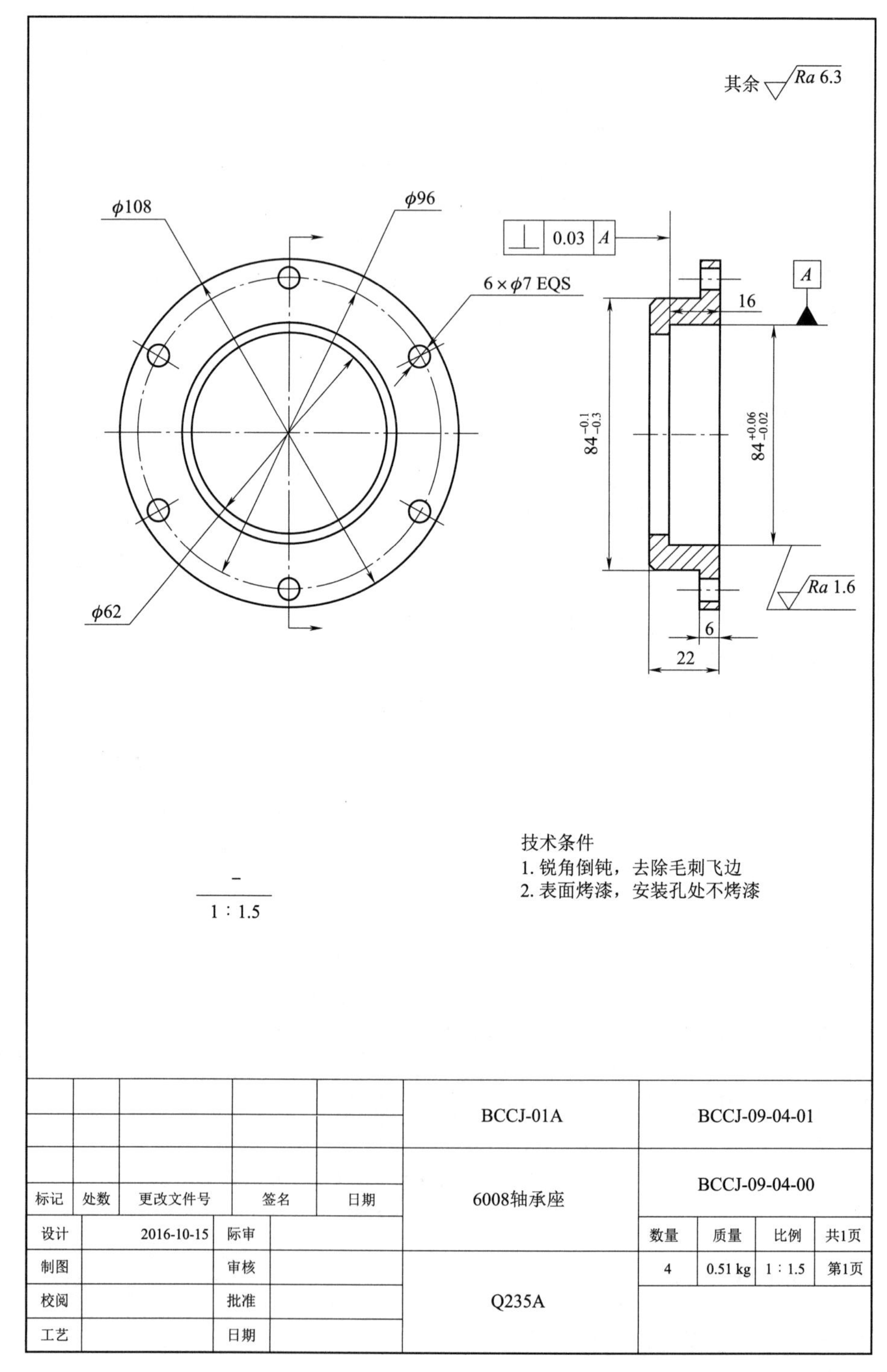

图 9-13　轴承座零件

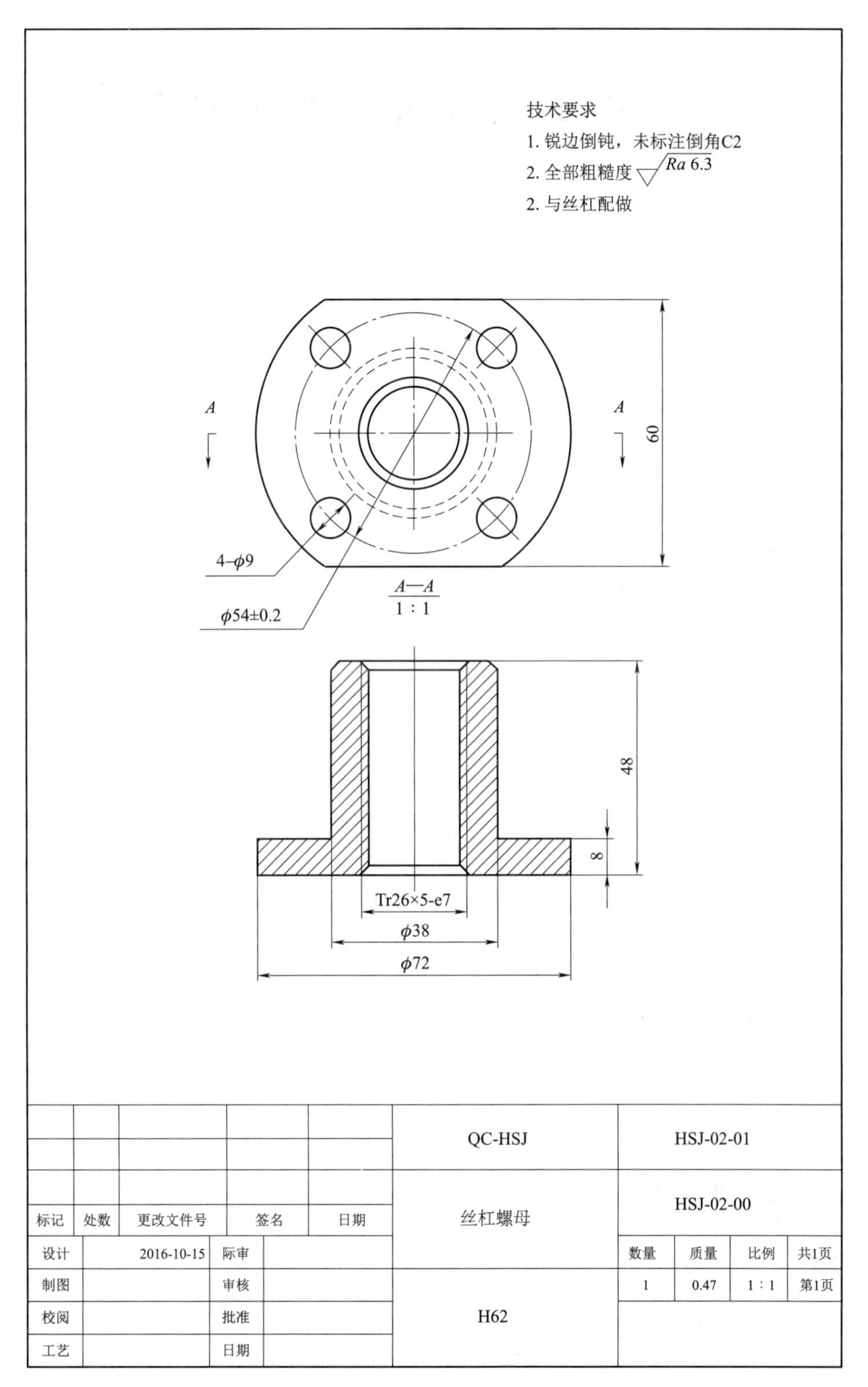
技术要求
1. 锐边倒钝，未标注倒角C2
2. 全部粗糙度 Ra 6.3
2. 与丝杠配做
A
A
60
4-φ9
φ54±0.2
A—A
1 : 1
48
8
Tr26×5-e7
φ38
φ72
QC-HSJ
HSJ-02-01
丝杠螺母
HSJ-02-00
标记
处数
更改文件号
签名
日期
设计
2016-10-15
际审
制图
审核
校阅
批准
工艺
日期
数量
质量
比例
共1页
1
0.47
1 : 1
第1页
H62

图 9-14　丝杠螺母零件

项目 10　多个相似轮廓的编程与加工

项目描述

生产制造中，当工件几何要素中出现多个相似轮廓时，通常采用重复加工单一轮廓方法来进行工艺实施，从而简化程序段落并保证工件几何要素一致性。

学习目标

（1）掌握子程序编程的调用关系与增量方式定制子程序应用技巧。
（2）掌握坐标系旋转应用技巧。
（3）掌握镜像编程应用技巧。

任务 10.1　子程序编程与仿真加工

任务目标

知识目标

（1）掌握数控系统 M98/M99 指令的编程格式与应用。
（2）掌握型腔类零件手工编程方法。

技能目标

（1）能按零件图样要求编程。
（2）能利用仿真软件进行加工仿真。

素质目标

（1）培养学生钻研精神。
（2）培养学生创新精神，质量意识。

学习笔记

任务实施

一、加工任务

如图 10-1 所示，工件毛坯为 400×200 mm 的板类零件，材料为 45#钢，硬度为 200~250HBS，取零件中心为编程零点，用子程序用中心轨迹编程。

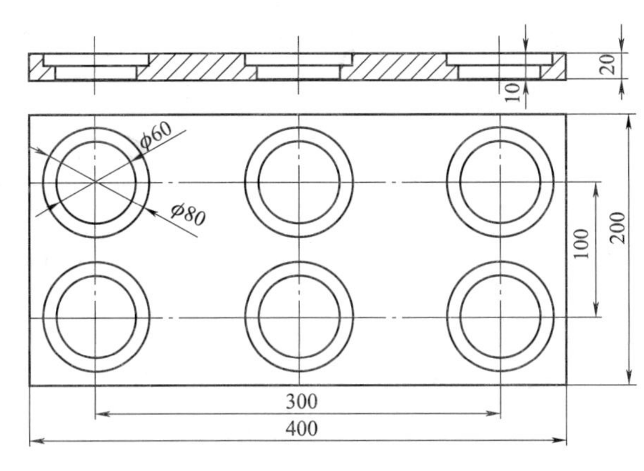

图 10-1　零件图

子程序仿真加工

二、任务分析

1. 零件图分析

如图 10-1 所示，此零件图纸尺寸齐全，分析图样可知：板类零件有 6 个相似型腔孔构成孔直径较大，加工时可以考虑利用铣削加工，并采用子程序编程特点进行程序设计。

2. 选择加工设备

平面腔体零件的数控铣削加工，一般采用 2 轴以上联动的数控铣床，因此，首先考虑零件的外形尺寸和重量，使其在铣削的允许范围内；其次，考虑数控铣床的加工精度是否能满足腔体零件设计要求；最后，此零件对 6 个相似型腔位置要求较高，根据以上所述可确定使用 2 轴以上联动的数控加工中心。

3. 确定装夹方案

根据零件特点，采用平口钳装夹，下垫垫铁。

4. 加工顺序及走刀路线

零件本工序加工任务为铣削 ϕ60 mm 孔，一次铣削成形，不再精铣。

5. 刀具及切削参数的确定

根据零件结构特点，铣削内孔轮廓时，铣刀选择要考虑到孔径限制，也要考虑到下刀时是否有预钻孔，同时考虑 45#钢属于一般材料，加工性能较好，可以选择 ϕ12 mm 高速钢立铣刀进行加工。

三、编程加工

1. 编制加工程序

加工图 10-1 所示工件，取零件中心为编程零点，选用 ϕ12 键槽铣刀加工。主程序、子程序用中心轨迹编程见表 10-1、表 10-2。

表 10-1 主程序编程

零件名称	平面腔体零件	零件图号	图 10-1	工序卡编号		编程员	
程序				说明			
O1000				加工程序名			
G54 G90 G0 G17 G40;				设定工件坐标系，初始化程序			
M03 S2000;				主轴正转			
Z50.0				起始平面			
X-150.0 Y-50.0;				定位加工下刀点 1			
Z5.0;				起刀点			
M98 P0010;				调用子程序			
G0 X-150.0 Y50.0;				定位加工下刀点 2			
M98 P0010;				调用子程序			
G0 X0.0 Y50.0;				定位加工下刀点 3			
M98 P0010;				调用子程序			
G0 X0.0 Y-50.0;				定位加工下刀点 4			
M98 P0010;				调用子程序			
G0 X-150.0 Y-5.0;				定位加工下刀点 5			
M98 P0010;				调用子程序			
G0 X-150.0 Y50.0;				定位加工下刀点 6			
M98 P0010;				调用子程序			
G0 Z100;				安全平面			
M30;				程序结束并程序开头			
%							

表 10-2 子程序编程

零件名称	平面腔体零件	零件图号	图 10-1	工序卡编号		编程员	
程序				说明			
O0010				加工程序名			
G91 G0 X24.0;				增量方式移动			
G1 Z-27.0 F60;				直线插补下刀			
G3 I-24.0 F200;				逆时针圆弧插补			

续表

程序	说明
G0 Z12.0；	抬刀
G1 X10.0；	移动到下刀点
G3 I-34.0；	逆时针圆弧插补
G0 Z15.0；	抬刀
M99	返回主程序
%	

2. 零件的仿真加工

（1）进入数控铣仿真软件。

（2）选择机床，机床各轴回参考点。

（3）安装工件，安装刀具并对刀。

（4）输入程序，模拟加工，检测、调试程序。

（5）自动加工，测量工件，优化程序。

3. 零件的实操加工

（1）毛坯、刀具、工具准备。

（2）程序输入与编辑。

（3）机床锁住、空运行，利用数控系统图形仿真，进行程序校验及修整。

（4）安装刀具，对刀操作，建立工件坐标系。

（5）启动程序，自动运行。为了安全，可选择单段运行功能执行程序加工。

（6）停机后，按图纸要求检测工件，对工件进行误差与质量分析。

相关知识

一、子程序调用

在一个加工程序中，若有几个完全相同的部分程序（一个零件中有几处形状相同或刀具运动轨迹相同），为了缩短程序，可以把这个部分程序单独抽出，编成子程序在存储器中储存，以简化编程。

1. 子程序调用

调用子程序的指令是：

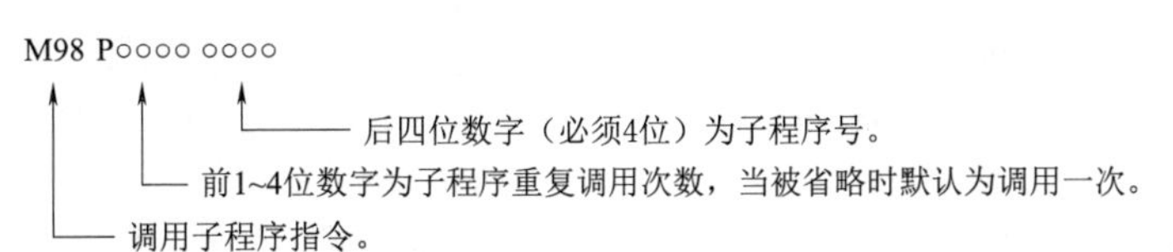

例如：M98 P61020——调用 1020 号子程序，重复调用 6 次（执行 6 次）。

M98 P1020——调用 1020 号子程序，调用 1 次（执行 1 次）。

M98 P5001020——调用 1020 号子程序，重复调用 500 次（执行 500 次）。

调用指令可以重复地调用子程序最多 999 次，为与自动编程系统兼容，在第 1 个程序段中，N0000 可以用来替代地址 O 或：子程序号，即以第 1 个程序段 N 的顺序号作为子程序号。

主程序调用子程序的执行顺序如图 10-2 所示。

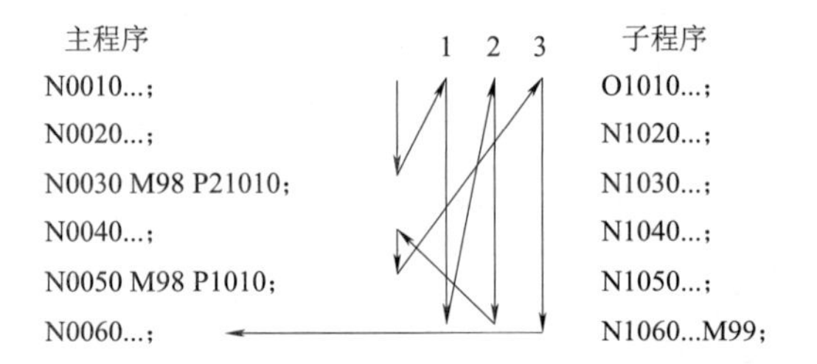

图 10-2　主程序调用子程序的执行顺序

子程序可以由主程序调用，被调用的子程序也可以调用另一个子程序，称为子程序嵌套。被主程序调用的子程序被称为一级子程序，被一级子程序调用的子程序称为二级子程序，以此类推，子程序调用，可以嵌套四级，如图 10-3 所示。

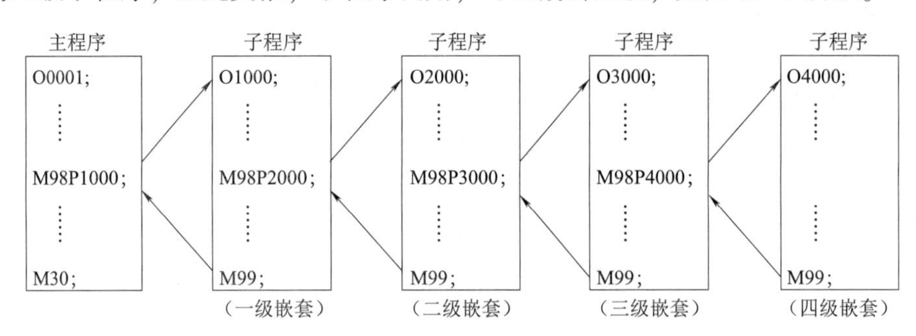

图 10-3　子程序嵌套

2. 子程序特殊用法

（1）指定主程序中的顺序号作为返回的目标。

当子程序结束时使用程序指令“M98 P0000”，即用地址 P 指定一个顺序号，则系统控制不返回到主程序调用程序号段之后的程序段，而返回到主程序中由 P 指定顺序号的程序段，如图 10-4 所示。但是如果主程序运行于存储器方式以外的方式时，P 被忽略。用此方法返回到主程序的时间比正常返回要长。

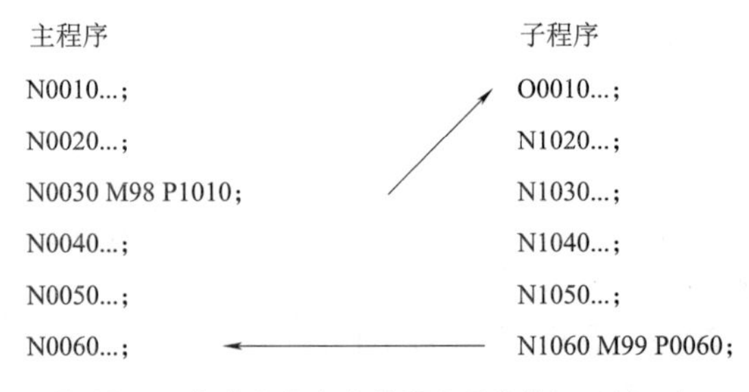

图 10-4　指定主程序中的顺序号作为返回的目标

学习笔记

（2）主程序中使用 M99。

如果在主程序中执行 M99，则执行顺序返回到主程序的开头或指定的程序号。

如图 10-5 所示，在主程序的适当位置插入“/M99;”程序段，在执行主程序时，面板上跳过任选程序段开关为断开（OFF）状态，则执行 M99，返回到主程序的开头，从主程序的开头重复执行。如果此时指令是“/M99Pn;”，则不返回到主程序的开始，而回到顺序号 n 所处在的程序段，这种情况下返回到顺序号 n 需要较长的时间。

如果跳过任选程序段开关接通（ON）状态时，则跳过“/M99;”程序段（不执行 M99），而执行下个程序段。

图 10-5 主程序中使用 M99

（3）只使用子程序。

调试子程序时，应能够单独运行子程序，用 MDI 检索到子程序的开头，就可以单独执行子程序。此时如果执行包含 M99 的程序段，则返回到子程序的开始重复执行；如果执行包含 M99 Pn 的程序段，则返回到在子程序中顺序号为 n 的程序段重复执行。要结束这个程序，必须插入包含“/M02”或“/M30”的程序段，并且把任选程序段开关设为断开（OFF），如图 10-6 所示。

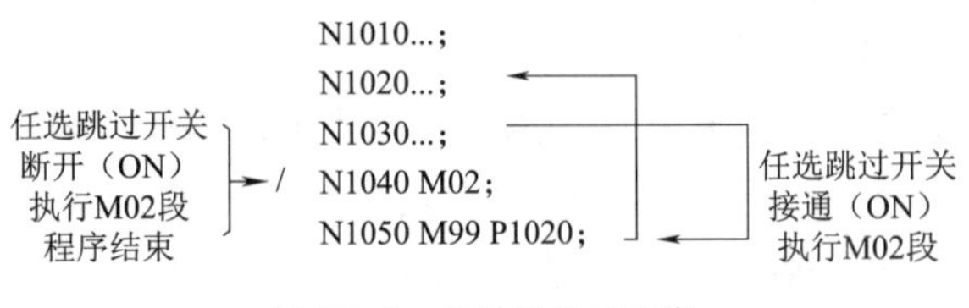

图 10-6 单独运行子程序

二、子程序的结构

子程序的结构如下：

O○○○○；

子程序号或在 ISO 情况下用冒号“：○○○○”

M99 程序结束，从子程序返回到主程序用的指令，是子程序最后一个程序段。

M99 是子程序结束指令，并使执行顺序从子程序返回到主程序中调用程序号段之后的程序段，它可以不作为独立的程序段，例如“G00 X100.0 Y100.0 M99;”。

三、变速凸轮的子程序编程

图 10-7 所示的变速凸轮上下平面已经加工完毕，外圆周面已经粗加工，尚有余量 4 mm，现在数控铣床上粗铣、精铣削凸轮外圆周的轮廓，编制数控程序。

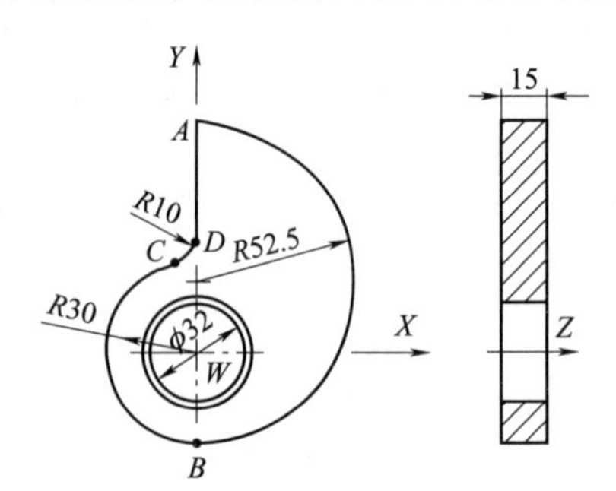

图 10-7　变速凸轮

(1) 工件坐标系原点选择。

凸轮外圆周面的设计基准在工件孔的中心，所以工件原点定在 f32 毛坯孔中心的上表面（图 10-7 的 *W* 点）。

(2) 工件装夹方法。

采用螺钉、压板夹紧。T 形螺钉穿过工件上 f32 孔，采用螺母和压板首先轻夹工件，找正工件坯料 *X*、*Y* 轴，然后把工件夹紧在工作台上。

(3) 刀具选择方法。

采用 f10 的立铣刀。

(4) 加工程序。

安全高度为 70 mm；*R* 点高度为 2 mm；经计算可以得到 *C*、*D* 点坐标：*C*（*X*-7.5，*Y*29.407）、*D*（*X*0，*Y*38.73）。

若改变刀具半径补偿值，则可实现径向多刀切削。采用 f10 mm 的刀具，主程序在两次调用同一子程序时，每次用不同的刀具半径偏置量，就可取得不同的侧吃刀量，从而完成两次切削。本例精铣余量 0.2 mm，则粗铣时，刀补号 D01 内存偏置量为：刀具半径加精铣余量，即 10/2+0.2=5.2（mm）。

把 5.2 mm 存入 D01 偏置号中。这样，运行程序时刀具中心轨迹相对编程轨迹偏移 5.2 mm，铣削后留下精铣余量 0.2 mm。

精铣时，重新设置偏移量，将 5.0 mm 存入刀补号 D01 中。刀具中心轨迹相对编程轨迹偏移量等于半径 5 mm，可以把余量 0.2 mm 切除，加工到设计尺寸。刀补值与侧吃刀量见表 10-3。

表 10-3　刀补值与侧吃刀量

刀具	补偿号	刀补值/mm	侧吃刀量 a_e/mm	Z/mm
立铣刀 f10	第 1 次 D01	5.2	3.8	0
	第 2 次 D01	5	0.2	0

（5）加工程序如下。

主程序见表 10-4。

表 10-4　主程序

加工程序	说明
O0307;	主程序号
N10G54 G17 G00 X0 Y0 Z200.0 S1000 M03;	设定工件坐标系，启动主轴
N12 G90 G00 Z70.0;	绝对值编程，快速到安全高度，
N14 G10 P01 R5.2;	输入补偿量，5.2 mm 存入 D01
N14 X-40.0 Y80.0;	在安全高度上，快速到下刀点
N16 M98 P0020;	调用子程序 O0020，执行一次（粗铣外形）
N18 G00 Z70.0;	快速到安全高度
N20 G10 P01 R5.0	输入补偿量，5.0 mm 存入 D01
N26 G00 X-40.0 Y80.0;	快速定位到下刀点
N28 M98 P0020;	调用子程序 O0020，执行一次（精铣外形）
N46 G00 Z70.0 M05;	快速到安全高度，主轴停转
N32 X0 Y0 Z200.0;	回到程序始点
N48 M02;	程序结束
加工程序	说明
O0020;	子程序号
N10 Z2.0;	快速下刀，到 *R* 点高度
N20 G01 Z-16.0 F150.0;	慢速下刀，进给速度 150 mm/min
N22 G41 X-20 Y75.0 D01 F100.0;	建立刀具左补偿
N24 X0;	直线进刀
N26 G02 X0 Y-30.0 R52.0;	切削圆弧 *AB*
N28 G02 X-7.5 Y29.047 R30.0;	切削圆弧 *BC*
N30 G03 X0 Y38.73 R10.0;	切削圆弧 *CD*
N32 G01Y75.0;	切削直线 *DA*
N34 G03 X-20 Y95.0 I-20 J0;	沿 1/4 圆弧轨迹退刀
N36 G40 G01 X-40 Y100;	取消刀具半径补偿
N38 Z2.0;	退到慢速下刀高度
N40 M99;	子程序结束，返回到主程序

编程技巧：本例是通过改变刀具半径补偿值，实现径向两次走刀切削。在之前的例子中通过手动输入刀具补偿量，改变刀具补偿号中的刀具半径补偿值。而本例则由程序指令 G10 的设定，改变刀具补偿号刀具半径补偿值。程序指令 G10 设定补偿值比手动设置快速、可靠。

知识拓展

一、西门子 840D 系统相关指令

1. 使用子程序

从本质上说，主程序与子程序没有区别。子程序中包含了要多次运行的工作过程或者工作步骤。

（1）子程序名称。

为了能够从众多的子程序中挑选出一个确定的子程序，则子程序必须要有名称。在编制程序时可以自由选择名称，但是必须遵守以下规定：

开始的两个字符必须是字母；

其他的可以是字母、数字或者下划线；

最多可以使用 31 个字符；

不能使用分隔符

举例：

N10 TASCHE1

另外在子程序中可以使用地址 L，其值可以是 7 位数（仅整数）。

注意：地址 L 中，数字前的零有意义，用于区别。

举例：

N10 L123

N20 L0123

N30 L00123

上面例子中为三个不同的子程序。

（2）嵌套深度。

子程序不仅可以在一个主程序中调用，而且还可以在另一个子程序中调用。

对于这样的嵌套调用，总共可以最多有 12 个程序级别可以使用；包括主程序级别。

这表明：

从一个主程序可以调用 11 个嵌套的子程序，如图 10-8 所示。

2. 子程序调用

在主程序中调用子程序时，可以使用地址 L，也可以使用子程序号，或者直接使用程序名称。

举例如图 10-9 所示。

举例如图 10-10 所示，带 R 参数传递。

一个主程序也可以作为子程序调用。主程序中设置的程序结束 M30 此时作为 M17（程序结束，返回到调用的程序）使用。

如果一个子程序需要多次连续执行，则可以在该程序段中在地址 P 下编程重复调用的次数。

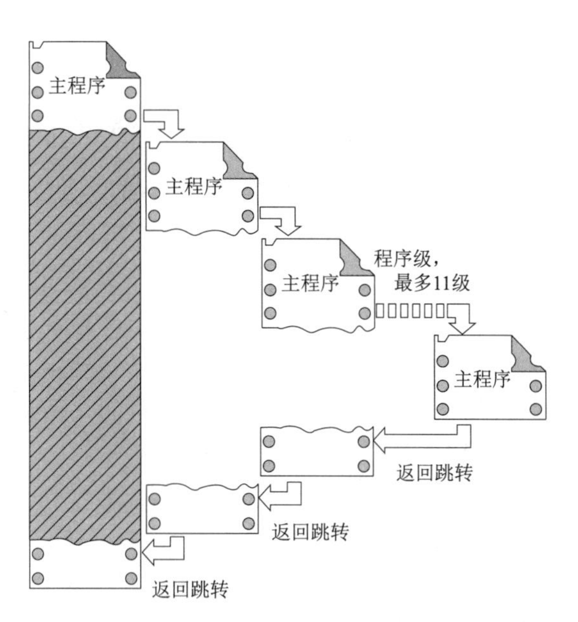

图 10-8　子程序嵌套

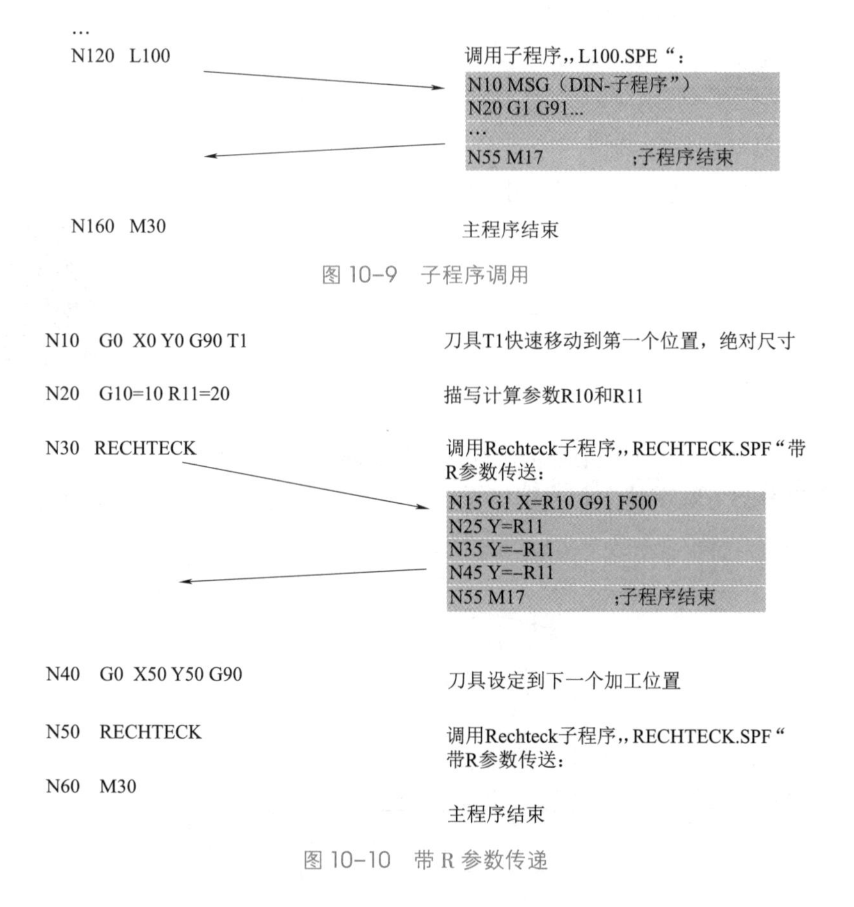

图 10-9　子程序调用

图 10-10　带 R 参数传递

举例：

N40 RAHMEN P3　该子程序 RAHMEN 应该连续执行 3 次。

学习笔记

任务 10.2　坐标系旋转编程与仿真加工

任务目标

知识目标

（1）掌握数控系统的 G68/G69 指令的编程格式与应用。

（2）掌握板类零件手工编程方法。

技能目标

（1）能按零件图样要求编程。

（2）能利用仿真软件进行加工仿真。

素质目标

（1）培养学生钻研精神。

（2）培养学生创新精神，利用坐标系旋转和子程序设计不同的零件。

任务实施

坐标系仿真加工

一、加工任务

如图 10-11 所示，工件毛坯为 100×100×20 mm 的板类零件，材料为 45#钢，硬度为 200~250 HBS，取零件中心为编程零点，用坐标系旋转轨迹进行程序编制。

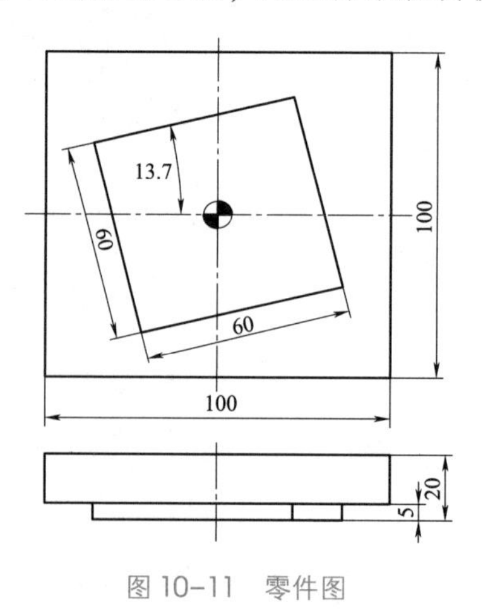

图 10-11　零件图

二、任务分析

（1）零件图分析。

如图 10-11 所示，此零件图纸尺寸齐全，分析图样可知：板类零件由外轮廓构成，加工时可以考虑利用铣削加工，并采用坐标系旋转编程特点进行程序设计。

（2）选择加工设备。

板类零件的数控铣削加工，一般采用 2 轴以上联动的数控铣床，因此，首先考虑零件的外形尺寸和重量，使其按在铣削的允许范围内；其次，考虑数控铣床的加工精度是否能满足零件设计要求；根据以上所述可确定使用 2 轴以上联动的数控加工中心。

（3）确定装夹方案。

根据零件特点，采用平口钳装夹，下垫垫铁。

（4）加工顺序及走刀路线。

本任务为铣削外轮廓凸台，一次铣削成形，不再精铣。

（5）刀具及切削参数的确定。

根据零件结构特点，铣削孔轮廓时，铣刀选择要考虑 45#钢属于一般材料，加工性能较好，可以选择 ϕ12 mm 高速钢立铣刀进行加工。

三、编程加工

1. 编制加工程序

加工图 10-11 所示零件，取零件中心为编程零点，选用 ϕ12 键槽铣刀加工。坐标系旋转轨迹程序单见表 10-5。

表 10-5　坐标系旋转轨迹程序单

<table>
<tr><td>零件名称</td><td>坐标系旋转轨迹</td><td>零件图号</td><td>图 10-11</td><td>工序卡编号</td><td></td><td>编程员</td><td></td></tr>
<tr><td colspan="4">程序</td><td colspan="4">说明</td></tr>
<tr><td colspan="4">O1006;</td><td colspan="4">加工程序名</td></tr>
<tr><td colspan="4">G90 G54 G00 X0Y0 Z100.0;</td><td colspan="4">设定工件坐标系，绝对值编程</td></tr>
<tr><td colspan="4">M03 S1000;</td><td colspan="4">主轴正转</td></tr>
<tr><td colspan="4">G00 X-60.0 Y-60.0;</td><td colspan="4" rowspan="2">起刀点</td></tr>
<tr><td colspan="4">Z5.0;</td></tr>
<tr><td colspan="4">G01 Z-5.0 F50;</td><td colspan="4"></td></tr>
<tr><td colspan="4">G68 X0 Y0 R13.7;</td><td colspan="4">坐标系旋转</td></tr>
<tr><td colspan="4">G41 G01 X-30.0 Y-60.0 F100 D01;</td><td colspan="4">刀具半径补偿</td></tr>
</table>

续表

程序	说明
Y30. 0;	加工 60×60 mm 轮廓
X30. 0;	
Y-30. 0;	
X-60. 0;	
G40 G01 Y-60. 0;	取消刀具半径补偿
G69;	取消旋转
G00 Z100. 0;	安全平面
M30;	程序结束并返回程序头
%	

学生可以试做旋转 180°和 360°形成的零件形状，利用所学知识创新设计不同的零件。

2. 零件的仿真加工

（1）进入数控铣仿真软件。

（2）选择机床，机床各轴回参考点。

（3）安装工件，安装刀具并对刀。

（4）输入程序，模拟加工，检测、调试程序。

（5）自动加工，测量工件，优化程序。

3. 零件的实操加工

（1）毛坯、刀具、工具准备。

（2）程序输入与编辑。

（3）机床锁住、空运行，利用数控系统图形仿真，进行程序校验及修整。

（4）安装刀具，对刀操作，建立工件坐标系。

（5）启动程序，自动运行。为了安全，可选择单段运行功能执行程序加工。

（6）停机后，按图纸要求检测工件，对工件进行误差与质量分析。

相关知识

坐标系旋转

格式：G17 G68 X_ Y_ P_

或 G18 G68 X_ Z_ P_

或 G19 G68 Y_ Z_ P_

M98 P_

G69

说明：G68：建立旋转；

G69：取消旋转；

X、Y、Z：旋转中心的坐标值；

P：旋转角度，单位为（°），0°≤P≤360°。

在有刀具补偿的情况下，先旋转后刀补（刀具半径补偿、长度补偿）；在有缩放功能的情况下，先缩放后旋转。

G68、G69 为模态指令，可相互注销，G69 为缺省值。

例：使用旋转功能编制图 10-12 所示轮廓的加工程序：设刀具起点距工件上表面 50 mm，切削深度 5 mm，编程见表 10-6。

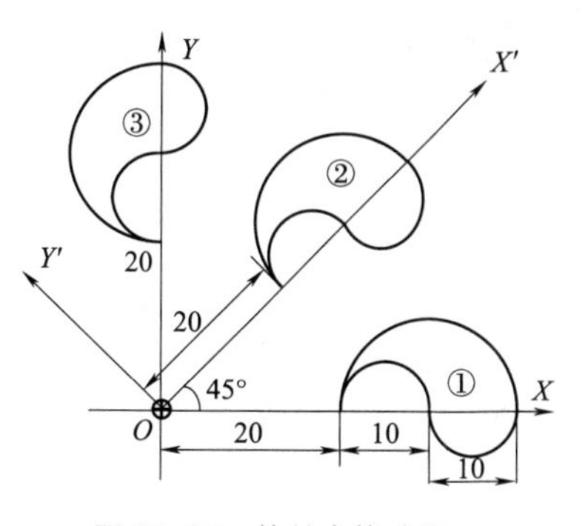

图 10-12　旋转变换功能

表 10-6　程序单

程序	说明
O0068;	主程序
N10 G92 X0.0 Y0.0 Z50.0;	
N15 G90 G17 M03 S600;	
N20 G43 Z-5 H02;	
N25 M98 P200;	加工①;
N30 G68 X0.0 Y0.0 P45;	旋转 45°;
N40 M98 P200;	加工②;
N60 G68 X0.0 Y0.0 P90;	旋转 90°;
N70 M98 P200;	加工③;
N80 G49 Z50.0;	
N90 G69 M05 M30;	取消旋转;
O0200;%200	子程序（①的加工程序）
N100 G41 G01 X20 Y-5 D02 F300	
N105 Y0;	
N110 G02 X40 I10;	
N120 X30 I-5;	
N130 G03 X20 I-5;	
N140 G00 Y-6;	
N145 G40 X0 Y0;	
N150 M99;	

学习笔记

知识拓展

镜　　像

一、加工任务

如图 10-13 所示，工件毛坯为ϕ65×20 mm 的型腔零件，加工深度为 5 mm，材料为 45#钢，硬度为 200~250 HBS，取零件中心为编程零点，用镜像轨迹进行程序编制。

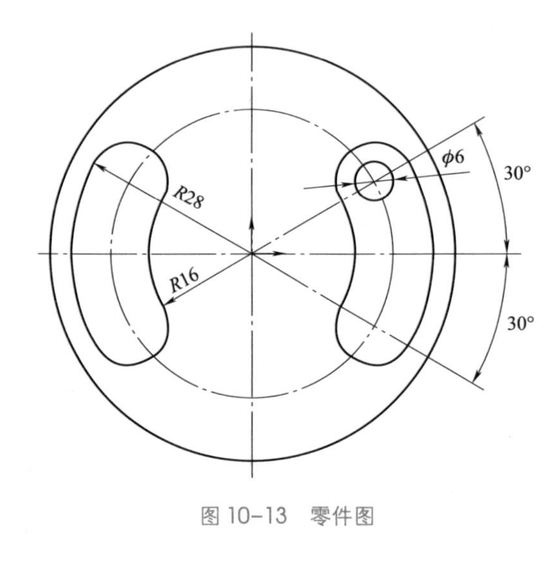

图 10-13　零件图

镜像仿真加工

二、任务分析

(1) 零件图分析。

如图 10-13 所示，此零件图纸尺寸齐全，分析图样可知：型腔零件由内轮廓构成，加工时可以考虑利用铣削加工，并采用镜像编程特点进行程序设计。

(2) 选择加工设备。

型腔零件的数控铣削加工，一般采用 2 轴以上联动的数控铣床，因此，首先考虑零件的外形尺寸和重量，使其按在铣削的允许范围内；其次，考虑数控铣床的加工精度是否能满足零件设计要求；根据以上所述可确定使用 2 轴以上联动的数控加工中心。

(3) 确定装夹方案。

根据零件特点，采用三爪自定心卡盘装夹，下垫垫铁。

(4) 加工顺序及走刀路线。

零件本工序加工任务为铣削型腔轮廓，一次铣削成形，不再精铣。

(5) 刀具及切削参数的确定。

根据零件结构特点，铣削内孔轮廓时，考虑腰槽宽度选择，铣刀选择要考虑

45#钢属于一般材料，加工性能较好，可以选择 $\phi6$ mm 高速钢立铣刀进行加工。

三、编程加工

1. 编制加工程序

加工图 10-13 所示零件，取零件中心为编程零点，选用 $\phi6$ 键槽铣刀加工。镜像轨迹编程见表 10-7、表 10-8。

表 10-7　镜像轨迹编程主程序单

<table>
<tr><td>零件名称</td><td>镜像型腔</td><td>零件图号</td><td>图 10-13</td><td>工序卡编号</td><td></td><td>编程员</td><td></td></tr>
<tr><td colspan="4">程序</td><td colspan="4">说明</td></tr>
<tr><td colspan="4">O0001；</td><td colspan="4">程序名</td></tr>
<tr><td colspan="4">G54 G90 G00 X0. 0 Y0. 0 X Z60. 0；</td><td colspan="4">工件坐标系设定</td></tr>
<tr><td colspan="4">M03 S1200；</td><td colspan="4">主轴正转</td></tr>
<tr><td colspan="4">M98 P3002；</td><td colspan="4">调用子程序</td></tr>
<tr><td colspan="4">G51. 1 X0. 0；</td><td colspan="4">镜像 Y 轴是镜像对称轴</td></tr>
<tr><td colspan="4">M98 P3002；</td><td colspan="4">调用子程序</td></tr>
<tr><td colspan="4">G50. 1 X0. 0；</td><td colspan="4">取消 Y 轴是镜像对称轴</td></tr>
<tr><td colspan="4">G40 G00 X0. 0 Y0. 0 Z60. 0；</td><td colspan="4">安全平面</td></tr>
<tr><td colspan="4">M30；</td><td colspan="4">程序结束并返回程序头</td></tr>
<tr><td colspan="4">%</td><td colspan="4"></td></tr>
</table>

表 10-8　镜像轨迹编程子程序单

<table>
<tr><td>零件名称</td><td>镜像型腔</td><td>零件图号</td><td>图 10-13</td><td>工序卡编号</td><td></td><td>编程员</td><td></td></tr>
<tr><td colspan="4">程序</td><td colspan="4">说明</td></tr>
<tr><td colspan="4">O0002；</td><td colspan="4">程序名</td></tr>
<tr><td colspan="4">G00 X−13. 856 Y8. 0 Z5. 0 G41 D01；</td><td colspan="4">左刀补</td></tr>
<tr><td colspan="4">G01 Z−5 F200；</td><td colspan="4" rowspan="6">加工腰槽</td></tr>
<tr><td colspan="4">G03 X−24. 249 Y14. 0 R6. 0；</td></tr>
<tr><td colspan="4">G03 Y−14. 0 R28. 0；</td></tr>
<tr><td colspan="4">G03 X−13. 856 Y−8. 0 R6. 0；</td></tr>
<tr><td colspan="4">G02 Y8. 0 R16. 0；</td></tr>
<tr><td colspan="4">G01 Z5. 0；</td></tr>
<tr><td colspan="4">G40 G00 X0. 0 Y0. 0 Z60. 0；</td><td colspan="4">安全平面</td></tr>
<tr><td colspan="4">M99；</td><td colspan="4">返回主程序</td></tr>
<tr><td colspan="4">%</td><td colspan="4"></td></tr>
</table>

2. 仿真加工

素养拓展

创新精神

栗生锐是中国航发沈阳黎明航空发动机有限责任公司加工中心高级技师，高级工程师，曾获得中华技能大奖、全国技术能手、全国五一劳动奖章等荣誉称号。他也是辽宁省首个加工中心操作工全国冠军。在谈到多个相似轮廓的编程与加工时，他说无论是在平时的工作中还是在技能竞赛的时候，子程序编程、坐标系旋转编程、镜像编程都是减轻编程工作量的有效手段，这些编程方法的使用可以省出更多的时间和精力来功课技术上的瓶颈和难关。他正是用这种苦干、实干加巧干的精神，攻克了国家重点型号“太行”“昆仑”航空发动机中关键部件的研制和批产的难关。他把这种有效的工作方法应用在了第四代航空发动机、无人机关键技术的预研工作中，他不断努力探索新技术、新工艺、新方法，高质量完成零部件的研制及加工，视技术技能提升为己任，先后完成 70 余项重点产品技术攻关、500 多个件号、1 000 多道程序的工艺优化、120 余项技术革新，400 多项解决技术难题，取得 4 项国家专利授权，发表 4 篇论文，创造 50 余项绝招绝技，平均每年为单位节约成本 200 余万，为企业完成销售收入数亿元。

课后习题

1　在什么情况下适合使用子程序？

2　子程序的指令格式是什么？

3　模具型腔零件如图 10-1 所示，模板已加工成六面规方，要求在数控机床上加工 10 个形状相同的沟槽。工件材料为 P20#钢。

学习笔记

项目 11 零件的综合加工

项目描述

随着工业的不断发展，复杂的机械零件越来越多地被设计出来且应用越来越广泛。本项目在基础学习完成后，来锻炼学生学习复杂零件的综合加工。本项目具体介绍车削椭圆、圆弧、内孔、内螺纹以及内槽的综合编程与加工。铣削加工为典型的 1+X 技能鉴定零件，综合铣削圆台、内外轮廓及钻孔、铰孔等编程与加工内容。

学习目标

（1）掌握工艺螺纹的应用方法。
（2）掌握工件掉头、换面的加工方法。
（3）掌握宏程序的应用方法。

任务 11.1 零件的综合加工训练 1

任务目标

知识目标

（1）掌握宏程序的编程方法。
（2）掌握零件掉头加工方法。

技能目标

（1）能分析图样并要求编程。
（2）能利用仿真软件进行加工仿真。

素质目标

（1）培养学生钻研精神。
（2）培养学生质量意识。

任务实施

一、加工任务

如图 11-1 所示，已知椭圆手柄零件材料位 45 钢，要求毛坯为 $\phi35\times85$ mm 的棒料，要求完成零件的程序编写及零件的加工。

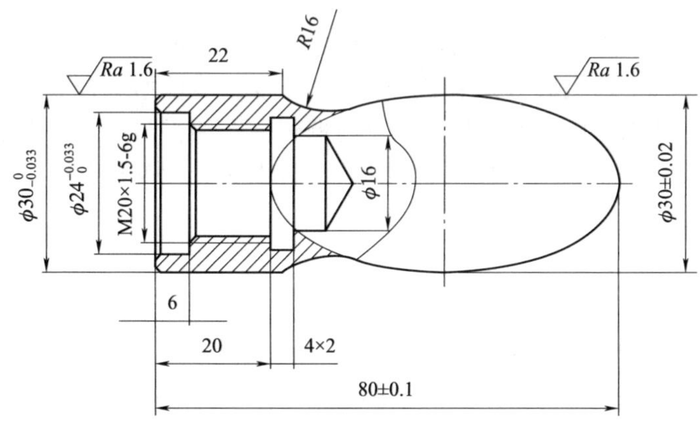

技术要求：
1.未注倒角C1
2.未注公差尺寸按IT14加工
3.不准用纱布，锉刀修饰加工面

图 11-1　椭圆手柄零件

综合训练
仿真加工

二、任务分析

1. 零件分析

（1）图样分析。

椭圆手柄零件主要由外圆、椭圆、内螺纹、内沟槽等要素构成，其中外圆、内孔面、椭圆加工精度要求较高，外圆面和椭圆面表面粗糙度值 *Ra* 要求达到 1.6 μm，内螺纹 M20×1.5-6g 保证尺寸加工精度，工件总长 80 mm。

（2）工艺分析。

1）加工方案。

工件有内外结构的加工要求，根据工件加工结构的分布特点，需要把工件的加工分为左右两次装夹加工。

左端加工，找正装夹工件伸出三抓卡盘 30 mm 位置，加工外径 $\phi30_{-0.033}^{0}$，然后钻中心孔，钻 $\phi16\times30$ mm 内孔，车内孔，车内沟槽，车螺纹。

右端加工，采用三爪卡盘装夹包铜皮 $\phi30_{-0.033}^{0}$ 外圆，以免夹上工件，装夹长度 20 mm，车削椭圆及 *R*16 圆弧。

2）准备毛坯。

毛坯为 $\phi35\times85$ mm 的 45 棒料。

3）选择刀具。

椭圆手柄数控加工刀具卡见表 11-1。

表 11-1 椭圆手柄数控加工刀具卡

零件名称	椭圆手柄		零件图号		图 11-1	工序卡编号	表 11-2	工艺员	
工步编号	刀具编号	刀具规格、名称	刀具半径补偿		加工内容				备注
			补偿号	补偿值					
1	T0101	93°外圆粗车刀			粗精加工 $\phi30_{-0.033}^{0}$、椭圆、$R16$ 外圆				
2	T0303	60°内螺纹车刀			M20×1.5-6g 螺纹				
3	T0202	刀宽 4 mm 内槽刀			4×2 mm 内槽				
4	T0505	$\phi12$ 镗孔车刀			镗孔 $\phi24_{0}^{0.033}$				
5	T0404	45°车刀			平端面				
6		A3 中心钻							
7		$\phi16$ 钻头			钻孔 $\phi16$				

4）填写工序卡。

椭圆手柄数控加工工序卡见表 11-2。

表 11-2 椭圆手柄数控加工工序卡

零件名称	椭圆手柄	零件图号	图 11-1	工序名称			
零件材料	45 钢	材料硬度		使用设备			
使用夹具	三爪夹盘	装夹方式	三爪夹盘				
程序号		日期		工艺员			
工步描述							
工步编号	工步内容	刀具号	主轴转速/($r\cdot min^{-1}$)	进给速度/($mm\cdot min^{-1}$)	背吃刀量/mm	加工余量/mm	备注
1	车端面	T0404	1 000	80	0.5		手动
2	粗加工 $\phi30_{-0.033}^{0}$	T0101	1 000	120	2	0.5	
	精加工 $\phi30_{-0.033}^{0}$		2 000		0.5		
3	钻孔 $\phi16$		500	30			手动
4	粗镗孔 $\phi24_{0}^{0.033}$	T0505	700	100	1	0.5	
5	精镗孔 $\phi24_{0}^{0.033}$		120		0.5		
6	车内槽 4×2 mm	T0202	600	40	0.2		
7	车内螺纹	T0303	800		0.1		
8	车右端面	T0404	1 000	80	0.5		
9	粗精车椭圆	T0101	1 000	120	2	0.5	
10			2 000		0.5		

学习笔记

三、程序编制

椭圆手柄数控加工程序见表 11-3。

表 11-3 椭圆手柄数控加工程序单

<table>
<tr><td>零件名称</td><td>椭圆手柄</td><td>零件图号</td><td>图 11-1</td><td>工序卡编号</td><td>表 11-2</td><td>编程员</td><td></td></tr>
<tr><td>程序段号</td><td colspan="4">指令码</td><td colspan="3">说明</td></tr>
<tr><td>主程序</td><td colspan="7">O0001（车 $\phi30_{-0.033}^{0}$ 外圆）</td></tr>
<tr><td>N10</td><td colspan="4">T0101 M08;</td><td colspan="3" rowspan="2">初始化确定刀具、主轴转速</td></tr>
<tr><td>N20</td><td colspan="4">M03 S1000;</td></tr>
<tr><td>N30</td><td colspan="4">G00 X37 Z5;</td><td colspan="3">定位循环起点</td></tr>
<tr><td>N40</td><td colspan="4">G71 U2 R1;</td><td colspan="3" rowspan="2">外轮廓粗车循环</td></tr>
<tr><td>N50</td><td colspan="4">G71 P60 Q110 U0.5 W0.5 F120;</td></tr>
<tr><td>N60</td><td colspan="4">G00 X28;</td><td colspan="3" rowspan="6">外轮廓加工</td></tr>
<tr><td>N70</td><td colspan="4">Z2;</td></tr>
<tr><td>N80</td><td colspan="4">G01 Z0 F120;</td></tr>
<tr><td>N90</td><td colspan="4">X30 Z-1;</td></tr>
<tr><td>N100</td><td colspan="4">Z-25;</td></tr>
<tr><td>N110</td><td colspan="4">G00 X37;</td></tr>
<tr><td>N120</td><td colspan="4">G00 X100;</td><td colspan="3" rowspan="6">退刀到安全点，设置精加工参数</td></tr>
<tr><td>N130</td><td colspan="4">Z100;</td></tr>
<tr><td>N140</td><td colspan="4">M05;</td></tr>
<tr><td>N150</td><td colspan="4">M00;</td></tr>
<tr><td>N160</td><td colspan="4">T0101 M03 S2000;</td></tr>
<tr><td>N170</td><td colspan="4">G00 X37 Z5;</td></tr>
<tr><td>N180</td><td colspan="4">G70 P120 Q170;</td><td colspan="3">精加工</td></tr>
<tr><td>N190</td><td colspan="4">G00 100;</td><td colspan="3" rowspan="4">退刀到安全点，冷却液关，
主轴停，程序结束</td></tr>
<tr><td>N200</td><td colspan="4">Z100 M09;</td></tr>
<tr><td>N210</td><td colspan="4">M05;</td></tr>
<tr><td>N220</td><td colspan="4">M30;</td></tr>
<tr><td>主程序</td><td colspan="7">O0002（车内孔加工）</td></tr>
<tr><td>N10</td><td colspan="4">T0505 M08;</td><td colspan="3" rowspan="2">初始化确定刀具、主轴转速</td></tr>
<tr><td>N20</td><td colspan="4">M03 S700;</td></tr>
<tr><td>N30</td><td colspan="4">G00 X16 Z5;</td><td colspan="3">循环起点</td></tr>
<tr><td>N40</td><td colspan="4">G71 U1 R0.5</td><td colspan="3" rowspan="2">内孔循环</td></tr>
<tr><td>N50</td><td colspan="4">G71 P50 Q130 U-0.5 W0.1 F100;</td></tr>
</table>

续表

程序段号	指令码	说明
N60	G00 X26;	内孔加工
N70	Z2;	
N80	G01 Z0 F120;	
N90	X24 Z-1;	
N100	Z-6;	
N110	X21.5;	
N120	X18.5 Z-7.5;	
N130	Z-24;	
N140	X16;	
N150	G00 Z2;	
N160	G00 X16;	退刀到安全点，主轴停
N170	Z200;	
N180	M05;	
N190	M00;	设置精加工参数
N200	M03 S1200;	
N210	T0505;	
N220	G00 X16 Z5;	
N230	G70 P50 Q130;	精加工
N240	G00 Z200;	退刀安全点
N250	T0202;	加工内槽
N260	M03 S600;	
N270	G00 X16 Z5;	
N280	Z-24;	
N290	G01 X22.5 F40;	
N300	X16;	
N310	G00 Z200;	退刀到安全点
N320	T0303;	加工螺纹
N330	M03 S800;	
N340	G00 X16 Z5;	
N350	G92 X19.1 Z-21 F1.5;	
N360	G92 X19.5 Z-21 F1.5;	
N370	G92 X19.7 Z-21 F1.5;	
N380	G92 X20 Z-21 F1.5;	
N390	G92 X20 Z-21 F1.5;	

续表

程序段号	指令码	说明
N400	G00 Z5；	退刀到安全点
N410	X100；	
N420	Z150 M09；	
N430	M05；	主轴停
N440	M30；	程序结束
N450	O0003（加工右端椭圆）	
主程序	T0101	设置加工前参数
N20	M03 S1000；	
N30	G00 X37 Z5；	
N40	G71 U2 R1；	外轮廓粗车循环
N50	G71 P60 Q150 U0.5 W0.1 F120；	
N60	G00 X0；	外轮廓加工
N70	G01 Z0 F120；	
N80	#1=0；	
N90	#2=SQRT[[1-[#1+30]*[#1+30]/900]×225]；	
N100	G01 X[2*[#2]] Z[#1]；	
N110	#1=#1-0.1；	
N120	IF[#1GE0]GOTO 80；	
N130	G02 X33.08 Z-60 R16；	
N140	G01 X35；	
N150	G00 X37；	
N160	G00 X100；	退刀安全点 设置精加工参设
N170	Z100；	
N180	M05；	
N190	M00；	
N200	M03 S2000；	
N210	T0101；	
N220	G00 X37 Z5；	
N230	G70 P60 Q150；	精加工循环
N240	G00 X100；	退刀到安全点
N250	Z100；	
N260	M05；	主轴停
N270	M30；	程序结束

相关知识

外轮廓、内轮廓集一体的零件，大多具有圆柱孔、内锥面、内螺纹和外圆柱面、外圆锥面甚至是外曲面，一般形状复杂，加工也比较烦琐，加工时要注意：

（1）要读懂零件的尺寸要求及相关表面的位置要求，为了保证这些要求，制订工艺时应该采取什么样的措施；为了验证这些措施，最好能在数控仿真软件上进行仿真加工和测量。

（2）根据零件的特点，看内轮廓或外轮廓是否有接刀，要把接刀放在工件轮廓边界上。内外轮廓一般都要编写各自的数控加工程序。

（3）加工顺序一般是先内后外，内外交叉。即粗加工时先进行内腔、内形粗加工，后进行外形粗加工；精加工时先进行内腔、内形精加工，后进行外形精加工。如果车床刀架装刀数量有限，也可在保证工件质量的前提下先进行内腔、内形粗精加工，再进行外形粗精加工，当然外形粗精加工前要重新对刀。

（4）这类工件一般需要调头，调头装夹应垫铜皮或用软卡爪，夹紧力要适当，不要把工件夹坏。

（5）装夹内孔刀时，要注意主切削刃应稍微高于主轴轴线，刀杆长度也要适宜。

（1）在内孔加工过程中，要注意刀杆直径的选择。刀杆直径过细，加工过程中容易引起振动，这样内孔质量就不容易保证；刀杆直径过粗，加工过程中刀杆会与内孔发生干涉。

（2）刀杆不要伸出刀架太长，只要满足加工需要就行。

（3）与外圆车刀安装要求一样，刀尖与工件中心等高。

（4）由于内孔加工余量一般比较大，应用G71时 W 方向余量要小，必要时可以不留余量。

知识拓展

数控车加工工艺设计方法

数控加工工序设计的主要任务是进一步把本工序的加工内容、切削用量、工艺装备、定位夹紧方式及刀具运动轨迹确定下来，为编制加工程序作好准备。

（1）确定走刀路线和安排加工顺序走刀路线就是刀具在整个加工工序中的运动轨迹，它不但包括工步的内容，还反映出工步顺序。走刀路线是编写程序的依据之一。确定走刀路线时应注意以下几点：

1）寻求最短加工路线。

2）最终轮廓一次走刀完成。

3）选择切入切出方向。

4）选择使工件在加工后变形小的路线。

（2）确定定位和夹紧方案在确定定位和夹紧方案时应注意以下几个问题：

1）尽可能做到设计基准、工艺基准与编程计算基准的统一。

2）尽量将工序集中，减少装夹次数，尽可能在一次装夹后加工出全部待加工表面。

3）避免采用占机人工调整时间长的装夹方案。

4）夹紧力的作用点应落在工件刚性较好的部位。

（3）确定刀具与工件的相对位置对刀点是指通过对刀确定刀具与工件相对位置的基准点。对刀点往往就选择在零件的加工原点。对刀点的选择原则如下：

1）所选的对刀点应使程序编制简单。

2）对刀点应选择在容易找正、便于确定零件加工原点的位置。

3）对刀点应选在加工时检验方便、可靠的位置。

4）对刀点的选择应有利于提高加工精度。

换刀点是为数控车床等采用多刀进行加工的机床而设置的，因为这些机床在加工过程中要自动换刀。为防止换刀时碰伤零件、刀具或夹具，换刀点常常设置在被加工零件的轮廓之外，并留有一定的安全量。

任务11.2 零件的综合加工训练2

任务目标

知识目标

（1）掌握综合零件的编程方法。

（2）掌握零件换面加工方法。

技能目标

（1）能分析图样并要求编程。

（2）能利用仿真软件进行加工仿真。

素质目标

（1）培养学生钻研精神。

（2）培养学生质量意识。

任务实施

一、加工任务

如图 11-2 所示，已知 1+X 技能鉴定零件连接母套材料为铝棒料，零件毛坯为 $\phi60\times35$ mm，要求设计数控加工工艺方案，数控加工工序卡、数控铣刀刀具卡，并编写零件的加工程序。

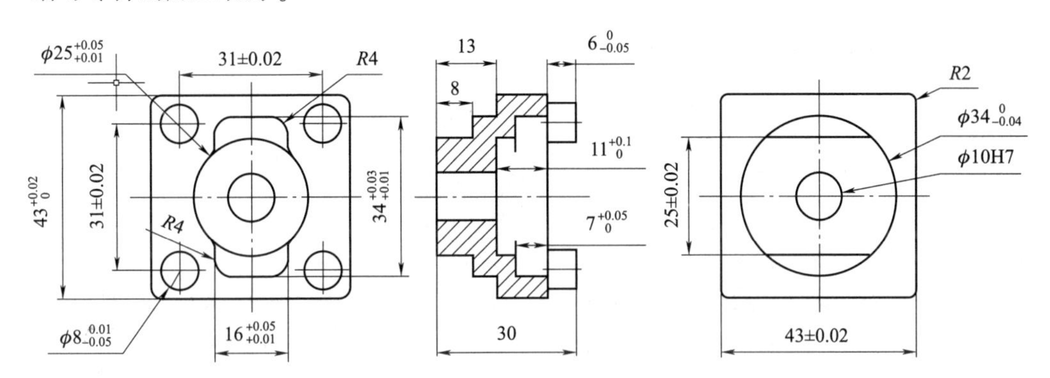

图 11-2　1+X 技能鉴定零件连接母套

二、任务分析

1. 零件分析

（1）图样分析。

该零件加工内容包括平面、直线、型腔、圆柱、台阶和孔等，尺寸完整。经过分析该工件公差等级最高位 IT7，正常切削即可实现。表面粗糙度值 *Ra* 为 3. 2 μm，这是机械加工中的中等表面粗糙度，比较容易加工出来。

（2）工艺分析。

1）加工方案。

第一面的工艺安排：

用虎钳和 V 形铁装夹零件，用百分表找正 $\phi60$ mm 的圆，铣平零件上表面后，将零件中心和零件上表面设为 G54 的原点。

加工路线：粗铣 $\phi33$ mm 的圆台→粗铣 25 mm 的台阶→精铣 25 mm 的台阶→精铣 $\phi34$ mm 的圆台→钻孔 $\phi10$H7→精铣一个 $\phi59.5$ mm 的工艺台阶。

第二面的工艺安排：

用虎钳装夹 25 mm 的台阶，用百分表找正 $\phi59.5$ mm 的工艺台阶，然后粗铣零件上表面，测量零件的长度，根据零件长度，精铣零件上表面后，将零件中心和零件上表面设为 G54 的原点。

加工路线：粗铣四个 ϕ8 mm 的圆柱→粗铣 43×43 mm 的台阶→粗铣 ϕ25 mm 的凹槽→精铣四个 ϕ8 mm 的圆柱→半精铣 16×34 mm 的凹槽→精铣 16×34 mm 的凹槽→精铣 ϕ25 mm 的凹槽→精铣 43×43 mm 的台阶。

2）准备毛坯。

零件毛坯为 ϕ60×35 mm，材料为铝棒料，将毛坯料在车床上车削到 ϕ59. 5×33 mm。

3）选择刀具。

连接母套数控加工刀具卡见表 11-4。

表 11-4　连接母套数控加工刀具卡

零件名称	连接母套		零件图号	图 11-2	工序卡编号	表 11-5	工艺员	
工步编号	刀具编号	刀具名称、规格/mm	刀具长度补偿号	刀具半径补偿		加工内容		备注
				补偿号	补偿值			
1	T01	平铣刀 ϕ12	H01	D1		粗铣各轮廓		
2	T02	平铣刀 ϕ8	H02	D2		精铣各轮廓		
3	T03	A2 中心钻	H03					
4	T04	钻头 ϕ9. 6	H04					
5	T05	铰刀 ϕ10	H05					

4）填写工序卡。

连接母套数控加工工序卡见表 11-5。

表 11-5　连接母套数控加工工序卡

零件名称	连接母套	零件图号	图 11-2	工序名称					
零件材料	铝	材料硬度		使用设备					
使用夹具	虎钳	装夹方式	平口虎钳 V 型铁						
程序	O0111	日期				工艺员			
工步描述									
工步编号	工步内容	刀具号	刀长补偿号	刀具规格/mm	主轴转速/($r \cdot min^{-1}$)	进给速度/($mm \cdot min^{-1}$)	背吃刀量/mm	加工余量/mm	备注
加工第一面									
1	粗铣 ϕ33 mm 的圆台	T01	H01	ϕ12	600	120	0. 2		

续表

工步编号	工步内容	刀具号	刀长补偿号	刀具规格/mm	主轴转速/($r \cdot min^{-1}$)	进给速度/($mm \cdot min^{-1}$)	背吃刀量/mm	加工余量/mm	备注
加工第一面									
2	粗铣 25 mm 的台阶	T01	H01	$\phi12$	600	120	0.5		
3	精铣 25 mm 的台阶	T02	H02	$\phi8$	1 100	80	0.5		
4	精铣 $\phi33$ mm 的圆台	T02	H02	$\phi8$	1 100	80	0.5		
5	钻中心孔	T03	H03	A2 中心钻	1 500	80			
6	钻 $\phi9.6$ 通孔	T04	H04	$\phi9.6$	800	80			
7	铰 $\phi10$H7 的孔	T05	H05	$\phi10$	150	320			
8	精铣 $\phi59.5$ mm 的工艺台阶	T02	H02	$\phi8$	1 100	130	0.1		
加工第二面									
1	粗铣四个 $\phi8$ mm 圆柱	T01	H01	$\phi12$	600	120	0.5		
2	粗铣 43×43 mm 台阶	T01	H01	$\phi12$	600	120	0.5		
3	粗铣 $\phi25$ mm 的凹槽	T01	H01	$\phi12$	600	120	0.5		
4	精铣四个 $\phi8$ mm 圆柱	T02	H02	$\phi8$	1 300	130	0.1		
5	半精铣 16×34 mm 凹槽	T02	H02	$\phi8$	1 300	130	0.2		
6	精铣 16×34 mm 凹槽	T02	H02	$\phi8$	1 300	130	0.1		
7	精铣 $\phi25$ mm 的凹槽	T02	H02	$\phi8$	1 300	130	0.1		
8	精铣 43×43 mm 台阶	T02	H02	$\phi8$	1 300	130	0.1		

学习笔记

2. 程序编制

1+X 技能鉴定连接母套数控加工程序见表 11-6。

表 11-6 数控加工程序单（加工第一面程序）

零件名称	连接母套	零件图号	图 11-2	工序卡编号	表 11-5	编程员	
程序段号	指令码			备注			
主程序	O0111						
N10	G90 G94 G40 G17 G54;			初始化程序			
N20	G91 G28 Z0;			刀具 Z 轴方向回参考点			
N30	T01;			换 1 号刀，ϕ12 mm 平铣刀			
N40	G43 H01 Z100;			调用 1 号刀刀补			
N50	X41. 5 Y0;			移动到加工起点			
N60	Z5 M08;			移刀到 5 处，开切削液			
N70	G01 Z-6. 5 F50;			移刀到-6. 5 处			
N80	D1 M98 P0112 F120;			采用半径补偿的方式调用子程序去除工件的余量。(D1=16 D2=6. 2)			
N90	D2 M98 P0112 F120;						
N100	G01 Z-13 F50;			进刀到-13 处			
N110	D1 M98 P1111 F120;			采用半径补偿的方式调用子程序去除工件的余量。(D1=16 D2=6. 2)			
N120	D2 M98 P1111 F120;						
N130	G01 Z-8 F50;			进刀到-8 处			
N140	D2 M98 P1112 F120;			铣削 25 mm 台阶调用 2 号半径补偿 D2=6. 2			
N150	G00 Z100 M09;			退刀到安全位置			
N160	M05;			主轴停			
N170	M30;			程序结束			
主程序	O0112						
N10	G90 G94 G40 G17 G54;			初始化程序			
N20	G91 G28 Z0;			刀具 Z 轴方向回参考点			
N30	T02;			换 2 号刀，ϕ8 mm 平铣刀			
N40	G43 H02 Z100;			调用 1 号刀刀补			
N50	X41. 5 Y0;			加工到起点			
N60	Z5 M08;			进刀到 Z5 处			
N70	G01 Z-5 F80;			进刀到 Z-5 处			
N80	D3 M98 P1111 F130;			调用子程序，精加工 D3=3. 99			
N90	G01 Z-9 F80;			进刀到 Z-9 处			

续表

程序段号	指令码	备注
N100	D3 M98 P1111 F130;	调用子程序，精加工 D3=3.99
N110	G01 Z-13 F80;	进刀到 Z-13 处
N120	D3 M98 P1111 F130;	重复调用子程序，2 次精加工 D3=3.99
N130	D3 M98 P1111 F130;	
N140	G01 Z-8 F80;	进刀到 Z-8 处
N150	D4 M98 P1112 F130;	重复调用子程序，2 次精加工 D4=4
N160	D4 M98 P1112 F130;	
N170	G01 Z-17 F80;	进刀到 Z-17 处
N180	D4 M98 P1113 F130;	铣削 ϕ59.5 工艺台阶 D4=4
N190	G00 Z100 M09;	退刀到安全位置
N200	M05;	主轴停
N210	G91 G28 Z0;	返回参考点
N220	M30;	程序结束
主程序	O0113（钻中心孔）	
N10	G90 G94 G40 G17 G54;	初始化程序
N20	G91 G28 Z0;	刀具 *Z* 轴方向回参考点
N30	T03;	换 T03 中心钻
N40	G90 G00 X0 Y0;	刀具快速定位
N50	G43 H03 Z50;	设定刀具长度偏置
N60	M03 S1500 M08;	主轴正转、切削液开
N70	G98 G81 X0 Y0 Z-5 R5 F80;	采用 G81 固定循环，钻中心孔
N80	G80;	取消固定循环
N90	G91 G28 Z0 M09;	回 *Z* 轴方向参考的
N100	M05;	主轴停转
N110	M30;	程序结束
主程序	O0114（钻孔 ϕ9.6 mm）	
N10	G90 G94 G40 G17 G54;	初始化程序
N20	G91 G28 Z0;	刀具 *Z* 轴方向回参考点
N30	T04;	换 T04 钻头
N40	G90 G00 X0 Y0;	刀具快速定位
N50	G43 H04 Z50;	设定刀具长度偏置
N60	M03 S800 M08;	主轴正转、切削液开
N70	G98 G83 X0 Y0 Z-15 R5 F80;	采用 G83 固定循环，钻 ϕ9.6 mm 孔
N80	G80;	取消固定循环

续表

程序段号	指令码	备注
N90	G91 G28 Z0 M09;	回 Z 轴方向参考的
N100	M05;	主轴停转
N110	M30;	程序结束
主程序	O0115（铰孔 ϕ10H7）	
N10	G90 G94 G40 G17 G54;	初始化程序
N20	G91 G28 Z0;	刀具 Z 轴方向回参考点
N30	T05;	换 T05 铰刀
N40	G90 G00 X0 Y48;	刀具快速定位
N50	G43 H05 Z50;	设定刀具长度偏置
N60	M03 S150 M08;	主轴正转、切削液开
N70	G98 G85 X0 Y0 Z-15 R-5 F320;	采用G85固定循环，铰 ϕ10H7 mm 孔
N80	G80;	取消固定循环
N90	G91 G28 Z0 M09;	回 Z 轴方向参考的
N100	M05;	主轴停转
N110	M30;	程序结束
子程序	O1111（子程序铣削 ϕ34 mm 圆台）	
N10	X41.5 Y0;	起始点
N20	G01 G41 Y25;	加入刀具半径补偿
N30	G03 X16.5 Y0 R25;	圆弧切入
N40	G02 I-16.5 J0;	铣削整圆
N50	G03 X41.5 Y-25 R25;	圆弧切出
N60	G91 G40 Y0;	取消半径补偿
N70	M99;	返回主程序
子程序	O1112（子程序铣削 22±0.02 mm 台阶）	
N10	X41.5 Y0;	起始点
N20	G01 G41 Y-12.5;	加入刀具半径补偿
N30	X-20;	加工路径
N40	Y12.5;	
N50	X41.5;	
N60	G01 G40 Y0;	取消刀补
N70	M99;	返回主程序
子程序	O1113（子程序铣削 ϕ59.5 工艺台阶）	
N10	X41.5 Y0;	起始点

续表

程序段号	指令码	备注
N20	G01 G41 Y11. 5;	加入刀具半径补偿
N30	G03 X29. 79 Y0 R11. 75;	圆弧切入
N40	G02 I-29. 79 J0;	加工工艺台阶轨迹描述
N50	G03 X41. 56 Y-11. 75 R11. 75;	圆弧切出
N60	G01 G40 Y0;	取消半径补偿
N70	M99;	返回主程序
主程序	O0116（铣削工件上表面）	
N10	G91 G28 Z0;	返回参考点
N20	T01;	换 1 号刀
N30	G90 G54 G00 X0 Y0 S600 M03;	初始化程序
N40	G43 H01 Z100;	调入刀补
N50	X45 Y0;	起始点
N60	Z5 M08;	进刀到 5 处
N70	G01 Z0 F80;	铣削深度
N80	G01 X35 F130;	移刀 35 处
N90	G02 I-35 J0;	铣削整圆
N100	G01 X25;	移刀 25 处
N110	G02 I-25 J0;	铣削整圆
N120	G01 X15;	移刀 15 处
N130	G02 I-15 J0;	铣削整圆
N140	G01 X5;	移刀 5 处
N150	G02 I-5 J0;	铣削整圆
N160	G00 Z100 M09;	退刀安全位置
N170	M05;	主轴停
N180	M30;	程序结束
主程序	O0117 加工第二面	
N10	G91 G28 Z0;	返回参考点
N20	T01;	换 1 号刀
N30	G90 G54 G00 X0 Y0 S600 M03;	初始化程序
N40	G43 H01 Z100;	调入刀补
N50	X42 Y4;	去除余量
N60	Z5 M08;	刀具移动到 5 处
N70	G01 Z-5. 98 F50;	进刀到 Z-5.98，进给速度 50 mm/min
N80	G01 X-37 F120;	移刀到-37 处

续表

程序段号	指令码	备注
N90	Y-4;	*Y* 向进刀到-4 处
N100	X37;	移刀到 X37 处
N110	G00 Z100;	退刀到安全位置
N120	X-4 Y42;	移刀至 X-4 Y42 处
N130	Z5;	刀具移动到 5 处
N140	G01 Z-5.98 F50;	进刀到-5.98 处
N150	G01 Y-37 F120;	*X* 向进刀 X-37 处
N160	X4;	*X* 向进刀 X4 处
N170	Y37;	*Y* 向进刀 Y37 处
N180	G00 Z100;	退刀到安全位置
N190	X41.5 Y0;	回到加工起点
N200	Z5;	刀具移刀 Z5 处
N210	G01 Z-12 F50;	进刀到 Z-12 处
N220	D1 M98 P1114 F120;	铣削 43 mm×43 的四方，D1=6.2 mm
N230	G00 Z100;	快速退刀到 100 处
N240	X0 Y0;	回到加工起点
N250	Z5;	快速进刀到 5 处
N260	G01 Z-5.98 F50;	进刀到 Z-5.98 处
N270	D1 M98 P1115 F120;	半精铣 ϕ8 mm 圆柱，D1=6.2
N280	G01 Z-12 F50;	进刀到 Z-12 处
N290	D2 M98 P1116 F120;	粗铣 ϕ25 mm 圆槽 D2=10
N300	D1 M98 P1116 F120;	精铣 ϕ25 mm 圆槽 D1=6.2
N310	G01 Z-17.03 F50;	分层铣削 ϕ25 mm 的圆槽 D1=6.2 D2=10
N320	D2 M98 P1116 F120;	
N330	D1 M98 P1116 F120;	
N340	G00 Z100 M09;	退刀到 100 处
N350	M05;	主轴停
N360	M30;	程序结束
主程序	O0118	
N10	G91 G28 Z0;	返回参考点
N20	T02;	换 2 号刀
N30	G90 G54 G00 X0 Y0 S1300 M03;	初始化程序
N40	G43 H02 Z100;	调入刀补
N50	X0 Y0;	加工起点

续表

程序段号	指令码	备注
N60	Z5 M08;	进刀到 Z5 处
N70	G01 Z-5.98 F80;	进刀到 Z-5.98
N80	D3 M98 P1115 F130;	精铣四个 ϕ8 圆柱 D3=3.99
N90	D3 M98 P1115 F130;	重复铣削一次
N100	G01 Z-9.5 F80;	进刀到 Z-9.5
N110	D4 M98 P1117 F130;	半精铣 16×34 mm 凹槽 D4=4
N120	D3 M98 P1117 F130;	精铣 16×34 mm 凹槽 D3=3.99
N130	G01 Z-13 F80;	分层铣削 16×34 mm 的凹槽 D3=3.99 D4=4
N140	D4 M98 P1117 F130;	
N150	D3 M98 P1117 F130;	
N160	D3 M98 P1117 F130;	重复铣削一次
N170	G01 Z-17.03 F80;	进刀到 Z-17.03
N180	D3 M98 P1116 F130;	精铣 ϕ25 的圆槽 D3=3.99
N190	G00 Z100;	快速退刀到 Z100 处
N200	X41.5 Y0;	回到加工起点
N210	Z5;	快速进刀到 Z5
N220	G01 Z-12 F80;	进刀到 Z-12 处
N230	D5 M98 P1118 F130;	铣削 43×43 mm 的四方 D5=4
N240	G01 Z-17.3 F50;	进刀到 Z-17.03
N250	D5 M98 P1118 F130;	分层铣削
N260	D5 M98 P1118 F130;	重复铣削一次
N270	G00 Z100 M09;	快速退刀 Z100 处
N280	M05;	主轴停
N290	G91 G28 Z0;	返回参考点
N300	M30;	程序结束
子程序	O1115（铣削四个 ϕ8 圆柱）	
N10	X0 Y0;	定位 X0 Y0 处
N20	G01 G41 X11.45;	进刀 X11.45 处
N30	Y15.5;	*Y* 向进刀 Y15.5
N40	G02 I4.05;	铣削第 1 个圆柱
N50	G01 Y30;	*Y* 向进刀 Y30 处
N60	X-11.45;	*X* 向进刀 X-11.45 处
N70	Y15.5;	*Y* 向进刀 Y15.5 处
N80	G02 I-4.05;	铣削第 2 个圆柱

续表

程序段号	指令码	备注
N90	G01 Y-15.45;	*Y* 向进刀 Y-15.5 处
N100	G02 I-4.05;	铣削第 3 个圆柱
N110	G01 Y-30;	*Y* 向进刀 Y-30 处
N120	X11.45;	*X* 向进刀 X11.45 处
N130	Y-15.5;	*Y* 向进刀 Y-15.5 处
N140	G02 I4.05;	铣削第 4 个圆柱
N150	G01 Y0;	*Y* 向进刀 Y0 处
N160	G01 G40 X0;	*X* 向进刀 X0 处
N170	M99;	返回主程序
子程序	O1116	
N10	G01 G41 X12.5;	切入 X12.5
N20	G03 I-12.5;	*X* 负方向整圆插补
N30	G01 G40 X0;	*X* 向进刀到 X0
N40	M99;	返回主程序
子程序	O1117	
N10	X0 Y0;	定位到 X0 Y0
N20	G01 G41 X12.5;	切入 X12.5
N30	G03 X9.132 Y8.536 R12.5;	逆圆插补到 X9.132 Y8.536
N40	G02 X8 Y11.404 I3.068 J2.868;	顺圆插补 X8 Y11.404
N50	G01 Y12.9;	*Y* 向进刀 Y12.9
N60	G03 X3.9 Y17 I-4 J0;	逆圆插补 X3.9 Y17
N70	G01 Y11.404;	*Y* 向进刀 Y11.404
N80	G02 X-9.132 Y8.536 I-4.2 J0;	顺圆插补 X-9.132 Y8.536
N90	G03 X-12.5 Y0 R12.5;	逆圆插补 X-12.5 Y0
N100	X-9.132 Y-8.536 R12.5;	逆圆插补 X-9.132 Y-8.536
N110	G02 X-8 Y-11.404 I-3.068 J-2.868;	顺圆插补 X-8 Y-11.404
N120	G01 Y-12.9;	*Y* 向进刀 Y-12.9
N130	G03 X-3.9 Y-17 I4 J0;	逆圆插补 X-3.9 Y-17
N140	G01 X3.9;	*X* 向进刀 X3.9
N150	G03 X8 Y-12.9 I0 J4;	逆圆插补 X8 Y-12.9
N160	G01 Y-11.404;	*Y* 向进刀 Y-11.404
N170	G02 X9.132 Y-8.536 I4.2 J0;	顺圆插补 X9.132 Y-8.536
N180	G03 X12.5 Y0 R12.5;	逆圆插补 X9.132 Y-8.536
N190	G01 G40 X0;	*X* 向进刀 X0 处

续表

程序段号	指令码	备注
N200	M99;	返回主程序
子程序	O1118	
N10	X41. 5 Y0;	移刀到切削起点
N20	G01 G41 Y20;	*Y* 向进刀 X41. 5 Y20
N30	G03 X21. 5 Y0 R20;	逆圆插补至 X21. 5 Y0
N40	G01 Y-19. 5;	*Y* 向进刀至 X21. 5 Y-19. 5
N50	G02 X19. 5 Y-21. 5 R2;	顺圆插补至 X19. 5 Y-21. 5
N60	G01 X-19. 5;	*X* 向进刀 X-19. 5 Y-21. 5
N70	G02 X-21. 5 Y-19. 5 R2;	顺圆插补至 X-21. 5 Y-19. 5
N80	G01 Y19. 5;	*Y* 向进刀 X-21. 5 Y19. 5
N90	G02 X-19. 5 Y21. 5 R2;	顺圆插补至 X-19. 5 Y21. 5
N100	G01 X19. 5;	*X* 向进刀 X19. 5 Y21. 5
N110	G02 X21. 5 Y19. 5 R2;	顺圆插补至 X21. 5 Y19. 5
N120	G01 Y0;	*Y* 向进刀 X21. 5 Y0
N130	G03 X41. 5 Y-20 R20;	逆圆插补至 X41. 5 Y-20
N140	G01 G40 Y0;	取消半径补偿
N150	M99;	返回主程序

相关知识

1. 轮廓加工进退刀路线的选择技巧

（1）加工路线的确定原则在数控加工中，刀具刀位点相对于零件运动的轨迹称为加工路线。加T路线的确定与T件的加工精度和表面粗糙度直接相关，其确定原则如下：

①加路线应保证被加工零件的精度和表面粗糙度，且效率较高。

②使数值计算简便，以减少编程工作量。

③应使加工路线最短，这样既可减少程序段，又可减少空刀时间。

④加工路线还应根据工件的加工余量和机床、刀具的刚度等具体情况确定。

（2）轮廓铣削加工路线的确定采用立铣刀侧刃铣削轮廓类零件时，为减少接刀痕迹，保证零件表面质量，铣刀的切入和切出点应选在零件轮廓曲线的延长线上（见图 11-3 中 A-B-C-D-E-F），而不应沿法向直接切人零件，以避免加工表面产生刀痕．保证零件轮廓光滑。

铣削内轮廓表面时，如果切入和切出无法外延，切入与切出应尽量采用圆弧过渡（见图 11-4）。在无法实现时，铣刀可沿零件轮廓的法线方向切入和切出，但须将其切入、切出点选在零件轮廓两儿何元素的交点处。

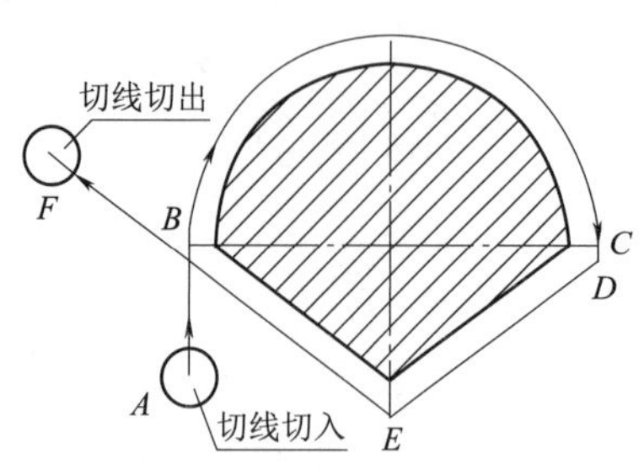

图 11-3 外轮廓切线切入切出

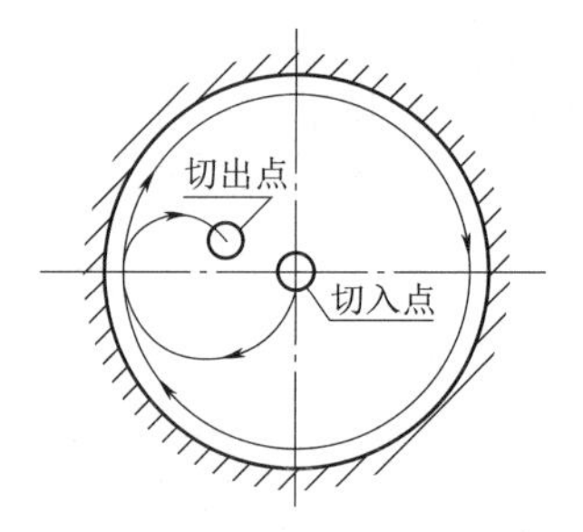

图 11-4 内轮廓切线切入切出

内轮廓仿真加工

外轮廓仿真加工

在轮廓加工过程中，在工件—刀具—夹具—机床系统弹性变形平衡的状态下，进给停顿时，切削力减小，会改变系统的平衡状态，刀具会在进给停顿处的零件表面留下刀痕．因此在轮廓加工中应避免进给停顿。

2. 数控铣刀装夹要点

（1）装夹刀具时，要特别注意清洁。铣孔刀具无论是粗加工还是精加工，在装夹和装配的各个环节，都必须注意清洁。刀柄与机床的装配、刀片的更换等，都要擦拭干净，然后再装夹或装配。

（2）刀具进行预调，其尺寸精度、完好状态，必须符合要求。可转位铣刀，除单刃铣刀外，一般不采用人工试切的方法，所以加工前的预调就显得非常重要。预调的尺寸必须精确，要控制在公差的中下限范围内，并考虑温度因素的影响，进行修正和补偿。刀具预调可在专用预调仪、机上对刀器或其他量具、仪器上进行。

（3）刀具装夹后进行动态跳动检查。动态跳动检查是一个综合指标，它反映机床主轴精度、刀具精度以及刀具与机床的连接精度。如果超过被加工孔要求精度的 1/2 或 2/3 就不能继续进行，需找出原因并消除后才能加工。这一点操作者必须牢记，并严格执行，否则加工出来的孔会不符合要求。

（4）应通过统计或检测的方法，确定刀具各部分的寿命，以保证加工精度的可靠性。对于单刃铣刀来讲，这个要求可低一些，但对多刃铣刀来讲，这一点特别重要。可转位铣刀的加工特点是预先调刀，一次加工达到要求，必须保证刀具不损坏，否则会造成不必要的事故。

3. 安全操作和注意事项

（1）正确安装工件，工件按要求找正后夹紧。

（2）FANUC 系统机床空运行时，若使用了机床锁住功能，会导致机床坐标系与工件坐标系的位置关系在机床锁住前后不一致。因此，使用机床锁住功能后，应手动重新回参考点。

（3）对刀操作要准确熟练，注意手动移动方向及修调进给倍率，以免发生撞刀。

（4）加工前要仔细检查程序，确保程序正确无误。

（5）首件加工都是采用“试切试测法”来控制工件轮廓尺寸和深度尺寸，因此，加工时应准确测量工件尺寸，适时修改刀具半径、长度补偿（或长度磨损量）等参数。首件加工合格，即可批量生产，直至刀具磨损需重新修改参数。

（6）粗加工平面外轮廓时，常由外向内靠近工件轮廓铣削，因此，可通过改变刀具半径补偿值的方法实现。

（7）铣削平面外轮廓时，尽量采用顺铣法以提高加工质量。

（8）最终轮廓应连接加工路径以保证表面质量。

（9）尽量避免切削过程中途停顿，减少因切削力突然变化造成弹性变形而留下的刀痕。

（10）工件装夹在平口钳上，应校平上表面，否则深度尺寸难以控制。当然，也可在对刀前手动或编程用面铣刀铣平上表面。

（11）注意观察加工过程，如有意外请及时按下“急停”开关或复位键。

知识拓展

1. 6S 的概念

6S 就是整理（Seiri）、整顿（Seiton）、清扫（Seiso）、清洁（Seiketsu）、素养（Shitsuke）、自检（Self-criticism）六个项目，因均以“S”开头，简称 6S。

6S 通过规范现场、现物，营造一目了然的生产环境，培养员工良好的工作习惯，其最终目的是提升人的品质：革除马虎之心，养成凡事认真的习惯（认认真真地对待工作中的每一件“小事”、每一个细节），养成遵守规定的习惯，养成自觉维护车间环境整洁的良好习惯，养成文明礼貌的习惯。

2. 机床设备 6S 作业标准

（1）机床设备上要有编号、责任人标签，表面要保持干净无尘，做好日常点检记录，若发现有异常问题，须填写维修申请单及时处理。

（2）每个机床设备要根据不同的状态，悬挂状态标识牌（正常停机、故障停机、待料停机），并且挂（贴）机床设备点检表、作业指导书、机械操作说明书、机械安全操作规范等，规格要统一，以指导学生规范操作。

（3）各种管道不能有漏油、漏气、漏水现象，若发现有异常问题，须填写维修申请单及时处理。

（4）机床设备上不能放与工作无关的物品、工具，停机状态下的机床设备内外要清洁干净，不能有灰尘、各种物料、残渣、油渍、污水，没有工作的机床设备，其电源、日光灯要关闭。

（5）机床设备各种电源线不能有裸露、破损、掉落、凌乱，要按要求加装套管固定。

（6）在机床设备上操作时要戴好眼镜，并按规章操作，操作时精力要集中，不能做与工作无关的事。

素养拓展

认真细致的工作品质

认真细致是一种态度，反映一种工作品质。天下的大事，总是从细微的地方开始做起，一丝不苟、精益求精，于细微之处见精神，于细微之处见境界，于细微之处见水平。

某机械制造厂质检部一名检验员，由于没有认真做好本职工作，对于某批次零件检测做得不到位，导致流出大量次品，造成顾客投诉，产品质量问题，退货返厂，事件不仅影响公司的产品生产效率，还严重影响公司的声誉，质检员最后被辞退。工作中一定要认真细致，工作就是从一件一件具体工作做起，从最简单、最平凡、最普通的事情做起，注重把自己岗位上、手中的事情做精做细，做得出彩，做出成绩。

工作中无小事，任何惊天动地的大事，都是由一件件小事连缀而成的。就是说，我们要关注工作中的每一件小事，将每一件小事做到最好。关注工作中的每一件小事不仅可以让我们脚踏实地地做事，还能够培养认真细致的工作品质。

课后习题

1　完成图 11-5 所示 1+X 技能鉴定零件的工艺分析、刀具选择、切削用量选择，完成零件加工程序的编制，并进行加工。材料为 $\phi50\times120$ mm 铝棒料。

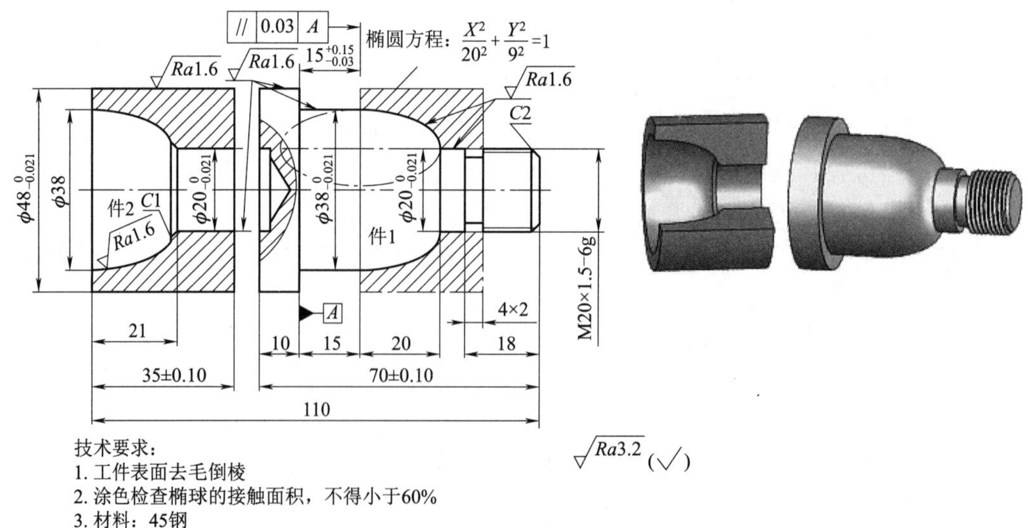

图 11-5　1+X 技能鉴定零件图纸

2 完成图 11-6 所示 1+X 技能鉴定零件的工艺分析、刀具选择、切削用量选择，完成程序的编制及零件加工。材料为 80×80×25 mm 铝块。

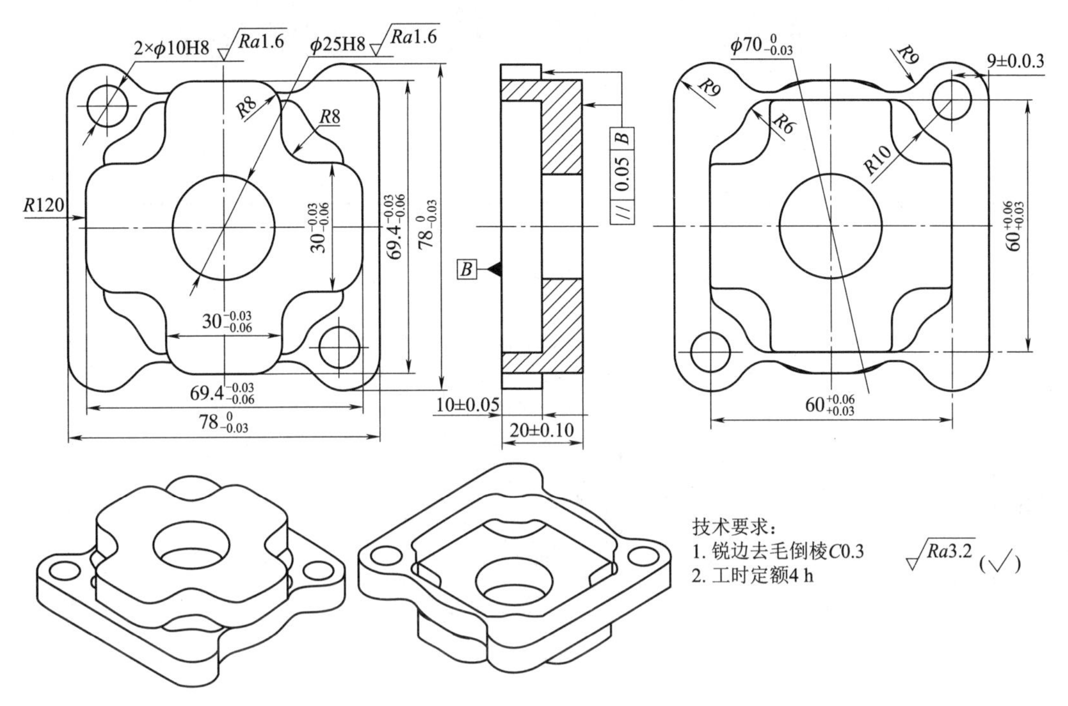

图 11-6 1+X 技能鉴定零件图纸

学习笔记

附　　录

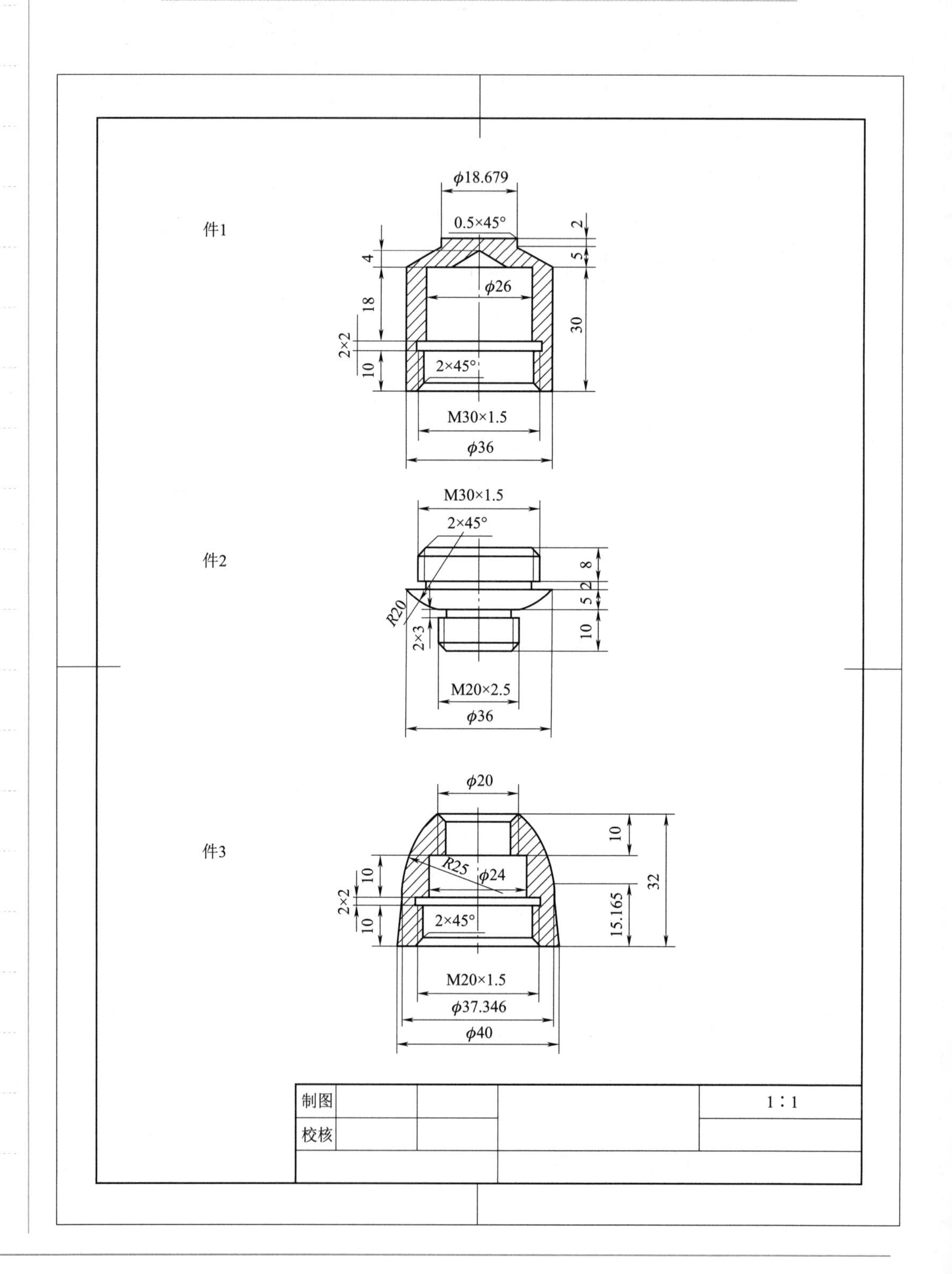

件1
φ18.679
0.5×45°
2
5
4
φ26
18
30
2×2
2×45°
10
M30×1.5
φ36
件2
M30×1.5
2×45°
8
2
5
R20
10
2×3
M20×2.5
φ36
件3
φ20
10
10
R25
φ24
32
2×2
15.165
2×45°
10
M20×1.5
φ37.346
φ40
制图
校核
1∶1

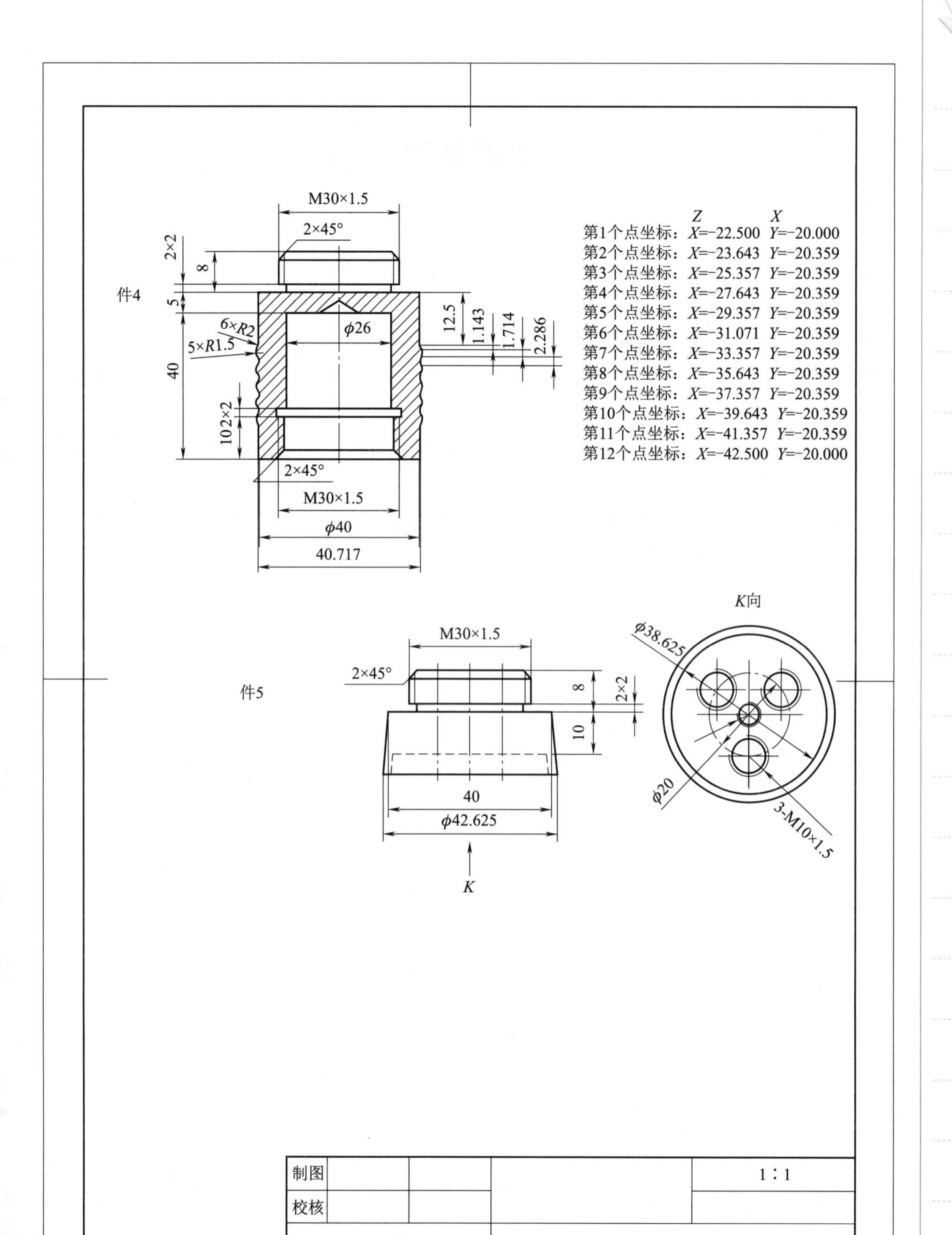

M30×1.5
2×45°
2×2
8
件4
5
6×R2
5×R1.5
40
102×2
φ26
12.5
1.143
1.714
2.286
2×45°
M30×1.5
φ40
40.717
Z X
第1个点坐标：X=−22.500 Y=−20.000
第2个点坐标：X=−23.643 Y=−20.359
第3个点坐标：X=−25.357 Y=−20.359
第4个点坐标：X=−27.643 Y=−20.359
第5个点坐标：X=−29.357 Y=−20.359
第6个点坐标：X=−31.071 Y=−20.359
第7个点坐标：X=−33.357 Y=−20.359
第8个点坐标：X=−35.643 Y=−20.359
第9个点坐标：X=−37.357 Y=−20.359
第10个点坐标：X=−39.643 Y=−20.359
第11个点坐标：X=−41.357 Y=−20.359
第12个点坐标：X=−42.500 Y=−20.000
件5
M30×1.5
2×45°
8
2×2
10
40
φ42.625
K
K向
φ38.625
φ20
3-M10×1.5
制图
校核
1∶1

学习笔记

参考文献

[1] 关颖．数控车床编程与操作项目教材［M］．北京：中国石油大学出版社，2016.

[2] 王素艳．数控车床编程与操作［M］．武汉：华中科技大学出版社，2018.

[3] 汤振宁，关颖．数控铣床编程与操作［M］．北京：中国石油大学出版社，2016.

[4] 杨志丰．CAXA 制造工程师项目案例教程［M］．武汉：华中科技大学出版社，2018.

[5] 许孔联，赵建林，刘怀兰，等．数控车铣加工实操教程（中级）［M］．北京：机械工业出版社，2021.